U0311070

电子工程与计算机科学系列 **EECS**

C++
程序设计

翁惠玉 ◎编著

上海交通大学 出版社

SHANGHAI JIAO TONG UNIVERSITY PRESS

内容提要

　　本书以 C/C++语言为环境,重点讲授程序设计的基本概念和方法,包括过程化的程序设计和面向对象的程序设计。对讲述的所有概念,均提供大量的例题和习题,使读者通过学习概念以及训练和实践,掌握程序设计的方法和过程,并具备良好的程序设计风格。本书内容丰富,结构清晰,采用以应用引出知识点的方法,让学生明确学习的目的,提高学习兴趣。

　　本书可作为高等院校计算机专业的教材,也可供从事计算机软件开发的科研人员参考。

图书在版编目(CIP)数据

C++程序设计/翁惠玉编著.—上海:上海交通大学出版社,2017
ISBN 978-7-313-13627-5

Ⅰ.①C… Ⅱ.①翁… Ⅲ.①C语言-程序设计-高等学校-教材
Ⅳ.①TP312

中国版本图书馆 CIP 数据核字(2015)第 186135 号

C++程序设计

编　　著:翁惠玉	
出版发行:上海交通大学出版社	地　　址:上海市番禺路 951 号
邮政编码:200030	电　　话:021-64071208
出 版 人:郑益慧	
印　　制:上海颛辉印刷厂	经　　销:全国新华书店
开　　本:787mm×1092mm　1/16	印　　张:17.25
字　　数:434 千字	
版　　次:2017 年 1 月第 1 版	印　　次:2017 年 1 月第 1 次印刷
书　　号:ISBN 978-7-313-13627-5/TP	
定　　价:42.00 元	

前　　言

　　“程序设计”是计算机专业十分重要的一门课程,是实践性非常强的一门课程,也是一门非常有趣、让学生很有成就感的课程。但在教学过程中,很多学生的反应是:听懂了,但不会做,以至于最后丧失了兴趣。我认为主要的问题是我们的教学过程过分重视程序设计语言本身,强调理解语言的语法,而没有把思路放在如何解决问题上面,以至于让学生只认识语言但不能运用语言写程序。

　　本书是作者根据多年来在上海交通大学电信学院和致远学院讲授“程序设计”课程的经验,参考了近年来国内外主要的程序设计教材编写而成。本教材采用以程序设计方法为主,程序设计语言为辅的思想,以及以应用引出知识点的方法,让学生先了解学习的目的,提高他们的学习兴趣,最后使学生能利用学到的知识解决某一应用问题。

　　本教材以C++为教学语言,介绍了程序设计基本概念和方法。C++是业界非常流行的语言,它使用灵活,功能强大。既支持过程化的程序设计,又支持面向对象的程序设计,可以很好地体现程序设计的思想和方法。

　　“程序设计”是实践性很强的一门课程,必须大量读程序和写程序。本教材对每个知识点都给出了大量的例题,帮助读者理解和掌握知识的应用以及学习良好的程序设计风格。每一章都有一个小节总结可能出现的错误,每一章最后还给出了大量的习题。本教材的习题分为两类:简答题和程序设计题。简答题帮助理解本章的知识点;程序设计题让读者用本章学到的知识解决一些实际的问题。本教材的所有例题都在VC6.0中调试通过。

　　本书的内容可以分为三大部分:第1章到第7章为第一部分,主要介绍一些程序设计的基本概念、技术、良好的程序设计风格以及过程化程序设计。包括数据类型、控制结构、数据封装、过程封装以及各种常用的算法。第8章到第12章为第二部分,介绍面向对象的思想。包括如何设计及实现一个类,如何利用组合和继承实现代码的重用,如何利用多态性使程序更加灵活,如何利用抽象类制订一些工具的规范。第三部分是第13章,介绍了输入输出的处理。

　　由于作者水平有限,本书存在的不足之处敬请读者批评指正,以便于我们在今后的版本中进行改进。

目　　录

1　绪论

在学习程序设计之前，让我们先来了解一下什么是程序设计、程序设计的过程以及如何学习程序设计。

1.1　程序设计概述

程序设计就是教会计算机如何去完成某一特定的任务，即设计出完成某个任务的正确的程序。学习程序设计就是学习当老师，你的学生就是计算机。老师上课前先要备课，然后再去上课，最后检查学生的学习情况是否达到了预期效果。对应于这三个阶段，程序设计也包括三个过程：第一步是算法设计；第二步是编码；第三步是编译与调试。

上课前首先要知道学生的知识背景，然后才能有的放矢地去教，学习程序设计首先也要了解计算机能做什么。备课是把所要教授的知识用学生能够理解的知识表达出来。算法设计是把解决问题的过程分解成一系列计算机能够完成的基本动作。上课是把备课的内容用某种学生能够理解的语言描述出来。给中国学生讲课，就把备课的内容用中文讲出来。如果给美国学生讲课，就把备课的内容用英语讲出来。编码阶段也是如此。如果你的计算机支持 C 语言，就把算法用 C 语言表示出来。如果支持 PASCAL 语言，就用 PASCAL 语言描述。算法中的每一步骤都能与程序设计语言的某个语句相对应。上完课后要检查教学的效果。如果没有达到预期的结果，需要检查备课或上课中哪个环节出了问题，修改这些问题，重新再试。同样，编码后要运行程序，检查程序的结果是否符合预期的效果，如果没有，则需要检查算法和程序代码，然后重新运行。

1.2　计算机的基本功能

程序员与计算机交流的工具是程序设计语言。因此在设计程序前，首先需要了解程序设计语言能够提供的功能。

程序设计语言的发展经过了 4 个阶段：机器语言、汇编语言、高级语言和非过程化语言。非过程化语言通常就是一些数据库操纵语言，如 SQL 语言。而程序设计所用的语言通常是高级语言，因此我们必须了解高级语言能提供什么功能。

机器语言是由计算机硬件识别并直接执行的语言。机器语言能够提供的功能是由计算机硬件设计所决定。不同的计算机由于硬件设计的不同，它们的机器语言也是不一样的。每条机器语言语句（指令）由一个二进制的比特串组成。机器语言之所以必须由 0 和 1 组成是因为计算机内部的电路都是开关电路。0 和 1 正好对应于开和关两种状态。

用机器语言书写的程序是二进制比特串，很难阅读和理解，容易出错。而且程序员在用机器语言编程序时还必须了解机器的很多硬件细节。例如,有几类寄存器、每类寄存器有多少个、每个寄存器长度是多少等等。由于不同的计算机有不同的机器语言,一台计算机上的程序无法在另外一台不同类型的计算机上运行,这将引起大量的重复劳动。

由于机器语言提供的功能是直接由硬件实现的,所以机器语言能完成的功能非常简单,通常只有正整数的加法、比较运算、数据传送和执行过程控制等。要用机器语言写一个解决稍微复杂一些的程序都是非常困难的。

为了克服机器语言的缺点,人们采用了与机器指令意义相近的英文缩写作为助记符,于是在 20 世纪 50 年代出现了**汇编语言**。汇编语言是符号化的机器语言,即将机器语言的每条指令符号化,采用一些带有启发性的文字串,如 ADD(加)、SUB(减)、MOV(传送)、LOAD(取)。

与机器语言相比,汇编语言的含义比较直观,使程序的编写更加方便,阅读和理解也更加容易。但计算机并不"认识"汇编语言,不能直接理解和执行汇编语言写的程序,必须将每一条汇编语言的指令翻译成机器语言的指令才能执行。为此,人们创造了一种称为**汇编程序**的程序,让它充当汇编语言的程序到机器语言程序的翻译。

汇编语言解决了机器语言的可读性的问题,但汇编语言的指令与机器语言的指令基本上是一一对应的,提供的基本功能与机器语言是一致的,都是一些非常简单的功能,用汇编语言写程序就像教小学生学微积分一样困难,只有很少的高手能编写机器语言和汇编语言的程序。

高级语言的出现是计算机程序设计语言的一大飞跃,使更多的人可以加入编程的队伍。FORTRAN、COBOL、BASIC、C++等都是高级语言。

高级语言是一种与机器的指令系统无关、表达形式更接近于科学计算的程序设计语言,从而更容易被人们掌握。程序员只要熟悉简单的几个英文单词、熟悉代数表达式以及规定的几个语句格式就可以方便地编写程序,同时不需要知道机器的硬件环境,所以其他领域的科研人员也可以编写自己需要的程序了。由于高级语言是独立于机器硬件环境的一种语言,在一台计算机上编写的程序可以在另一台计算机上运行,即具有较好的可移植性。

尽管每种高级语言都有自己的语法规则,但提供的功能基本类似。每种程序设计语言都允许在程序中直接写一些数字或字符串,这些称为**常量**。对于在写程序时没有确定的值,可以给它们一个代号,称为**变量**。高级语言事先做好了很多处理不同数据的工具,称为**数据类型**,如整型、实型和字符型等。每个工具实现了一种类型的数据处理。如整型解决了整数在计算机内的如何保存、如何实现整数的各种运算问题。当程序需要处理整数时,可以直接用整型这个工具。程序设计语言提供的类型越多,功能也越强。如果程序设计语言没有提供某种类型,则当程序要处理这种类型的信息时,程序员必须自己编程解决。例如,通常的程序设计语言都没有复数这个类型,如果某个程序要处理复数,程序员必须自己解决复数的存储和计算问题。高级语言提供了将一个常量或表达式计算结果与一个变量关联起来的功能,这称为**变量赋值**。也可以根据程序执行过程中的某些值执行不同的语句,这称为程序设计语言的**控制结构**。对于一些复杂的大问题,直接设计出完整的算法有一定的困难,通常采用将大问题分解成一系列小问题。在设计解决大问题的算法时可以假设这些小问题已经解决,直接调用解决小问题的程序即可。每个解决小问题的程序被称为一个**过程单元**。在程序设计语言中过程单元被称为函数、过程和子程序等。

如果解决某个问题用到的工具都是程序设计语言所提供的工具,如处理整数或实数的运算,这些程序很容易实现。如果用到了一些程序设计语言不提供的工具,则非常困难,如要处理一首歌曲、一张图片或一些复数的数据。我们希望能有这样一个工具可以播放一首歌曲或编辑一首歌曲,这时我们可以创建一个工具,即创建一个新的数据类型,如歌曲类型、图片类型和复数类型。这就是**面向对象程序设计**。面向对象的程序设计提供了我们创建工具的功能。

1.3 算法设计

算法设计是程序设计的关键。算法设计是要设计一个使用计算机提供的基本功能(更确切地说,应该是程序设计语言提供的功能)来解决某一问题的方案。算法设计的难点在于计算机提供的基本功能非常简单,而人们要它完成的任务是非常复杂的。算法设计必须将复杂的工作分解成一个个简单的、计算机能够完成的基本动作。

解决问题的方案要成为一个算法,必须能用清楚的、明确的形式来表达,以使人们能够理解其中的每一个步骤,无二义性。算法中的每一个步骤必须有效,是计算机可以执行的操作。例如,若某一算法包含"用π的确切值与r① 相乘"这样的操作,则这个方案就不是有效的,因为计算机无法算出π的确切值。而且,算法不能无休止地运行下去,必须在有限的时间内给出一个答案。综上所述,算法必须具备以下 3 个特点:

(1) 表述清楚、明确,无二义性。

(2) 有效性,即每一个步骤都切实可行。

(3) 有限性,即可在有限步骤后得到结果。

有些简单的问题,我们一下子就可以想到相应的算法,没有多大的麻烦就可写一个解决该问题的程序。例如,计算圆的面积和周长,因为程序设计语言提供了实数计算的工具。而当问题变得很复杂时,就需要更多的思考才能想出解决它的算法。学习程序设计的难点通常是你自己都不知道该如何去解决问题,当然也就无法设计出算法。这时,你无须气馁,因为计算机是一个需要终身学习的行业。如果要做一个金融方面的软件,你必须先学习金融;要做一个游戏,你必须先成为玩这个游戏的专家。学程序设计的初级阶段是将你知道的知识教给计算机,将你会解决的问题教会计算机。

与所要解决的问题一样,各种算法的复杂性也千差万别。大多数情况下,一个特定的问题可以有多个不同的解决方案(即算法),在编写程序之前需要考虑许多潜在的解决方案,最终选择一个合适的方案。

算法可以有不同的表示方法,常用的有自然语言、流程图、PAD 图和伪代码等。

自然语言是我们最习惯使用的语言,但用来表示算法中的某些操作,如分支和循环则比较啰嗦,而且往往不太严格,会有二义性的问题。除了一些非常简单的算法外,一般不用自然语言。

流程图是比较早期提出的一种算法表示方法,由美国国家标准化协会 ANSI 规定。流程图用不同的图形表示程序中的各种不同的标准操作。流程图用到的图形及含义如图 1-1 所示。

---

① 由于程序代码的特殊性,本文中出现的变量统一用正体表示。

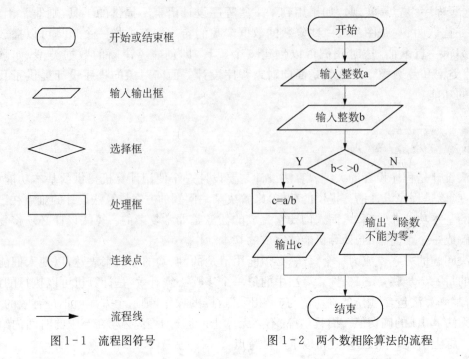

图 1-1　流程图符号　　　　　图 1-2　两个数相除算法的流程

例如,求两个数相除的流程图如图 1-2 所示。

用流程图表示算法直观清晰,清楚地表现出各个处理步骤之间的逻辑关系。但流程图对流程线的使用没有严格的限制,使用者可以随意使流程转来转去,使人很难理解算法的逻辑,难以保证程序的正确性。而且流程图占用的篇幅也较大。

随着结构化程序设计的出现,流程图被另一种称为 N-S 的图所代替。结构化程序设计规定程序只能由以下 3 种结构:顺序结构、分支结构和循环结构组成。N-S 图用 3 种基本的框表示 3 种结构,如图 1-3 所示。

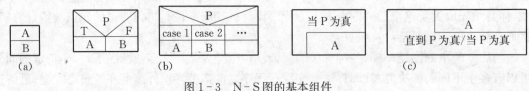

图 1-3　N-S 图的基本组件
(a) 顺序结构　(b) 分支结构　(c) 循环结构

既然程序可以由这些基本结构顺序组合而成,那么基本结构之间的流程线就不再需要了,全部的算法可以写在一个矩形框内。例如,求两个数相除的 N-S 图可表示为图 1-4 所示,判别整数 n 是否为素数的算法的 N-S 图如图 1-5 所示。

用流程图和 N-S 图表示算法直观易懂,但画起来太费事。另一种表示算法的工具称为伪代码。伪代码是介于自然语言和程序设计语言之间的一种表示方法。通常用程序设计语言中的控制结构表示算法的流程,用自然语言表示其中的一些操作。如果采用 C 语言的控制结构,则称为伪 C 代码。如果采用 PASCAL 语言的控制结构,则称为伪 PASCAL 代码。例如,判断整数 n 是否为素数的算法用伪 C 代码表示如下:

图 1-4　整数除法的 N-S 图表示

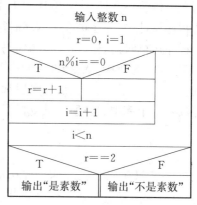

图 1-5　判断整数 n 是否为素数

```
输入 n
设 r = 0
for(i = 1; i <= n; ++i)
  if(n % i == 0)++r
if(r == 2)输出"n 是素数"
else 输出"n 不是素数"
```

伪代码书写格式比较自由,容易表达算法设计的思想,也容易转换成真正的代码。本书后面的章节中的算法都将采用伪代码的表示方法。

1.4　编码

编码是将算法用具体的程序设计语言的语句表达出来,所以我们必须学习一种程序设计语言。本书采用的是 C++语言。用程序设计语言描述的算法称为**程序**,存储在计算机中的程序称为**源文件**。C++的源文件名的后缀必须是".cpp"。输入程序或修改程序内容的过程称为文件的**编辑**。各个计算机系统的编辑过程差异很大,不可能用一种统一的方式来描述,因此在编辑源文件之前,必须先熟悉所用的机器上的编辑方法。很多操作系统也提供一些综合编程的环境,如 VC2010 就是 Windows 系统提供的一个 C++的综合编程环境,为程序员提供了从源文件编辑到程序运行过程中的所有环节。

1.5　编译与链接

为了让高级语言编写的程序能够在不同的计算机系统上运行,首先必须将程序翻译成该计算机特有的机器语言。这个过程也因机器而异。例如,若为 Macintosh 机器写一个 C++的程序,这将需要运行一个特殊的程序,该程序将 C++语言写的程序转换成 Macintosh 的机器语言;如果在 IBM 的 PC 机上运行该程序,则需要使用另一个翻译程序。在高级语言和机器语言之间执行这种翻译任务的程序叫作**编译器**。经过编译器翻译得到的机器语言的程序称为**目标程序**。存储目标程序的文件称为目标文件,它的后缀名通常为".obj"。

在编译过程中,编译器会找出源文件中的语法错误和词法错误。程序员可根据编译器输出的出错信息来修改源文件,直到编译器生成了正确的目标代码。

在现代程序设计中,程序员在编程序时往往会用到系统已经做好的工具或其他程序员做好的工具。程序运行时需要这些工具的代码。于是需要将目标文件和这些工具的目标文件放在一起,这个过程称为**链接**。链接以后的代码称为一个**可执行文件**。这是能直接在某台计算机上运行的程序。可执行文件的后缀名通常是".exe"。系统提供的工具或用户自己写的一些工具程序存放在一个**库**中。将所有独立的目标文件组合成一个可执行文件的过程如图1-6所示。

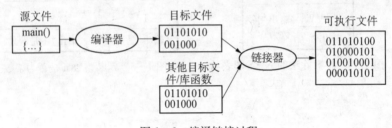

图1-6 编译链接过程

1.6 程序调试和维护

可执行文件是一个可以运行的程序。在命令行界面下输入可执行文件名或在Windows界面下双击该文件的图标就可以运行该程序。可是开始时程序通常给出了不正确的结果或干脆异常终止,这是由于程序中存在一些逻辑错误。例如,算法设计有问题或有些特殊情况没有考虑。程序员称这种错误为bug。找出并改正这种逻辑错误的过程称为**调试**(debug),它是程序设计过程中一个重要的环节,也是程序设计中的一个难点。逻辑错误非常难以察觉。有时程序员非常确信程序的算法是正确的,但随后却发现它不能正确处理以前忽略了的一些情况;或者也许在程序的某个地方做了一个特殊的假定,但随后却忘记了;又或者可能犯了一个非常愚蠢的错误。调试一般需要运行程序,通过观察程序的阶段性结果来找出错误的位置和原因。

程序的调试及测试只能发现程序中的错误,而不能证明程序是正确的。因此,在程序的使用过程中可能会不断发现程序中的错误。在使用时发现错误并改正错误的过程称为程序的**维护**。

1.7 小结

本章主要介绍了程序设计所需的下列基础知识和基本概念:
- 什么是程序设计。
- 程序设计的过程及每个阶段的工作。
- 程序设计语言提供的基本功能。

1.8 习题

1. 了解并掌握一种C++的综合编程环境,如VC2010。

2. 所有的计算机能够执行的指令都是相同的吗？

3. 投入正式运行的程序就是完全正确的程序吗？

4. 为什么需要编译？为什么需要链接？

5. 调试的作用是什么？如何进行程序调试？

6. 为什么一个C++程序可以在不同的机器上运行？

7. 试列出一些常用的系统软件和应用软件。

8. 程序设计语言为什么要提供过程单元？

9. 为什么debug过程不能找出程序中的所有错误？

10. 设计一个计算 $\sum\limits_{i=1}^{100} \dfrac{1}{i}$ 的算法，用N－S图和流程图两种方式表示。

11. 设计一个算法，输入一个矩形的两条边长，判断该矩形是不是正方形。用N－S图和流程图两种方式表示。

12. 设计一个算法，输入圆的半径，输出它的面积与周长。用N－S图和流程图两种方式表示。

13. 设计一个算法，计算下面函数的值。用N－S图和流程图两种方式表示。

$$y = \begin{cases} x & (x < 1) \\ 2x - 1 & (1 \leqslant x < 10) \\ 3x - 11 & (x \geqslant 10) \end{cases}$$

14. 设计一个求解一元二次方程的算法。用N－S图和流程图两种方式表示。

15. 设计一个算法，判断输入的年份是否为闰年。用N－S图和流程图两种方式表示。

16. 设计一个算法计算出租车的车费。出租车收费标准为：3千米内收费12元；3～10千米之间，每千米收费2.4元；10千米以上，每千米收费3元。用N－S图和流程图两种方式表示。

2 程序的基本组成

一个程序就像是一篇实验指导书,让计算机按你的实验指导书一步步往下做,最终就能完成任务。实验指导书有实验指导书的格式,程序也有程序的格式。本章将从一些简单的程序出发,介绍程序的基本框架及组成程序的最基本的元素。

2.1 程序的基本结构

考虑一下设计一个求解一元二次方程的程序。如第 1 章所述,设计一个程序先要设计算法。如何教会计算机解一元二次方程? 我们自己会有很多解一元二次方程的方法,例如,凑一个完全平方公式、平方差公式或用十字相乘法因式分解。但要教计算机,这些方法略显复杂。最简单的是用标准的公式 $x = \dfrac{-b \pm \sqrt{b^2 - 4ac}}{2a}$ 解一元二次方程。在众多的解一元二次方程的方法中,我们选择教计算机用标准公式求解,然后开始设计教学过程,即算法。这个算法很简单,它的 N-S 图描述如图 2-1 所示。根据这个算法得到的 C++程序如代码清单 2-1 所示。

输入方程的 3 个系数 a、b、c
计算 $x1 = \dfrac{-b + \sqrt{b^2 - 4ac}}{2a}$ $x2 = \dfrac{-b - \sqrt{b^2 - 4ac}}{2a}$
输出 x1 和 x2

图 2-1 求解一元二次方程的算法

代码清单 2-1 求解一元二次方程

```
//文件名: 2-1.cpp          ⎫
//用标准公式求解一元二次方程  ⎬ 注释

#include <iostream>   ⎫
#include <cmath>      ⎬ 编译预处理指令
using namespace std;  ⎭ 使用名字空间
```

```
      ┌  int main()
      │  {  double a, b, c, x1, x2, dlt; }  变量定义
      │
      │     cout << "请输入方程的 3 个系数:" << endl;  ┐
      │     cin >> a >> b >> c;                        ┘  输入阶段
      │
主程序 ┤     dlt = b * b - 4 * a * c;                    ┐
      │     x1 = (-b + sqrt(dlt)) / 2 / a;             ├  计算阶段
      │     x2 = (-b - sqrt(dlt)) / 2 / a;             ┘
      │
      │     cout << "x1 = " << x1 << "x2 = " << x2 << endl; }  输出阶段
      │
      │     return 0;
      └  }
```

一个 C++ 程序由注释、编译预处理和主程序组成。主程序由一组函数组成。每个程序至少有一个函数，这个函数的名字为 main。

2.1.1　注释

代码清单 2-1 最前面的 2 行是注释行。一般来说，每个程序都以一个专门的、从整体描述程序操作过程的注释开头，称为**程序注释**。它包括源程序文件的名称、作者和一些与程序操作有关的信息。程序注释还可以描述程序中特别复杂的部分，指出可能的使用者，给出如何改变程序行为的一些建议，等等。注释也可以出现在主程序中间，解释主程序中一些比较难理解的部分。在 C++ 语言中，注释是从 // 开始到本行结束。在 C++ 程序中也可以用 C 语言风格的注释，即在 /* 与 */ 之间所有的文字都是注释，可以是连续的几行。

注释是写给人看的，而不是写给计算机的。与程序执行的结果完全无关。它们是向其他程序员传递该程序的有关信息。C++ 语言编译器在编译程序时，注释被完全忽略。

初学者往往把握不好程序中哪些地方要添加注释，该添加什么内容的注释。你可以在写好一个程序后，把它放在一边，过几天再去读它。如果某些地方你自己一下子都不能理解，那么这个地方就需要添加注释。

因为注释并不是真正可执行的部分，所以很多程序员往往不愿意写，但注释对将来程序的维护非常重要。给程序添加注释是良好的编程风格。

2.1.2　编译预处理

C++ 的编译分成两个阶段：预编译和编译。先执行预编译，再执行编译。预编译阶段处理程序中的编译预处理指令，就是那些以 # 开头的指令。如代码清单 2-1 中的 #include <iostream>。编译预处理命令有很多，常用的编译预处理指令主要是**库包含**，即 include 指令。其他的编译预处理命令将在用到时介绍。

库包含表示程序使用了某个库。**库**是实用工具的集合，这些实用工具是由其他程序员编写的，能够完成特定的功能。iostream 是 C++ 本身提供的标准输入/输出库。程序中所有数据的输入/输出都由该库提供的功能完成。本书的每个程序基本上都会用到这个库。cmath 是数学函数库，包含了一些常用的科学计算函数的实现。由于求解一元二次方程时要用到求平方根，该函数包含在 cmath 库中，所以也要包含 cmath 库。库对于程序设计来说是十分重要的，当你开始编写一些较复杂的程序时，马上将会依赖一些重要的库。

要使用一个库就必须在程序中给出足够的信息,以便使编译器知道这个库里有哪些工具可用,这些工具又是如何使用的。大多数情况下,这些信息以**头文件**的形式提供。每个库都要提供一个头文件,这种文件为编译器提供了对库所提供的工具的描述,以便在程序中用到这些库的功能时编译器可以检查程序中的用法是否正确。include 指令的意思就是把相应的文件插入到现在正在编写的程序中。

#include 有以下两种格式:

#include <文件名>

#include "文件名"

用尖括号标记的是 C++系统的标准库。C++用尖括号通知预编译器到系统的标准库目录中去寻找尖括号中的文件。可以通过以下语句包含标准库 iostream:

#include <iostream>

个人编写的库用引号标记。例如,某个程序员自己写了一个库 user,于是#include 行可写为

#include "user"

当用双引号标注时,预编译器先到用户的目录中去寻找相应的文件。如果找不到,再到系统的标准库目录中去寻找。

2.1.3　名字空间

大型的程序通常由很多源文件组成,每个源文件可能由不同的开发人员开发。开发人员可以自由地命名自己的源文件中的实体,如变量名、函数名等。这样很可能造成不同的源文件中有同样的名字。当这些源文件对应的目标文件链接起来形成一个可执行文件时,就会造成重名。为了避免这种情况,C++引入了名字空间的概念,把一组程序实体组合在一起,构成一个作用域,称为**名字空间**。同一个名字空间中不能有重名,不同的名字空间中可以定义相同的实体名。引用某个实体时,需要加上名字空间的限定。

C++的标准库中的实体都是定义在名字空间 std 中的,如代码清单 2-1 中出现的 cin、cout,因此引用标准库中的名字都要指出是名字空间 std 中的实体。例如,引用 cout 必须写成 std::cout。但这种表示方法非常烦琐,为此 C++引入了一个使用名字空间的指令 using namespace,它的格式如下:

using namespace 名字空间名;

一旦使用了

using namespace std;

程序中的 std::cout 都可以写成 cout,使程序更加简洁。

2.1.4　主程序

代码清单 2-1 所示程序的最后一部分是程序主体,是算法的描述。C++的主程序由一组函数组成。每个程序必须有一个名字叫 main 的函数,它是程序运行的入口。运行程序就是从 main 函数的第一个语句执行到最后一个语句。每个函数由函数头和函数体两部分组成。代码清单 2-1 中,int main()是函数头,后面花括号括起来的部分是函数体。可以把函数理解成数学中的函数。函数头是数学函数中等号的左边部分,函数体是等号的右边部分。函数头中的 int 表示函数的执行结果是一个整型数,main 是函数名字,()中是函数的参数,相当于数学函数中的自变量。()中为空表示没有参数。函数体是如何从自变量得到函数值的计算过程,即算法的描述,相当于数学函数中等号右边的表达式。

函数体可进一步细分为变量定义部分和语句部分。语句部分又可分为输入阶段、计算阶段和输出阶段。一般各部分之间用一个空行隔开，以便于阅读。

变量(也称为**对象**)是一些在程序编写时值尚未确定的数据的代号。例如，在编写求解一元二次方程的程序时，该方程的三个系数值尚未确定，我们用 a、b、c 三个代号来表示。在编写程序时，两个根的值也未确定，于是也给它们取了个代号 x1 和 x2。在计算 x1、x2 时，$b^2 - 4ac$ 要用到两次。为了节省计算时间，我们只让它计算一次，把计算结果用代号 dlt 表示。在计算 x1 和 x2 时，凡需用到 $b^2 - 4ac$ 时均用 dlt 表示。

在程序执行过程中，变量的值会被确定。如何保存这些值？C++语言用变量定义来为这些值准备存储空间。代码清单 2-1 中的

```
double a, b, c, x1, x2, dlt;
```
就是变量定义。它告诉编译器要为 6 个变量准备存储空间。变量前面的 double 说明变量代表的数值的类型是实数。编译器根据类型为变量在内存中预留一定量的空间。

在输入阶段，计算机要求用户输入一元二次方程的 3 个系数。每个数据的输入过程一般包括两步。首先，程序应在屏幕上显示一个信息以使用户了解程序需要什么，这类信息通常称为**提示信息**。在屏幕上显示信息是用输出流对象 cout 来完成，它是输入/输出流库的一部分。与 cout 相关联的设备是显示器。用流插入运算符<<将数据流中的数据插入到 cout 对象，即显示到显示器上。如代码清单 2-1 中的

```
cout << "请输入方程的 3 个系数:";
```
可将"请输入方程的 3 个系数:"显示在显示器上。为了读取数据，程序用了

```
cin >> a >> b >> c;
```
cin 是输入流对象，它也是输入/输出流库的一部分。与 cin 相关联的设备是键盘。当从键盘输入数据时，形成一个输入流。用流提取运算符>>将数据流中的数据存储到一个或一组事先定义好的变量中。

计算阶段包括计算 $b^2 - 4ac$ 及 x1 和 x2。在程序设计中，计算是通过算术**表达式**来实现的，算术表达式与代数中的代数式类似。表达式的计算结果可以用赋值操作存储于一个变量中，以备在程序的后面部分使用。本章 2.4 节和 2.5 节会详细介绍算术表达式和赋值表达式。

程序的输出阶段是显示计算结果。结果的显示也是通过使用 cout 对象来完成的：

```
cout << "x1 = " << x1 << "x2 = " << x2 << endl;
```
双引号内的内容被直接显示在屏幕上。对于其中的变量，则将变量中存储的数值以十进制形式输出。如果输入的 a、b、c 分别是 1、0、−1，则输出的结果为

```
x1 = 1 x2 = -1
```
函数最后一个语句是 return 0，表示把 0 作为函数的执行结果值。一般情况下，main 函数的执行结果都是直接显示在显示器上，没有其他执行结果。但 C++程序员习惯上将 main 函数设计成有一个整型的返回值。当执行正常结束时返回 0，非正常时返回其他值。

2.2　常量与变量

编写程序时已经确定的值，称为**常量**。编写程序时尚未确定的值，称为**变量**。

2.2.1　变量定义

从程序员角度来看，变量定义就是说明程序中有哪些值尚未确定，这些值是什么类型的，

可以对它们执行哪些操作。从计算机的角度来看,由于程序中有某些值尚未确定,在运行程序的过程中,这些值会被确定。当这些值被确定时必须有一个地方保存它们,变量定义就是为这些变量准备好存储空间。那么必须为每个变量准备多少空间呢?这取决于变量的类型。因此,C++的变量定义有如下格式:

  类型名　变量名 1,变量名 2,…,变量名 n;

该语句定义了 n 个指定类型的变量。例如:

  int num1, num2;

定义了两个整型变量 num1 和 num2,而

  double area;

定义了一个实型变量。其中,int 和 double 就是类型名。本章 2.2.2 节会详细介绍 C++的内置类型。

定义变量时一项重要的工作是为变量取一个名字,C++语言中变量名的构成遵循以下规则:

(1) 变量名必须以字母或下划线开头。

(2) 变量名中的其他字符必须是字母、数字或下划线,不得使用空格和其他特殊符号。

(3) 变量名不可以是系统的保留字,如 int、double、for、return 等,保留字在 C++语言中有特殊用途。

(4) C++语言中,变量名是区分大小写的,即将变量名中出现的大写和小写字母看作是不同的字符,因此,ABC、Abc 和 abc 是 3 个不同的变量名。

(5) C++没有规定变量名的长度,但各个编译器都有自己的规定。

(6) 变量名应使读者易于明白其存储的值的作用,做到"**见名知义**",一目了然。

在 C++中,要求所有的变量在使用前都要先定义。变量定义一方面能保证有地方保存变量值,另一方面能保证变量的正确使用。例如,C++中的取模运算(%)只能用于整型数,如果对非整型变量进行取模运算就是一个错误。有了变量定义,编译器能检查出这个错误。

变量定义一般放在函数体的开始处,也可以放在一个程序块(即复合语句)的开始处。所谓的程序块就是用花括号括起来的一组语句。

在 C++中,变量定义只是给变量分配相应的存储空间。有时还需要在定义变量时对一些变量设置初值。C++允许在定义变量的同时给变量赋初值。给内置类型变量赋初值的方法有以下两种:

  类型名 变量名= 初值;

  类型名 变量名(初值);

例如,int count = 0;或 int count(0);都是定义整型变量 count,并赋初值 0,即为变量 count 分配内存空间,并将 0 存储在这个空间中;float value = 3.4;或 float value(3.4);都是定义单精度变量 value,并赋初值 3.4。

可以给被定义的变量中的一部分变量赋初值。例如:

  int sum = 0,count = 0, num;

定义了 3 个整型变量,前两个赋了初值,最后一个没有赋初值。

若定义一个变量时没有为其赋初值,然后就直接引用这个变量是很危险的,因为此时变量的值为一个随机值。**给变量赋初值是良好的程序设计风格。**

2.2.2 数据类型

C++处理的每一个数据（不管是常量还是变量）都必须指明类型。一个数据类型就是C++事先做好的一个工具。数据类型有两个特征：该类型的数据在内存中需要多少存储空间，数据是如何安排在这块空间中；对于这类数据允许执行哪些操作。每种程序设计语言都有自己预先定义好的一些类型，这些类型称为**基本类型**或**内置类型**。C++可以处理的基本数据类型有整型、实型、字符型和布尔型。这些类型又可以细分如下：

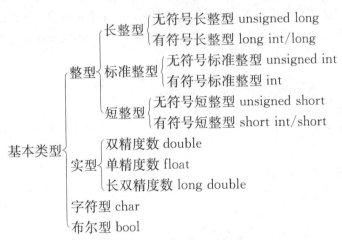

整型是处理整数的工具。但整型数和整数并不完全相同。数学中的整数可以有无穷个，但计算机中的整型数是有穷的。整型数的取值范围取决于整型数占用的内存空间的大小。

C++中，整型根据占用空间的长度可分为基本整型、长整型和短整型，它们都可用于处理正整数或负整数。在有些应用中，整数的范围通常都是正整数（如年龄、考试分数和一些计数器）。为了充分利用变量的空间，可以将这些变量定义为"无符号"的。这样 C++一共有 6 种整型类型。

C++标准没有具体规定各类整型数所占的内存字节数，只要求长整型不小于基本整型，基本整型不小于短整型。具体如何实现由各编译器自行决定。在 Visual C++中各整型所占的字节数如表 2-1 所示。

表 2-1　标准的整型类型

类　　型	类　型　名	在 Visual C++中占用的空间	表示范围
基本整型	int	4 字节	$-2^{31} \sim 2^{31}-1$
短整型	short [int]	2 字节	$-2^{15} \sim 2^{15}-1$
长整型	long [int]	4 字节	$-2^{31} \sim 2^{31}-1$
无符号基本整型	unsigned [int]	4 字节	$0 \sim 2^{32}-1$
无符号短整型	unsigned short [int]	2 字节	$0 \sim 2^{16}-1$
无符号长整型	unsigned long [int]	4 字节	$0 \sim 2^{32}-1$

方括号内的部分是可以省略的。例如，short int 与 short 是等价的。

要定义一个短整型数 shortnum，可用

```
short int  shortnum;
```

或

```
short  shortnum;
```
要定义一个计数器,可用
```
unsigned  int  counter;
```
要定义一个普通的整型变量 num,可用
```
int  num;
```

下面举例说明一下整型变量的定义与使用。编写一个程序来完成两个整型数的相加。所编写的程序应该定义 3 个整型变量:一个存放加数,一个存放被加数,一个存放结果。输入阶段为加数和被加数赋值,计算阶段计算二者的和,输出阶段输出结果值。实现这一功能的程序如代码清单 2-2 所示。

代码清单 2-2   实现两个整型数相加的程序

```cpp
//文件名: 2-2.cpp
//两个整型数相加

#include <iostream>
using namespace std;

int main()
{   int num1, num2, total;

    num1 = 10;
    num2 = 12;
    total = num1 + num2;

    cout << num1 << '+' << num2 << '=' << total << endl;

    return 0;
}
```

代码清单 2-2 中程序的运行结果如下:
```
10 + 12 = 22
```
实型是处理实数的工具,C++的实型类型分为单精度(float)、双精度(double)和长双精度(long double)三种。C++同样也没有规定每一类实型存储空间的大小。在 VC 中,单精度数占据 4 个字节,表示的数值范围为 $10^{-37} \sim 10^{38}$,精度为十进制的 $6 \sim 7$ 位。双精度和长双精度都占据 8 个字节,表示的数值范围为 $10^{-308} \sim 10^{308}$,精度为十进制的 15 位。

要定义两个单精度的实型变量 x、y,可用
```
float x, y;
```
要定义一个双精度的实型变量 z,可用
```
double z;
```
计算机只能存储 0 和 1,整数和实数都是以某种方式转换成二进制后存储在计算机中。

计算机除了能处理数字之外,还能处理文本信息。所有文本信息的基础就是字符。C++提供了一个处理字符的工具 char,即字符型。

计算机如何存储字符? 为了表示字符,我们给每个字符规定了一个编号。可以把所有可处理的字符写在一个表中,然后对它们顺序编号。例如,可以用整数 1 代表字母 A,整数 2 代表字母 B,依次类推,在用 26 表示字母 Z 后,可以继续用整数 27、28、29 等来表示小写字母、数字、标点符号和其他字符。

在早期,不同的计算机确实用不同的字符编码。字母 A 在一台计算机上有一种特定的表示,但在由另一个生产厂商生产的计算机上却有完全不同的表示。甚至可用字符集也会不同。例如,一台计算机键盘上可能有字符 ₵,而另一台计算机则完全不能表示这个字符。

尽管每一台计算机可以自己规定每个字符的编码,但这样做会出现一些问题。在当今世界,信息通常在不同的计算机之间共享:你可以用 U 盘将程序从一台计算机复制到另一台计算机,也可以让你的计算机直接与国内或国际网上的其他计算机通信。为了使这种通信成为可能,计算机必须有同样的字符编码,以免一台机器上的字母 A 在另一台机器上变成字母 Z。最常用的字符编码标准是 ASCII(表示 American Standard Code for Information Interchange)字符编码系统。ASCII 表详见附录。本书假设所用的计算机系统采用的是 ASCII 编码。

在大多数情况下,虽然知道字符在内部用什么编码标准是很重要的,但知道各个数字值对应于哪一特定字符并不是很有用。如果你的计算机系统使用 ASCII 编码,当你键入字母 A 时,键盘中的硬件自动将此字符翻译成 ASCII 值 65,然后把它发送给计算机。同样,当计算机把 ASCII 值 65 发送给显示器时,屏幕上会出现字母 A。这些工作并不需要用户的介入。

尽管不需要记住每个字符的具体编码,但 ASCII 编码的以下两个结构特性是值得牢记的,它们在编程中有很重要的用途。

● 表示数字 0～9 的字符的编码是连续的。尽管不需要知道哪个编码对应于数字字符 '0',但要知道数字 '1' 的编码是比 '0' 的编码大 1 的整数。同样,如果 '0' 的编码加 9,就是字符 '9' 的编码。

● 字母按字母序分成两段:一段是大写字母(A～Z),一段是小写字母(a～z)。在每一段中,ASCII 值是连续的。

在 C++中,单个字符是用数据类型 char 来表示。要定义字符类型的变量 ch,可用以下语句:

```
char ch;
```
变量 ch 在内存中占一个字节的空间,该字节中存放的是对应字符的 ASCII 值。

布尔型用于表示"真"和"假"这样的逻辑值,主要用来表示条件的成立或不成立。"真"表示相应的条件满足,"假"表示相应的条件不满足。C++中用关键字 bool 表示布尔型。布尔型的值只有两个,即 true 和 false,分别对应逻辑值"真"和"假"。

定义一个布尔型的变量 flag,可用下列语句:

```
bool flag;
```
在 Visual C++中,布尔型的变量占一个字节。当保存 true 时,该字节的值为 1;当保存 false 时,该字节值为 0。

2.2.3　常量与符号常量

在程序运行过程中,值不能改变的量称为**常量**。常量必须是 C++认可的类型。

整型常量有三种表示方法:十进制、十六进制和八进制。

十进制与我们平时采用的十进制表示是一样的。如 123，756，−18 等。系统按照数值的大小自动将其表示成 int 或 long int。如果你需要计算机把一个整数看成是长整型时，可以在这个整数后面加一个"l"或"L"。如 100L 表示把这个 100 看成是长整型。

八进制常量以 0 开头。在数学中，0123 通常就被写为 123。但在 C++ 中，0123 和 123 是不同的！0123 表示八进制数 123，它对应的十进制值为

$$1 \times 8^2 + 2 \times 8^1 + 3 \times 8^0 = 83。$$

十六进制数以 0x 开头。如 0x123 表示十六进制的 123，它对应的十进制值为

$$1 \times 16^2 + 2 \times 16^1 + 3 \times 16^0 = 291。$$

实型常量有两种表示方法：十进制小数形式和科学计数法。十进制小数由数字和小数点组成。如：123.4，0.0，0.123。科学计数法把实型常量用"尾数×10^{指数}"的方式表示。但程序设计语言中不能用上标，因此用了一种替代的方法：尾数 e 指数，或尾数 E 指数。如 123×10^3 可写成 123e3 或 123E3。C++ 中，实型常量都被作为 double 型处理。

C++ 的字符常量是用单引号括起来的一个字符。如 'a'，'D'，'1'，'?' 等都是字符常量。这些字符被称为**可打印字符**，是键盘上存在的字符。字符常量也包括许多特殊字符，它们被用来表示某一特定的动作。这些特殊字符在键盘上并不存在，无法直接输入。为表示这些特殊字符，C++ 采用了一个以"\"开头的字符序列。这个组合被称为**转义序列**（escape sequence）。如 '\n' 表示换行，'\t' 表示跳到下一打印区域。

布尔类型的值只有两个：true 和 false，它们分别对应逻辑值"真"和"假"。

对于程序中一些有特殊意义的常量，可以给它们取一个有意义的名字，便于读程序的程序员知道该常量的意义。有名字的常量称为**符号常量**。符号常量的定义方法有两种。一种是 C 语言风格的定义，即用编译预处理指令 #define 来定义。定义的格式为

`#define   符号常量名   值`

如在程序中要为 π 取一个名字，可用以下定义

`#define PI 3.14159`

预编译时，用值替换符号常量名。另一种是用 C++ 风格的定义，定义格式为

`const   类型名   符号常量名 = 值;`

如要定义 π 为符号常量，可用以下定义

`const double PI = 3.14159;`

相比于 C 风格的定义，C++ 定义更安全。符号常量名的命名规范与变量相同。但通常变量名是用小写字母或大小写字母组成，而符号常量名通常全用大写字母。

2.3　数据的输入/输出

数据的输入/输出是指程序与外围设备交换数据。输入是指程序从外围设备获取数据。输出是将程序中的数据传递到外围设备。现阶段读者可认为输入是程序从键盘获取数据，输出是将程序中的数据显示在显示器上。

2.3.1　数据的输入

变量值的来源有很多途径，可以通过赋值运算把一个常量赋给某个变量，可以把某个表达

式的计算结果赋给某个变量,也可以把某个函数执行的结果存放在某个变量中,还可以从某些设备中(磁盘或键盘等)获取数据。当程序中的某些变量值要到程序执行时才能由用户确定时,可以让它在运行时从键盘获取所需要的值。如代码清单 2 - 1 中所示,在编程序时不知道用户要计算的一元二次方程是什么,一直到运行时,才由用户指定方程的值。

　　C++提供多种从键盘输入数据的方式。最常用的方法是利用 C++标准库中定义的输入流对象 cin 和流提取运算符>>来实现。例如:

```
int a;
double d;
cin >> a;
cin >> d;
```

上面的两条输入语句也可以合并成一条:

```
cin >> a >> d;
```

　　当程序执行到上述语句时,会停下来等待用户的输入。用户可以输入数据,用回车(↙)结束。当有多个输入数据时,一般用空白字符(空格、制表符和回车)分隔。例如,对应上述语句,我们的输入可以是 12　13.2↙,那么执行了上述语句后,a 的值为 12, d 的值为 13.2;也可以输入 12(tab 键)13.2↙或者 12↙ 13.2↙,结果都是一样的。

　　如果要输入的变量是字符型,C++还提供了另外一种常用的方法,即通过 cin 的成员函数 get 输入。get 函数的用法为

```
cin.get(字符变量);
```

或

```
字符变量 = cin.get();
```

这两种用法都可以将键盘输入的数据保存在字符变量中。

　　注意,get 函数可以接受任何字符,包括空白字符。如果 a, b, c 是 3 个字符型的变量,对应语句

```
a = cin.get();
b = cin.get();
c = cin.get();
```

如果输入为 a　b　c↙,则变量 a 的内容为'a',变量 b 的内容为空格,变量 c 的内容为'b'。但如果将这个输入用于语句

```
cin >> a >> b >> c
```

那么变量 a, b, c 的内容分别为'a', 'b', 'c',因为空格被作为输入值之间的分隔符。

2.3.2　数据的输出

　　要将变量的内容显示在显示器上,可以用标准库中的输出对象 cout 和流插入运算符<<。例如,cout << a 可以将变量 a 的内容显示在显示器上。也可以一下子输出多个变量的值。例如,cout << a << b << c 同时输出了变量 a, b, c 的值。cout 不仅可以输出变量的值,也可以直接输出表达式的执行结果或输出一个常量。如果变量 a 等于 3, b 等于 4,想要输出 3+4＝7,可用下列输出语句:

```
cout << a << '+' << b << '=' << a + b << endl;
```

其中,endl 表示输出一个换行符。

2.4 算术运算

程序中最重要的阶段是计算阶段。计算阶段的主体是算术运算,如代码清单 2-1 中 x1, x2 的计算。在程序设计语言中,计算是通过算术表达式实现的。

2.4.1 算术表达式

程序设计语言中的算术表达式和数学中的代数表达式非常类似。一个表达式由算术运算符和运算数组成。在 C++ 中,算术运算符有+(加法)、-(减法)(若左边无值则为负号)、*(乘法)、/(除法)和%(取模)。其中+,-,*,/ 的含义与数学中完全相同,%运算是取两个整数相除后的余数。与数学中一样,计算时采用先乘除后加减的原则,即乘除运算的优先级高于加减运算。优先级相同时,从左计算到右,即左结合。%运算的优先级与*和/相同。算术表达式中还允许用圆括号改变优先级。例如,在表达式(2 * x)+(3 * y)中,先计算表达式(2 * x)和(3 * y),然后把这两个表达式的结果相加。但要注意,代数式中改变优先级可以用圆括号、方括号和花括号,但 C++ 程序只允许用圆括号。花括号和方括号在 C++ 中另有用处。

在 C++ 中,整型、实型、字符型和布尔型的数据都允许参加算术运算,而且可以出现在同一个算术表达式中。但事实上,C++ 只能执行同类型的数据的运算。例如,int 与 int 型数据进行运算,double 与 double 型的数据进行运算。运算结果的类型与运算数类型相同。在执行不同类型数据的运算之前,C++ 会将不同类型的数据先转换成同一类型,然后再进行运算。转换的总原则是非标准类型转换成标准类型,占用空间少的向占用空间多的靠拢,数值范围小的向数值范围大的靠拢。下面给出具体规则:

- bool、char 和 short 这些非标准的整数在运算前都必须转换为 int;
- int 和 float 运算时,将 int 转换成 float;
- int 和 long 运算时,将 int 转换成 long;
- int 或 long int 和 double 运算时,被转换成 double;
- float 和 double 运算时,将 float 转换成 double。

根据上述规则,若变量 n 为 int 型数,则表达式 n+1 的值为 int 型数;而表达式 n+1.5 的结果值是 double 型,因为实型常量被认为是 double 型的。这种做法确保计算结果尽可能精确。例如,在表达式 n+1.5 中,若使用整数运算进行计算,则不能表示出结果中的.5 部分。

各种类型之间的数据又是如何转换的? C++ 制订了如下的转换规则:

- 实型转换成整型时,舍弃小数部分;
- 整型转换成实型时,数值不变,但表示成实数形式。如 1 被转换为 1.0;
- 字符型转换成整型时,不同的编译器有不同的处理方法;有些编译器是将字符的内码看成无符号数,即 0~255 之间的一个值。另一些编译器是将字符的内码看成有符号数,即-128~127之间的一个值;
- 布尔型转换成整型时,true 为 1, false 为 0;
- 整型转换成字符型时,直接取整型数据的最低 8 位。

注意 C++ 中的除法运算。按照自动类型转换规则,若一个二元运算符的左右两边均为整型数,则其结果为整型数。如果写一个像 9/4 这样的表达式,按 C++ 的规则,此运算的结果必须为整型数,因为两个运算数都为 int 型数。当程序计算此表达式时,它用 4 去除 9,将余数丢弃,因此表达式的值为 2,而非 2.25。若想要计算出从数学意义上来讲正确的结果,应当至少有一个运算数为实型数。例如,下列 3 个表达式:

```
9.0/4
9/4.0
9.0/4.0
```

每个表达式都可以得到实型数值 2.25。因为 C++ 会进行自动类型转换,将两个运算数都转换成 double,执行两个 double 型数据的运算,结果也是 double 类型的值。只有当两个运算数均为 int 型数时才会将余数丢弃。

但是,如果 9 和 4 分别存储于两个整型变量 x 和 y 时,如何使 x/y 的结果为 2.25 呢?此时不能把这个表达式写为 x.0/y,也不能写成 x/y.0。

解决这一问题的方法是使用强制类型转换。强制类型转换可将某一表达式的结果强制转换成指定的类型。C++ 的强制类型转换有两种形式:

(类型名)(表达式)

类型名(表达式)

因此,想使 x/y 的结果为 2.25,可用表达式 double(x)/y 或 x/(double)y。

2.4.2　数学函数库

在 C++ 语言中,除了 +, -, *, /, % 运算以外,其他的数学运算都是通过函数的形式来实现的。这些数学运算函数都在数学函数库 cmath 中。cmath 包括的主要函数如表 2 - 2 所示。要使用这些数学函数,必须在程序开始处写上编译预处理命令:

```
#include <cmath>
```

表 2 - 2　cmath 中的主要函数

函数类型	cmath 中对应的函数
绝对值函数	int abs(int x) double fabs(double x)
e^x	double exp(double x)
x^y	double pow(double x, double y)
$\sqrt{x}$	double sqrt(double x)
ln x	double log(double x)
lg x	double log10(double x)
三角函数	double sin(double x) double cos(double x) double tan(double x)
反三角函数	double asin(double x) double acos(double x) double atan(double x)

2.5 赋值运算

2.5.1 基本的赋值运算

在程序中,一个重要的操作就是将计算的结果暂存起来,以备后用。计算的结果可以暂存在一个变量中,因此,任何程序设计语言都必须提供的一个基本的功能就是将数据存放到某一个变量中。大多数程序设计语言都提供一个赋值语句实现这一功能。

在 C++中,赋值所用的等号被看成一个二元运算符。赋值运算符=有两个运算数,左右各一个。目前可以认为左边的运算数一定是一个变量,右边是一个表达式。整个由赋值运算符连起来的表达式称为**赋值表达式**。执行赋值表达式时,首先计算右边表达式的值,然后将结果存储在赋值运算符左边的变量中。整个赋值表达式的运算结果就是存储在左边变量中的值。因此,

```
total = 0
```

是一个表达式,该表达式将 0 存放在变量 total 中,整个表达式的结果值为 0。一个表达式后面加上一个分号就形成了 C++中最简单的语句——**表达式语句**。赋值表达式后面加上一个分号形成**赋值语句**。例如:

```
total = 0;
```

就是一个赋值语句,而

```
total = num1 + num2;
```

也是一个赋值语句。这个语句将变量 num1 和 num2 的值相加,结果存于变量 total 中,整个表达式的结果值为 num1+num2 的结果。

赋值表达式非常像代数中的等式,但要注意两者的含义完全不同。代数中的等式表示等号两边的值是相同的,如 x = y 表示 x 和 y 的值相同。而 C++的等号是一个动作,表示把右边的值赋给左边的变量。如 x = y 表示把变量 y 的值存放到变量 x 中。同理,x = x+1 在代数中是不成立的,但在 C++中是一个合理的赋值表达式,表示把变量 x 的值加 1 以后重新存放到变量 x。

赋值运算是将右边的表达式的值赋给左边的变量,那么很自然地要求右边表达式执行结果的类型和左边的变量类型应该是一致的。当表达式的结果类型和变量类型不一致时,同其他的运算一样会发生自动类型转换。系统会将右边的表达式的结果转换成左边的变量的类型,再赋给左边的变量。

C++将赋值作为运算,得到了一些有趣且有用的结果。如果一个赋值是一个表达式,那么该表达式本身应该有值。进而言之,如果一个赋值表达式产生一个值,那么也一定能将这个赋值表达式嵌入到一些更复杂的表达式中去。例如,如果表达式 x = 6 作为另一个运算符的运算数,那么赋给变量 x 的值就是该赋值表达式的值。因此,表达式 (x = 6)+(y = 7) 等价于分别将 x 和 y 的值设为 6 和 7,并将 6 和 7 相加,整个表达式的值为 13。在 C++中,=的优先级比算术运算符低,所以这里的圆括号是必需的。将赋值表达式作为更大的表达式的一部分称为**赋值嵌套**。

虽然赋值嵌套有时显得非常方便而且很重要,但经常会使程序难以阅读。因为在较大的表达式中的赋值嵌套使变量的值发生的改变很容易被忽略,所以要谨慎使用。

赋值嵌套的最重要的应用就是当你想要将同一个值赋给多个变量的情况。C++语言对赋值的定义允许用以下一条语句代替单独的几条赋值语句:

```
n1 = n2 = n3 = 0;
```

它将 3 个变量的值均赋为 0。它之所以能达到预期效果是因为 C++ 语言的赋值运算是一个表达式，而且它的执行是从右到左的，即右结合的。整条语句等价于：

```
n1 = (n2 = (n3 = 0));
```

表达式 n3 ＝ 0 先被计算，它将 n3 设为 0 并将 0 作为赋值表达式的值传出。随后这个值又赋给 n2，结果再赋给 n1。这种语句称为**多重赋值语句**。

当用到多重赋值时，要保证所有的变量都是同类型的，以避免在自动类型转换时出现与预期不相符的结果。例如，假设变量 d 定义为 double，变量 i 定义为 int，那么下面这条语句会有什么效果呢？

```
d = i = 1.5;
```

这条语句很可能使读者产生混淆，以为 i 的值是 1，而 d 的值是 1.5。事实上，这个表达式在计算时，先将 1.5 截去小数部分赋给 i，因此 i 得到值 1。表达式 i ＝ 1.5 的结果是 1，也就是整数 1 赋给了 d，而不是实数 1.5，该值赋给 d 时再引发第二次类型转换，所以最终赋给 d 的值是 1.0。

2.5.2　复合的赋值运算

假设变量 balance 保存了某人银行账户的余额，他想往里存一笔钱，数额存在变量 deposit 中。新的余额由表达式 balance ＋ deposit 给出。于是有以下赋值语句：

```
newbalance = balance + deposit;
```

然而在大多数情况下，人们不愿用一个新变量来存储结果。存钱的效果就是改变银行账户中的余额，因而就是要改变变量 balance 的值，使其加上新存入的数额。与上面的把表达式的结果存入一个新的变量 newbalance 的方法相比，把 balance 和 deposit 的值相加，并将结果重新存入到变量 balance 中更可行，即用下面的赋值语句：

```
balance = balance + deposit;
```

尽管语句 balance ＝ balance ＋ deposit；能够达到将 deposit 和 balance 相加并将结果存入 balance 的效果，但它并不是 C++ 程序员常写的形式。像这样对一个变量执行一些操作并将结果重新存入该变量的语句在程序设计中使用十分频繁，因此 C++ 语言的设计者特意加入了它的缩略形式。对任意的二元运算符 op，

　　变量 = 变量 op 表达式；

形式的语句都可以写成

　　变量 op = 表达式；

在赋值中，二元运算符与＝运算符结合的运算符称为**复合赋值运算符**。

正因为有了复合赋值运算符，像

```
balance = balance + deposit;
```

这种常常出现的语句便可用

```
balance += deposit;
```

来代替。用自然语言表述即是：把 deposit 加到 balance 中去。

由于这种缩略形式适用于 C++ 语言中所有的二元运算符，所以可以通过下面的语句从 balance 中减去 surcharge 的值：

```
balance -= surcharge;
```

用 10 除 x 的值可写为

```
x /= 10;
```
将 salary 加倍可写为
```
salary *= 2;
```
在 C++语言中,赋值运算符(包括复合赋值运算符,如 += 、* = 等)的优先级比算术运算符低。如果两个赋值竞争一个运算数,赋值是从右至左进行的。这条规则与算术运算符正好相反,算术运算符都是从左到右计算的,因此是**左结合**的,赋值运算符是从右到左计算的,因此称为是**右结合**的。

2.5.3 自增自减运算

除复合赋值运算符外,C++语言还为另外两个常见的操作,即将一个变量加 1 或减 1,提供了更进一步的缩略形式。将一个变量加 1 称为**自增**该变量,减 1 称为**自减**该变量。为了用最简便的形式表示这样的操作,C++引入了 ++ 和 -- 运算符。例如,C++中语句
```
x++;
```
等效于
```
x += 1;
```
这条语句本身又是
```
x = x + 1
```
的缩略形式。同样地有
```
y--;
```
等效于
```
y -= 1;
```
或
```
y = y - 1;
```
自增和自减运算符可以作为前缀,也可以作为后缀。也就是说,++x 和 x++ 都是 C++中正确的表达式,它们的作用都是将变量 x 中的值增加 1。但当这两个表达式作为其他表达式的子表达式时,它们的作用略有不同。当 ++ 作为前缀时,表示先将对应的变量值增加 1,然后参加整个表达式的运算;当 ++ 作为后缀时,表示将此变量值加 1,但参加整个表达式运算的是变量原来的值。例如,若 x 的值为 1,执行下面两条语句的结果是不同的:
```
y = ++x;
y = x++
```
执行前一语句后,y 的值为 2, x 的值也为 2;而执行后一语句后,x 的值为 2, y 的值为 1。

当仅要将一个变量值加 1 或减 1 时,可以使用前缀的 ++ 或 --,也可以使用后缀的 ++ 或 --。但一般程序员习惯使用前缀的 ++ 或 --。道理很简单,因为前置操作所需的工作更少,只需加 1 或减 1,并返回运算的结果即可,而后缀的 ++ 或 -- 需要先保存变量原先的值,以便让它参加整个表达式的运算,然后变量值再加 1。

2.6 编程规范及常见错误

一个程序不仅要能正确地完成任务,而且要容易理解。如果再加上风格优美,让读者感到赏心悦目就更好了。那么什么是良好的程序设计风格呢? 怎样才能做到呢? 从格式上讲,判断一个程序写得好不好的标准又是什么呢? 遗憾的是,对这些问题很难给出确切的答案。

有很多规则有助于写出较好的程序,下面只列出了一些主要规则。

● 用注释告诉读者需要知道些什么。用注释向读者解释那些很复杂的或只通过阅读程序本身很难理解的部分。如果希望读者能对程序进行修改,最好简要介绍程序是怎么实现的。另一方面,不要过于详细地解释一些很明显的东西。例如,下面这样的注释根本没有什么意义:

```
total += value;//Add value to total
```

最后,也是最重要的,就是确定所加的注释正确地反映了程序当前的状态,当修改程序时,也要及时更新程序的注释。

● 使用有意义的名字。在给变量或常量取名字时尽量选择有意义的名字。例如,在支票结算的程序中,变量名 balance 清楚地说明该变量中包含的值是什么。假如使用一个简单字母 b,可能会使程序更短更容易输入,但这样却降低了这个程序的可读性。变量名通常用小写字母表示,常量名通常用大写字母表示。

● 让程序看上去更清晰。为了让程序看上去更加清晰,建议一个语句占用一行,表达式中的运算符前后各加一个空格。

● 避免直接使用那些有特殊含义的常量。有意义的常量尽量定义成符号常量。**将这些常量定义成符号常量可以更进一步提高程序的可读性和可维护性。**

● 避免不必要的复杂性。在设计程序时必须注意程序的效率,即占用空间少,运行时间短,但不能为了程序的效率把程序编得像天书一样,无人能懂。为了程序的可读性牺牲一些程序效率是值得的。

● 使用缩进来表示程序中的控制范围。恰当使用缩进来突出函数体的范围,这可以使程序的结构更加清晰。

● 如果一个语句含有多个表达式,可使用括号保证编译器按你预想的方式去处理。C++可以将各种运算符组合在一个表达式中。记住所有运算符的优先级是一项困难的工作。使用括号是保证代码正确的一种手段。就算有的时候不是必需的,但也要使用。虽然这可能带来一些额外的输入,但它能节约大量的修改错误的时间,这些错误往往是对优先级或结合性的误解引起的。

● 用户交互。在处理输入过程时,建议先执行一条输出语句告知用户程序所期望的输入。在程序执行结束时输出一条显示程序完成的信息。

● 明确程序的结构。在程序中的各部分之间用空行分隔,例如,变量定义阶段和语句部分,使程序的结构更加清晰。

● 不要直接用 ASCII 值。在对字符类型的变量进行操作时不要直接用 ASCII 码,这样会影响程序的可移植性。因为在一个不使用 ASCII 编码的系统中程序将给出错误的结果。

我们的宗旨是让程序更容易阅读。为了达到这个目的,最好重新审视自己的程序风格,就像作家校稿一样。在做程序设计作业时,最好早一些开始,做完后把它扔在一边放几天,然后重新拿出来。看看对你来说它容易读懂吗?对别人来说将来它容易维护吗?如果发现程序实际上不易读懂,就应该投入时间来修改它。

2.7　小结

本章介绍了 C++程序的一个完整实例,详细介绍了程序的各组成部分,以使读者了解它们的总体结构及工作方式。包括:构成一个程序必不可少的变量定义、C++的内置数据类型、算术运算、赋值运算和输入/输出。通过本章的学习,读者应能编写一些基于顺序结构的程序。

2.8 习题

简答题

1. 程序开头的注释有什么作用?

2. 库的作用是什么?

3. 在程序中采用符号常量有什么好处?

4. 有哪两种定义符号常量的方法? C++建议的是哪一种?

5. C++定义了一个称为 cmath 的库,其中有一些三角函数和代数函数。要访问这些函数,需要在程序中引入什么语句?

6. 每个 C++语言程序中都必须定义的函数的名称是什么?

7. 如何定义两个名为 num1 和 num2 的整型变量? 如何定义 3 个名为 x, y, z 的实型双精度变量并将 x 的初值设为 3.4?

8. 简单程序通常由哪 3 个阶段组成?

9. 一个数据类型有哪两个重要属性?

10. 两个短整型数相加后,结果是什么类型?

11. 算术表达式 true + false 的结果是多少? 结果值是什么类型的?

12. 说明下列语句的效果,假设 i, j 和 k 声明为整型变量:

```
i = (j = 4) * (k = 16);
```

13. 用怎样的简单语句将 x 和 y 的值设置为 1.0(假设它们都被声明为 double 型)?

14. 写出下列各十进制数的八进制和十六进制表示:

```
10  15  32  127  240  32700
```

15. 辨别下列哪些常量为 C++语言中的合法常量。对于合法常量,分辨其为整型常量还是浮点型常量:

```
42  1000000  -17  3.1415926  2+3  123456789  -2.3  0.000001  20
1.1E+11  2.0  1.1X+11
```

16. 指出下列哪些是 C++语言中合法的变量名?

(1) x

(2) formula1

(3) average_rainfall

(4) %correct

(5) short

(6) tiny

(7) total output

(8) aReasonablyLongVariableName

(9) 12MonthTotal

(10) marginal-cost

(11) b4hand

(12) _stk_depth

17. 在一个变量赋值之前,可以对它的值做出什么假设?

18. 若 k 已被定义为 int 型变量,当程序执行赋值语句

```
k = 3.14159;
```

后,k 的值是什么? 若再执行下面语句,k 的值是什么?

```
k = 2.71828;
```

19. 应用相应的优先级法则计算下列每个表达式的值。

(1) 6 + 5 / 4 - 3

(2) 2 + 2 * (2 * 2 - 2) % 2 / 2

(3) 10 + 9 * ((8 + 7) % 6) + 5 * 4 % 3 * 2 + 1

(4) 1 + 2 + (3 + 4) * ((5 * 6 % 7 * 8) - 9) - 10

20. 以下哪些是合法的字符常量？为什么？

'a'　"ab"　'ab'　'\n'　'0123'　'\0123'　"m"

21. 写出完成下列任务的表达式：

(1) 取出整型变量 n 的个位数；

(2) 取出整型变量 n 的十位以上的数字；

(3) 将整型变量 a 和 b 相除后的商存于变量 c, 余数存于变量 d；

(4) 将字符变量 ch 中保存的小写字母转换成大写字母；

(5) 将 double 型的变量 d 中保存的数字按四舍五入的规则转换成整数。

程序设计题

1. 设计一个程序完成下述功能：输入两个整型数，输出这两个整型数相除后的商和余数。

2. 输入 9 个整型数，然后按 3 行打印，每一列都要对齐。例如，输入是：1, 2, 3, 11, 22, 33, 111, 222, 333, 输出为

```
1      2      3
11     22     33
111    222    333
```

3. 设计一个程序，输入一个矩形的两条边的长度，输出该矩形的面积和周长。

4. 某工种按小时计算工资。每月劳动时间（小时）乘以每小时工资等于总工资。总工资扣除 10% 的公积金，剩余的为应发工资。编写一个程序从键盘输入劳动时间和每小时工资，输出应发工资。

5. 编写一个程序，用于水果店售货员结账。已知苹果每斤 2.50 元，鸭梨每斤 1.80 元，香蕉每斤 2.00 元，橘子每斤 1.60 元。要求输入各种水果的重量，打印应付金额。应付金额以元为单位，按四舍五入转成一个整数。再输入顾客付款数，打印应找的钱数。

6. 编写一个程序完成下述功能：输入一个字符，输出 ASCII 编码表中排在它后面的字符值。如输入为 b，则输出为 c。

7. 假设校园电费是 0.6 元/千瓦时，输入这个月使用了多少千瓦时的电，算出你要交的电费。假如你只有 1 元、5 角和 1 角的硬币，请问各需要多少 1 元、5 角和 1 角的硬币。例如，这个月使用的电量是 11 千瓦时，那么输出为

电费：6.6 元

共需 6 张 1 元、1 张 5 角和 1 张 1 角

8. 设计并实现一个银行计算利息的程序。输入为存款金额和存款年限，输出为存款的本利之和。假设年利率为 1.2%，计算存款本利之和公式为本金＋本金*年利率*存款年限。

3 分支程序设计

在第 2 章中，我们设计了一个解一元二次方程的程序，如代码清单 2-1 所示。但这个程序的运行有时不能给出正确的结果。例如，输入 1 1 1，有些计算机上程序会异常终止，有些计算机上会输出两个根是负无穷大，而不是告诉用户该方程没有根。究其原因，是因为设计的算法不够完善。我们自己在解一元二次方程时，首先会检查 a 是否为 0。如果 a 为 0，则不是一元二次方程，不能用标准公式求解。如果 a 不为 0，还需检查 $b^2 - 4ac$ 的值。如果这个值小于 0，则方程无解，也不能用标准公式。要使得解一元二次方程的程序能与我们一样处理各种各样的情况，必须有一套处理各种情况的机制。这个机制就是**分支程序设计**。

分支程序设计必须具备两个功能：一是如何区分各种情况；二是如何根据不同的情况执行不同的语句。前者 C++用关系表达式和逻辑表达式来实现。后者用两个控制语句来实现。

3.1 关系表达式

关系表达式用于比较两个值的大小。C++提供了 6 个关系运算符：<（小于）、<=（小于等于）、>（大于）、>=（大于等于）、==（等于）、!=（不等于）。前 4 个运算符的优先级相同，后 2 个运算符的优先级相同。前 4 个的优先级高于后 2 个。

用关系运算符可以将两个表达式连接起来形成一个关系表达式，关系表达式的格式如下：

表达式　关系运算符　表达式

参加关系运算的表达式可以是 C++的各类合法的表达式，包括算术表达式、赋值表达式以及关系表达式本身。因此，下列表达式都是合法的关系表达式：

a > b　　a + b > c - 3　　(a = b) < 5　　(a > b) == (c < d)　　-2 < -1 < 0

当关系运算符和算术运算符一起出现时，先执行算术运算。也就是说，算术运算符的优先级比关系运算符高。例如，a + b > c - 3 表示将 a + b 的结果和 c - 3 的结果进行比较，而不是 a 加上 b > c 的结果，再减去 3。当关系运算符和赋值运算符一起出现时，先执行关系运算，再执行赋值运算。如果想要先执行赋值运算，可以用括号改变优先级。例如，(a = b) < 5 表示先把变量 b 的值赋给 a，然后再将变量 a 中的值和 5 进行比较。如果去掉这个表达式中的括号，那么表达式 a = b < 5 表示将关系表达式 b < 5 的运算结果存放在变量 a 中。关系运算符本身是左结合的。表达式 -2 < -1 < 0 相当于 (-2 < -1) < 0。

计算关系表达式与计算算术表达式和赋值表达式一样都会进行自动类型转换。将关系运算符两边的运算数转换成相同类型。关系表达式的计算结果是布尔型的值：true 和 false。

在使用关系表达式时，特别要注意的是"等于"比较。"等于"运算符是由两个等号（==）组成的。常见的错误是在比较相等时用一个等号，这样编译器会将这个等号解释为赋值运算。

有了关系表达式，就可以区分解一元二次方程程序中的不同情况。例如，判断方程是不是一元二次方程,可以用关系表达式 a==0,判断方程有没有根可以用 $b^2 - 4ac < 0$。

3.2 逻辑表达式

关系表达式只能表示简单的情况,当要表示更复杂的情况时需要用到逻辑表达式。C++定义了 3 个逻辑运算符,即!(逻辑非)、&&(逻辑与)和||(逻辑或),与、或、非的定义与数学中完全一样。由逻辑运算符连接而成的表达式称为**逻辑表达式**。

!是一元运算符,&& 和||是二元运算符。它们之间的优先级为:!最高,&& 次之,||最低。事实上,!运算是所有 C++运算符中优先级最高的。它们的准确意义可以用**真值表**来表示。给定布尔值 p 和 q,&& 和||运算符的真值表如表 3-1 所示。

表 3-1 p&&q 和 p||q 的真值表

p	q	p&&q	p‖q
false	false	false	false
false	true	false	true
true	false	false	true
true	true	true	true

!运算有以下简单的真值表,如表 3-2 所示。

表 3-2 !p 的真值表

p	!p
false	true
true	false

如果想知道一个很复杂的逻辑表达式是如何计算的,可以先将它分解成这 3 种最基本的运算,然后再为每一个基本表达式建立真值表,结果就一目了然。

一个常见的错误是连接几个关系测试时忘记正确地使用逻辑连接。在数学中常可以看到如下表达式:

$$0 < x < 10$$

虽然它在数学中有意义,但对 C++语言来说却是无意义的。为了测试 x 既大于 0 又小于 10,需要用下面这样的语句来表达:

```
0 < x && x < 10
```

原则上讲,逻辑运算符的运算对象应该是布尔型的值。但事实上,C++允许运算对象可以是任何类型。当对象是其他类型时,C++进行自动类型转换,将 0 转为 false,非 0 转为 true。

有些 C++程序员经常喜欢写一些紧凑的表达式,如(x = a) && (y = b)。这个表达式希望完成 3 项工作:把 a 的值赋给了 x,把 b 的值赋给了 y,然后将 x 与 y 的值进行"与"运算。但在这样的表达式中应用逻辑运算则是很危险的事。因为在计算逻辑表达式时,有时只需要计算一半就能得到整个表达式的结果。例如,对于 && 运算,只要有一个运算对象为 false,则整

个表达式就为 false；对于||运算，只要有一个运算对象为 true，结果就为 true。为了提高计算效益，C++提出了一种短路求值的方法。

当 C++程序在计算 exp1 && exp2 或 exp1 || exp2 形式的表达式时，总是从左到右计算子表达式。一旦能确定整个表达式的值时，就终止计算。例如，若 && 表达式中的 exp1 为 false，则不需要计算 exp2，因为结果能确定为 false。同样，在||表达式的例子中，如果第一个运算对象值为 true 就不需要计算第二个运算对象的值了。在表达式(x = a) && (y = b)中，如果 a 的值为 0，则 y = b 并没有执行。而这种错误是相当难发现的。

短路求值的一个好处是减少计算量，另一个好处是第一个条件能控制第二个条件的执行。在很多情况下，逻辑表达式的右运算数只有在第一部分满足某个条件时才有意义。比如，要表达以下两个条件：①整型变量 x 的值非零；②x 能整除 y。由于表达式 y % x 只有在 x 不为 0 时才计算，用 C++语言可表达这个条件测试为

```
(x != 0) && (y % x == 0)
```

只有在 x 不等于 0 时才会执行 y % x == 0。相应的表达式在某些语言中将得不到预期的结果，因为无论何时它都要求计算出 && 的两个运算对象的值。如果 x 为 0，尽管看起来对 x 有非零测试，但还是会因为除零错误而中止。

有了关系表达式和逻辑表达式，就可以表示复杂的逻辑关系。如果想知道某个字符类型的变量 ch 中的值是否为英文字母，可以用逻辑表达式

```
ch >= 'a' && ch <= 'z' || ch >= 'A' && ch <= 'Z'
```

来判别。想知道某个整型变量 num 中的值是否为偶数，可用关系表达式

```
m % 2 == 0
```

来判断，想判别某一年(year)是否为闰年，可用逻辑表达式

```
(year % 4 == 0 && year % 100 != 0) || year % 400 == 0
```

来判断。

3.3 if 语句及其应用

3.3.1 if 语句的形式

C++语言中表示按不同情况进行不同处理的最简单办法就是使用 if 语句。if 语句有以下两种形式：

```
if  (条件)  语句
if  (条件)  语句1  else  语句2
```

第一种形式表示如果条件成立，执行条件后的语句，否则什么也不做。第二种形式表示条件成立执行语句1，不成立执行语句2。

条件部分原则上应该是一个关系表达式或逻辑表达式，语句部分可以是对应于某种情况所需要的处理语句。如果处理很简单，只需要一条语句就能完成，则可放入此语句。如果处理相当复杂，需要许多语句才能完成，可以用一个程序块。所谓的程序块就是一组用花括号{}括起来的语句。在语法上相当于一条语句。

当某个解决方案需要在满足特定条件的情况下执行一系列语句时，就可以用 if 语句的第一种形式。如果条件不满足，构成 if 语句主体的那些语句将被跳过。例如：

```
if(grade >= 60)  cout << "passed";
```

当 grade 的值大于等于 60 时,输出 passed;否则什么也不做。

当程序必须根据测试的结果在两组独立的动作中选择其一时,就可以用 if 语句的第二种形式。例如:

```
if(grade >= 60)  cout << "passed";
 else  cout << "failed";
```

当 grade 大于等于 60 时,输出 passed,否则输出 failed。

if 语句中,条件表达式为 true 时所执行的程序块称为 if 语句的 **then 子句**,条件为 false 时执行的语句称为 **else 子句**。

原则上讲,if 语句的条件应该是关系表达式或逻辑表达式。但事实上,C++if 语句中的条件可为任意类型的表达式。可以是算术表达式,也可以是赋值表达式,甚至是一个变量。不管是什么类型的表达式,C++都认为当表达式值为 0 时表示 false,否则为 true。

也正因为如此,若要判断 x 是否等于 3,初学者可能会错误地使用

```
if(x = 3)...
```

而编译器又认为语法是正确的,并不指出错误。程序员会发现当 x 的值不是 3,而是 2 或 5 时,then 子句照样执行。

3.3.2 if 语句的嵌套

if 语句的 then 子句和 else 子句可以是任意语句,当然也可以是 if 语句。由于 if 语句中的 else 子句是可有可无的,有时会造成歧义。假设写了几个逐层嵌套的 if 语句,其中有些 if 语句有 else 子句而有些没有,便很难判断某个 else 子句是属于哪个 if 语句的。例如:

```
if(x < 100) if(x < 90) 语句 1 else if(x < 80) 语句 2 else 语句 3 else 语句 4;
```

当遇到这个问题时,C++编译器采取一个简单的规则,即每个 else 子句是与在它之前最近的一个没有 else 子句的 if 语句配对的。按照这个规则,上述语句中的第一个 else 对应于第二个 if,第二个 else 对应于第三个 if,第三个 else 对应于第一个 if。尽管这条规则对编译器来说处理很方便,但对人来说要快速识别 else 子句属于哪个 if 语句还是比较难。这就要求通过良好的程序设计风格来解决,如通过缩进对齐,清晰地表示出层次关系。上述语句较好的表示方式为

```
if(x < 100)
  if(x < 90)语句 1
  else if(x < 80)语句 2
       else 语句 3
else 语句 4;
```

有了 if 语句,就可以解决那些需要分不同情况解决的问题。下面通过几个具体的例子来说明 if 语句的用法。首先,我们可以设计一个更完善的求解一元二次方程的程序。

例 3.1 设计一程序,求一元二次方程 $ax^2 + bx + c = 0$ 的解。

解一个一元二次方程可能遇到下列几种情况:

(1) a = 0,退化成一元一次方程。当 b 也为 0 时,是一个非法的方程,否则根为 −c/b。

(2) $b^2 − 4ac = 0$,有两个相等的实根。

(3) $b^2 − 4ac > 0$,有两个不等的实根。

(4) $b^2 − 4ac < 0$,无根。

据此,可以写出解一元二次方程的程序,如代码清单 3−1 所示。在这个程序中,用 if 语句判断不同的情况,根据不同的情况采用不同的解法。

代码清单 3-1　求一元二次方程解的程序

```cpp
//文件名: 3-1.cpp
//求一元二次方程解
#include <iostream>
#include <cmath>                //sqrt 所属的库
using namespace std;

int main()
{
    double a, b, c, x1, x2, dlt;

    cout << "请输入 3 个参数:" << endl;
    cout << "输入 a:";   cin >> a;
    cout << "输入 b:";   cin >> b;
    cout << "输入 c:";   cin >> c;

    if (a == 0)
      if(b == 0)cout << "非法方程" << endl;
      else  cout << "是一元一次方程,x =" << -c / b << endl;
    else{
        dlt = b * b - 4 * a * c;
        if(dlt > 0){                                        //有两个实根
            x1 = (-b + sqrt(dlt)) / 2 / a;
            x2 = (-b - sqrt(dlt)) / 2 / a;
            cout << "x1 =" << x1 << "x2 =" << x2 << endl;
        }
      else if(dlt == 0)                                //   有两个等根
            cout << "x1 = x2 ="-b / a / 2 << endl;
          else cout << "无根" << endl;                 //无实根
    }
    return 0;
}
```

若输入 0，1，2，程序的运行结果如下：

请输入 3 个参数：

输入 a:0

输入 b:1

输入 c:2

是一元一次方程,x=-2

若输入 1、2、3,程序的运行结果如下:

请输入 3 个参数:

输入 a:1

输入 b:2

输入 c:3

无根

若输入 1、-3、2,程序的运行结果如下:

请输入 3 个参数:

输入 a:1

输入 b:-3

输入 c:2

x1=2 x2=1

若输入 1、2、1,程序的运行结果如下:

请输入 3 个参数:

输入 a:1

输入 b:2

输入 c:1

x1=x2=-1

例 3.2 设计一个程序,判断某一年是否为闰年。

要设计这个程序,程序员自己必须知道如何判断闰年。年份如果能整除 400,是闰年。或者年份能整除 4 但不能被 100 整除,是闰年。于是我们可以写出如代码清单 3 - 2 所示的程序。这个程序的输入阶段要求输入一个年份,计算阶段判断这一年是否为闰年,输出阶段根据判断结果输出是或不是闰年。

代码清单 3 - 2 判断闰年的程序

```cpp
//文件名: 3-2.cpp
//判断闰年
#include <iostream>
using namespace std;

int main()
{
    int year;
    bool result;

    cout << "请输入所要验证的年份:";
    cin >> year;
```

```
result = (year % 4== 0 && year % 100 != 0) || year % 400 == 0;

if(result)  cout << year << "是闰年" << endl;
else  cout << year << "不是闰年" << endl;

return 0;
}
```

注意程序中判断 result 是否为 true 用的是 if(result)而不是 if(result == true),想一想为什么?

运行代码清单 3 - 2 的程序,若输入年份为 2000,程序的运行结果如下:

请输入所要验证的年份:2000

2000 是闰年

若输入年份为 1000,程序的运行结果如下:

请输入所要验证的年份:1000

1000 不是闰年

3.3.3　条件表达式

对于一些非常简单的分支情况,C++语言提供了另一个更加简练的用来表达条件执行的机制:？:运算符。(这个运算符被称为**问号冒号**,但实际这两个符号并不紧挨着出现。)由？:连接的表达式称为**条件表达式**。在某些情况下,这个机制非常有用。与C++中的其他运算符不同,？:在运用时分成两部分且带 3 个运算数。它的形式如下:

(条件)？表达式 1：表达式 2

加在条件上的括号从语法上讲是不需要的,但有很多 C++程序员用它们来强调测试条件的边界。

当 C++程序遇到？:运算符时,首先计算条件的值。如果条件结果为 true,则计算表达式 1 的值,并将它作为整个表达式的值。如果条件结果为 false,则整个表达式的值为表达式 2 的值。由此可以把？:运算符看作以下 if 语句的缩略形式:

if(条件) value = 表达式 1;

else value = 表达式 2;

存储在变量 value 中的值即为整个？:表达式的值。

例如,将 x 和 y 中值较大的一个赋值给 max,可以用下列语句:

max = (x > y) ? x : y;

使用？:运算符的另一种常见的情况是输出时,输出结果可能因为某个条件而略有不同。例如,我们想输出一个布尔变量 flag 的值,如果直接用

```
cout << flag;
```

那么当 flag 为"真"时,输出为 1;当 flag 为"假"时,输出为 0。如果我们想让 flag 为"真"时输出 true,为"假"时输出 false,可以用 if 语句

```
if  (flag)  cout << "true";
else  cout << "false";
```

这样一个简单的转换需要一个既有 then 子句又有 else 子句的 if 语句来解决! 但如果用？:运

算符只需要一条语句

```
cout << (flag ? "true" : "false") << endl;
```

注意,这里的括号是必需的,因为<<运算符的优先级比? :运算符的优先级高。

例3.3 设计一个程序,输入一个圆的半径 r 及二维平面上的一个点(x, y),判断点 (x, y)是否落在以原点为圆心,r 为半径的圆内。

以原点为圆心,r 为半径的圆的方程为 $x^2 + y^2 = r^2$。一个点(x, y)是否落在该圆内只需检查 $x^2 + y^2$ 的值。如果小于等于 r^2,则在圆内,否则在圆外。该过程如代码清单 3-3 所示。

代码清单 3-3 判断点(x, y)是否落在以原点为圆心,r 为半径的圆内的程序

```cpp
//文件名: 3-3.cpp
//判断点(x,y)是否落在以原点为圆心,r 为半径的圆内
#include <iostream>
using namespace std;

int main()
{
  double radius, x, y;

  cout << "请输入圆的半径:";
  cin >> radius;
  cout << "请输入点的坐标:";
  cin >> x >> y;

  cout << "点(" << x <<"," << y <<")" << (x * x + y * y <= radius * radius
? "" : "没有")
      << "落在圆内" << endl;

  return 0;
}
```

程序某次执行过程为:

请输入圆的半径:1
请输入点的坐标:0.5 0.5
点(0.5,0.5)落在圆内

3.4 switch 语句及其应用

当一个程序逻辑上要求根据特定条件做出真假判断并执行相应动作时,if 语句是理想的解决方案。然而,还有一些程序需要更复杂的判断结构,它有两个以上的不同情况。当然我们可以用嵌套的 if 语句区分多种情况,但更适合这种多分支情况的是 switch 语句,它的语法如下所示:

```
switch(控制表达式) {
    case  常量表达式1:  语句1;
    case  常量表达式2:  语句2;
    ...
    case  常量表达式n:  语句n;
    default:           语句n+1;
}
```

switch 语句的主体分成许多独立的由关键字 case 或 default 引入的语句组。一个 case 关键字和紧随其后的下一个 case 或 default 之间所有语句合称为 **case 子句**。default 关键字及其相应语句合称为 **default 子句**。

switch 语句的执行过程如下。先计算控制表达式的值。当控制表达式的值等于常量表达式1时,执行语句1到语句n+1;当控制表达式的值等于常量表达式2时,执行语句2到语句n+1;依次类推,当控制表达式的值等于常量表达式n时,执行语句n到语句n+1;当控制表达式的值与任何常量表达式都不匹配时,执行语句n+1。

default 子句可以省略。当 default 子句被省略时,如果控制表达式找不到任何可匹配的 case 子句时,直接退出 switch 语句。

对多分支的情况,通常对每个分支的情况都有不同的处理,因此希望执行完相应的 case 子句后就退出 switch 语句。这可以通过 break 语句实现。break 语句的作用就是跳出 switch 语句。将 break 语句作为每个 case 子句的最后一个语句,可以使各个分支互不干扰。这样,switch 语句就可写成:

```
switch(控制表达式) {
    case  常量表达式1:  语句1;  break;
    case  常量表达式2:  语句2;  break;
    ...
    case  常量表达式n:  语句n;  break;
    default:           语句n+1;
}
```

但如果有多个分支执行的语句是相同的,则可以把这些分支写在一起,相同的操作只需写一遍。

由于 switch 语句通常可能会很长,如果 case 子句本身较短,程序会较容易阅读。如果有足够的空间将 case 关键字、子句的语句和 break 语句放在同一行会更好。

例3.4 从键盘输入一个星期的某一天对应的数字:0 对应星期天,1 对应星期一,……,6 对应星期六。然后输出其相应的中文名字。

这是一个典型的 switch 语句的应用。根据输入的值分成 7 种情况分别处理。具体程序如代码清单 3-4 所示。

代码清单3-4 将整数转换成一星期中的某一天的名字的程序

```
//文件名: 3-4.cpp
//将输入整数转换成星期中的某一天的名字
#include <iostream>
using namespace std;
```

```
int main()
{
    int day;

    cout << "请输入一个整型数(0:星期天;1:星期一;……,6:星期六):";
    cin >> day;

    switch(day){
        case 0: cout << "星期天" << endl; break;
        case 1: cout << "星期一" << endl; break;
        case 2: cout << "星期二" << endl; break;
        case 3: cout << "星期三" << endl; break;
        case 4: cout << "星期四" << endl; break;
        case 5: cout << "星期五" << endl; break;
        case 6: cout << "星期六" << endl; break;
        default: cout << "输入不正确" << endl;
    }

    return 0;
}
```

在这个程序中,控制表达式是一个整型变量,7 个常量表达式分别对应于整型数 0~6。若输入 3,程序的运行结果如下:

请输入一个整型数(0:星期天;1:星期一;……,6:星期六):3
星期三

例 3.5 设计一个程序,将百分制的考试分数转换为 A, B, C, D, E 五级计分。转换规则如下:

```
score >= 90          A
90 > score >= 80     B
80 > score >= 70     C
70 > score >= 60     D
score < 60           E
```

解决这个问题的关键也是多分支,它有 5 个分支。问题是如何设计这个 switch 语句的控制表达式和常量表达式。初学者首先会想到按照分数分成 5 个分支,于是把这个 switch 语句写成以下形式:

```
switch(score){
    case score >= 90:  cout << "A";  break;
    case score >= 80:  cout << "B";  break;
    case score >= 70:  cout << "C";  break;
    case score >= 60:  cout << "D";  break;
```

```
    default: cout << "E";
}
```

这个 switch 语句有个严重的错误。case 后面应该是常量表达式,而在上述语句的常量表达式中却包含了一个变量 score。要解决这个问题,可以修改控制表达式,使之消除 case 后面的表达式中的变量。观察问题中的转换规则,我们发现分数的档次是和分数的十位数和百位数有关,与个位数无关。十位数为 9 或百位数为 1,是 A;十位数为 8,是 B;十位数为 7,是 C;十位数为 6,是 D;十位数小于 6,是 E。因此,只要控制表达式能去除分数的个位数,就能把 case 后的常量表达式变为 10,9,8,7,6,小于 6 就作为 default。去掉一个整型数的个位数只需要通过整数的除法,让分数除以 10。这样就可以得到代码清单 3-5 中的程序。

代码清单 3-5 分数转换程序

```cpp
//文件名: 3-5.cpp
//将百分制转换成 5 个等级(A, B, C, D, E)
#include <iostream>
using namespace std;

int main()
{
    int score;

    cout << "请输入分数:";
    cin >> score;

    switch(score/10){
        case 10:
        case 9: cout << "A";  break;
        case 8: cout << "B";  break;
        case 7: cout << "C";  break;
        case 6: cout << "D";  break;
        default: cout << "E";
    }
    cout << endl;

    return 0;
}
```

注意在代码清单 3-5 所示的程序中,case 10 后面没有语句,而直接就是 case 9,这表示 10 和 9 两种情况执行的语句是一样的,就是 case 9 后面的语句。

若输入 100,程序的运行结果如下:

请输入分数:100

A

若输入 92,程序的运行结果如下:
请输入分数:92
A

若输入 66,程序的运行结果如下:
请输入分数:66
D

若输入 10,程序的运行结果如下:
请输入分数:10
E

3.5　编程规范及常见错误

引入了 if 语句和 switch 语句后,语句就有了"档次"。某些语句是另外一些语句的一个部分,如 if 语句的 then 子句和 else 子句,switch 语句的 case 子句。为了明确显示出语句之间的控制关系,then 子句和 else 子句必须比相应的 if 语句缩进若干个空格,case 子句必须比 switch 语句缩进若干个空格。

if 语句的条件部分一般是一个关系表达式或逻辑表达式。在写关系表达式时,不要连用关系运算符。如 x < y < z 要写成逻辑表达式 x < y && y < z。在写逻辑表达式时,如果是执行"与"运算,最好将最有可能是 false 的判断放在左边,如果是执行"或"运算,最好将最有可能是 true 的判断放在左边。这样可以减少计算量,提高程序运行的效率。

在使用 if 语句时,经常容易出现下列错误:

● 在条件后面加上分号。例如,if(a > b);max = a;编译器会认为是 2 个独立的语句;其中第一个 if 语句的 then 子句是空语句,并且没有 else 子句。

● then 子句或 else 子句由一组语句构成时,忘记用花括号将这些语句括起来。这时,编译器只将其中的第一个语句作为 then 子句或 else 子句。

● 当条件部分是判断相等时,将==误写为=。

使用 switch 语句时,经常容易犯如下错误:

● case 后面的表达式中包含变量。

● 以为程序只执行匹配的 case 后的语句。实际上,程序从匹配的 case 出发并跨越 case 的边界继续执行其他语句,直到遇到 break 语句或 switch 语句结束。

3.6　小结

本章介绍了 C++实现分支程序设计的机制,主要包括两个方面:如何区分不同的情况,如何根据不同的情况执行不同的处理。

简单的情况区分可以用关系表达式实现。通俗地讲,关系运算就是比较。复杂的情况区分可以用逻辑表达式实现。逻辑表达式就是用逻辑运算符连接多个表达式,以表示更复杂的逻辑。

关系运算和逻辑运算的结果是布尔型的值:true 和 false。但在 C++中,布尔型的值可以和其他类型的值混合使用,可以将布尔值用于算术表达式,此时,true 表示 1,false 表示 0。也可以将其他类型的值用于逻辑表达式,此时,0 表示 false,非 0 表示 true。

根据逻辑判断执行不同的处理有两种途径:if 语句和 switch 语句。if 语句用于两个分支的情况,switch 用于多分支的情况。

3.7 习题

简答题

1. 写出测试下列情况的关系表达式或逻辑表达式:

(1) 测试整型变量 n 的值在 0~9 之间,包含 0 和 9。

(2) 测试整型变量 a 的值是否是整型变量 b 的值的一个因子。

(3) 测试字符变量 ch 中存储的是一个数字字符。

(4) 测试整型变量 a 的值是否是奇数。

(5) 测试整型变量 a 的值是否为 5。

2. 假设 myFlag 声明为布尔型变量,下面的 if 语句会有什么问题?

```
if(myFlag == true)...
```

3. 设 a=3,b=4,c=5,写出下列各逻辑表达式的值。

(1) a + b > c && b == c

(2) a || b + c && b - c

(3) !(a > b) && !c

(4) (a != b) || (b < c)

4. 用一个 if 语句重写下列代码:

```
if(ch == 'E')   ++c;
if(ch == 'E') cout << c << endl;
```

5. 用一个 switch 语句重写下列代码:

```
if(ch == 'E' || ch == 'e')
    ++countE;
else if(ch == 'A' || ch == 'a')
    ++countA;
else if(ch == 'I' || ch == 'I')
    ++countI;
else
    cout << "error";
```

6. 如果 a=5,b=0,c=1,写出下列表达式的值以及执行了表达式后变量 a,b,c 的值:

(1) a || b += c

(2) b + c && a

(3) c = (a == b)

(4) a -= 5 || b ++ || --c

（5）b < a <= c

程序设计题

1. 从键盘输入 3 个实数,输出其中的最大值、最小值和平均值。

2. 编一个程序,输入一个整型数,判断输入的整型数是奇数还是偶数。例如,输入 11,输出为:11 是奇数。

3. 输入 3 个二维平面上的点,判断 3 点是否共线。

4. 有一个函数,其定义如下:

$$y=\begin{cases} x & (x<1) \\ 2x-1 & (1\leqslant x<10) \\ 3x-11 & (x\geqslant 10) \end{cases}$$

编一程序,输入 x,输出 y。

5. 编一程序,输入一个二次函数,判断该抛物线开口向上还是向下,输出顶点坐标以及抛物线与 x 轴和 y 轴的交点坐标。

6. 编一程序,输入一个二维平面上的直线方程,判断该方程与 x 轴和 y 轴是否有交点,输出交点坐标。

7. 编一程序,输入一个角度,判断它的正弦值是正数还是负数。

8. 编写一个计算薪水的程序。某企业有 3 种工资计算方法:计时工资、计件工资和固定月工资。程序首先让用户输入工资计算类别,再按照工资计算类别输入所需的信息。若为计时工资,则输入工作时间及每小时薪水,计算本月应发工资。职工工资需要缴纳个人收入所得税,缴个税的方法是:2 000 元以下免税;2 000～2 500 元者,超过 2 000 元部分按 5% 收税;2 500～4 000 元者,2 000～2 500 元的 500 元按 5% 收税,超过 2 500 元部分按 10% 收税;4 000 元以上者,2 000～2 500 元的 500 元按 5% 收税,2 500～4 000 元的 1 500 元按 10% 收税,超过 4 000 元的部分按 15% 收税。最后,程序输出职工的应发工资和实发工资。

9. 编写一个程序,输入一个字母,判断该字母是元音还是辅音字母。用两种方法实现。第一种用 if 语句实现,第二种用 switch 语句实现。

10. 编写一个程序,输入三个非 0 整数,判断这三个值是否能构成一个三角形。如果能构成一个三角形,这三角形是否是直角三角形。

11. 凯撒密码是将每个字母循环后移 3 个位置后输出。如 'a' 变成 'd','b' 变成 'e','z' 变成了 'c'。编一个程序,输入一个字母,输出加密后的密码。

12. 编写一个成绩转换程序,转换规则是:A 档是 90～100,B 档是 75～89,C 档是 60～74,其余为 D 档。用 switch 语句实现。

13. 设计一停车场的收费系统。停车场有三类汽车,分别用三个字母表示。C 代表轿车,B 代表客车,T 代表卡车。收费标准如下:

车辆类型	收费标准
轿车	三小时内,每小时 5 元;三小时后,每小时 10 元
客车	两小时内,每小时 10 元;两小时后,每小时 15 元
卡车	一小时内,每小时 10 元;一小时后,每小时 15 元

输入汽车类型和入库、出库的时间,输出应交的停车费。假设停车时间不会超过 24 小时。

4 循环程序设计

第 3 章中介绍了一个求解一元二次方程的实例，一个十几行的程序。如果我们要编写一个解 10 个一元二次方程的程序，是不是需要把这段代码重复写 10 遍？答案是不需要，我们可以告诉计算机把这段解方程的代码重复执行 10 遍。让计算机重复执行某一段代码称为循环控制。C++提供了两类循环：计数循环和基于哨兵的循环。计数循环是用 for 语句实现，基于哨兵的循环可以用 while 语句和 do-while 语句实现。

4.1 计数循环

4.1.1 for 语句

在某些应用中经常会遇到某一组语句要重复执行 n 次。在程序设计语言中通常用 for 语句来实现。在 C++语言中，某段语句需要重复执行 n 次可用下列语句：

```
for(i = 0; i < n; ++i){
    需要重复执行的语句
}
```

如果需要重复执行的语句只有一个，可以省略花括号。for 语句由两个不同的部分构成：循环控制行和循环体。

（1）循环控制行。for 语句的第一行被称为**循环控制行**，用来指定花括号中语句将被执行的次数。例如：

```
for(i = 0; i < n; ++i)
```

控制花括号中的语句重复执行 n 次。循环控制行由 3 个表达式组成：表达式 1（上例中为 i＝0）是循环的初始化，指出首次执行循环体前应该做哪些初始化的工作，变量 i 称为**循环变量**，通常用来记录循环执行的次数，表达式 1 一般用来对循环变量赋初值；表达式 2 是循环条件（上例中为 i < n），满足此条件时执行循环体，否则退出整个循环语句；表达式 3 为步长（上例中的++i），表示在每次执行完循环体后循环变量的值如何变化。循环变量通常用来记录循环体已执行的次数，因此表达式 3 通常都是将循环变量的值增加 1。

（2）循环体。需要重复执行的语句，即花括号中的语句，构成了 for 语句的**循环体**。在 for 语句中，这些语句将按控制行指定的次数重复执行。为了更明了这个控制关系，循环体内的每一条语句一般都比控制行多 4 个空格的缩进，这样 for 语句的控制范围就一目了然。

根据 for 语句的语法规则，上述语句的执行过程为：将 0 赋给循环变量 i；判别 i 是否小于 n，若判断结果为真，执行循环体；然后 i 加 1。再判别 i 是否小于 n，若判断结果为真，执行循环体；然后 i 再加 1。如此循环往复，直到 i 等于 n。由此可见，在循环控制行的控制下，循环体被执行了 n 遍。循环体里所有语句的一次完全执行称为一个**循环周期**。

例4.1 设计一个求解 10 个一元二次方程的程序。

这是一个非常经典的重复 n 次的循环的实例。只要用一个 for 循环控制那段解一元二次方程的代码执行 10 遍就可以了。这个程序的实现如代码清单 4-1 所示。

代码清单 4-1 求解 10 个一元二次方程的程序

```cpp
//文件名:4-1.cpp
//求 10 个一元二次方程的解
#include <iostream>
#include <cmath>        //sqrt 所属的库
using namespace std;
int main()
{
    double a, b, c, x1, x2, dlt;

    for(int i = 0; i < 10; ++i){
        cout << "请输入第" << i << "个方程的 3 个参数:" << endl;
        cout << "输入 a:";   cin >> a;
        cout << "输入 b:";   cin >> b;
        cout << "输入 c:";   cin >> c;
        if(a == 0)
          if(b == 0)cout << "非法方程" << endl;
          else   cout << "是一元一次方程,x =" << -c / b << endl;
        else{
          dlt = b * b - 4 * a * c;
          if(dlt > 0){        //有两个实根
              x1 = (-b + sqrt(dlt)) / 2 / a;
              x2 = (-b - sqrt(dlt)) / 2 / a;
              cout << "x1 = " << x1 << "x2 = " << x2 << endl;
          }
          else if(dlt == 0)        //  有两个等根
              cout << "x1 = x2 ="-b / a / 2 << endl;
          else cout << "无根" << endl;        //无实根
        }
    }
    return 0;
}
```

for 循环的循环次数也可以是一个变量,下面的例子展示了这种用法。

例4.2 设计一统计某班级某门考试成绩中的最高分、最低分和平均分的程序。

解决这个问题首先需要知道有多少个学生,需要为每个学生定义一个变量保存他的成绩,然后依次检查这些变量,找出最大值和最小值。在找的过程中顺便可以把所有的数都加起来,最后将总和除以人数就得到了平均值。但问题是,在编程时我们不知道具体的学生人数,如何定义变量?

静下心来仔细想想这个问题,想象在没有计算机的情况下,别人依次说出一组数字:7,4,6,……应该如何计算它们的和? 可以将听到的数挨个记下来,最后加起来。这个方案和刚才讲的思想是一样的,它的确可行,但却并不高效。另一种可选方案是在说出数字的同时将它们加起来,记住它们的和,即 7 加 4 等于 11,11 加 6 等于 17,……同时记住最小的和最大的值。这样不用保存每一个数据,只存储当前正在处理的分数、目前的和值,以及一个最大值和最小值就可以了。当得到最后一个数时,也就得出了结果。按照这个方案,对每个人的处理过程都是一样的。先输入成绩,检查是否是目前为止的最大值,检查是否是目前为止的最小值,把成绩加入总和。有多少个人,这个过程就重复多少次。这正好是一个重复 n 次的循环。

这个方案不用长久保存每个学生的成绩,只在处理这个学生信息时保存一下,处理结束后这个信息就被丢弃了。这样程序只需使用 6 个变量:一个用于保存当前正在处理的学生的成绩,一个用于保存当前的和,一个用于保存最大值,一个用于保存最小值,一个用于保存学生数,当然用到循环还需要一个循环变量。需要重复执行到语句是:读入一个新的学生成绩;将它加入到保存之前所有数值和的变量中;检查它是否小于最小值,如果是的,则记住它是最小值;检查它是否大于最大值,如果是的,则记住它是最大值。有多少学生,这个过程就重复多少次。

现在可以用新的方案来编写程序了。记住,只需要定义 6 个变量,分别保存当前输入值、当前和、最大值、最小值、学生数和一个循环变量。程序的开始是下面的定义:

```
int value, total, max, min, numOfStudent, i;
```

程序首先要求用户输入学生的人数,然后根据学生的人数设计一个 for 循环,每个循环周期处理一个学生的信息。每个循环周期中必须执行下面的步骤:

(1)请求用户输入一个整数值,将它存储在变量 value 中。

(2)将 value 加入到保存当前和的变量 total 中。

(3)如果 value 大于 max,将 value 存于 max。

(4)如果 value 小于 min,将 value 存于 min。

由此可得出代码清单 4-2 所示的程序。

代码清单 4-2　统计考试分数的程序

```cpp
//文件名:4-2.cpp
//统计考试分数中的最高分,最低分和平均分
#include <iostream>
using namespace std;

int main()
{
    int value, total, max, min, numOfStudent, i;//value 存放当前输入数据,i 为循环变量

    //变量的初始化
    total = 0;
```

```
    max = 0;
    min = 100;

    cout << "请输入学生人数:";
    cin >> numOfStudent;

    for(i = 1; i <= numOfStudent; ++i){          //控制处理 n 个学生的信息
        cout << "\n 请输入第" << i << "个人的成绩:";
        cin >> value;
        total += value;
        if(value > max)max = value;
        if(value < min)min = value;
    }

    cout << "\n 最高分:" << max << endl;
    cout << "最低分:" << min << endl;
    cout << "平均分:" << total / numOfStudent << endl;

    return 0;
}
```

　　记住,在设计程序时尽量用循环代替重复的语句,使程序更加简洁、美观,同时也提高了程序的可维护性。

　　循环变量通常都是整型变量,用于记录循环的次数。但循环变量还可以是其他类型,如字符型变量。

　　例 4.3　输出字母 A—Z 的内码。

　　由于对字母 A 到 Z 做的工作都是一样的:输出该字母以及对应的内码,所以也可以用循环,而且循环次数是确定的。于是代码清单 4 - 3 用了一个 for 循环。在这个循环中,变化的是所要处理的字母,从 A 变到 Z,而在计算机内部字母 A 到字母 Z 的编码是连续的,于是选择了一个字符类型的循环变量 ch。初始时,ch 的值是 'A',执行完一个循环周期,ch 加 1 变成了 'B',以此类推,最后变成 'Z'。处理完 'Z',ch 再加 1,此时表达式 2 不成立,循环结束。注意,输出 ch 的 ASCII 码必须将 ch 强制转换成 int 类型。想一想,还有没有其他方法?

代码清单 4 - 3　输出字母 A—Z 的内码

```
//文件名:4-3.cpp
//输出字母 A-Z 的内码
#include <iostream>
using namespace std;

int main()
```

```
{
    char ch;

    for(ch = 'A'; ch <= 'Z'; ++ch)
        cout << ch << '(' << int(ch) << ')' << "  ";

    return 0;
}
```

for 循环的表达式 3 通常都是将循环变量加 1，但也可能有其他的变化方式，如例 4.4 所示。

例 4.4 计算 1 到 100 之间的素数和。

素数是只能被 1 和自己整除的数。按照定义，1 不是素数，2 是素数。任何大于 2 的偶数都不是素数，因为他们至少能被 3 个整数整除：1、2 和自己，所以找出 2 以上的素数只需检查大于 2 的奇数。对于任意一个大于 2 的奇数 n，检查它是否为素数需要检查 1 到 n 之间的每一个奇数，看它是否能整除 n。如果能整除 n 的数正好是两个，即 1 和 n，则 n 是素数。要枚举 3 到 n 之间的奇数或枚举 1 到 n 之间的奇数，for 循环的表达式 3 不再是将循环变量加 1，而是加 2。按照这个思想实现的程序如代码清单 4-4 所示。

代码清单 4-4 计算 1 到 100 之间的素数和

```
//文件名:4-4.cpp
//计算 1 到 100 之间的素数和
#include <iostream>
using namespace std;

int main()
{
    int num, k, count, sum = 2;              //2 肯定是素数，所以 sum 初值为 2

    for(num = 3; num <= 100; num += 2) {     //检查 3 到 100 之间的每个奇数是否
                                             //          为素数
        count = 0;
        for(k = 1; k <= num; k += 2)                 //检查小于 num 的所有奇数
            if(num % k == 0)++count;
        if(count == 2)sum += num;
    }

    cout << "1 到 100 的素数和是:" << sum << endl;

    return 0;
}
```

循环变量一般都是从小变到大,但某些情况下也可能是从大变到小。循环终止条件也不一定是检查循环次数,可以是更复杂的关系表达式或逻辑表达式。

例 4.5 编一程序,求输入整数的最大因子。

求某个数 n 的最大因子最简单的方法就是检测从 n−1 开始到 1 的每个数,第一个被检测到能整除 n 的数就是 n 的最大因子。再仔细想想,最大的因子不会超过 n/2,因此只需要检测 n/2 到 1 的每个数。按照这个思想实现的程序如代码清单 4-5 所示。在代码清单 4-5 中,循环变量的值是从大变到小。

代码清单 4-5　求输入整数的最大因子

```
//文件名:4-5.cpp
//求输入整数的最大因子
#include <iostream>
using namespace std;

int main()
{
    int num, fac;

    cout << "请输入一个整数:";
    cin >> num;

    for(fac = num/2; num % fac != 0; --fac);

    cout << num << "的最大因子是:" << fac << endl;

    return 0;
}
```

注意代码清单 4-5 中的 for 循环语句,在循环控制行后面直接是一个分号,这表示该循环的循环体是空语句,即没有循环体。这个 for 语句的执行过程是:先计算 fac = num / 2,然后检查 num % fac 是否为 0,当不为 0 时执行表达式-- fac,然后再检查表达式 2,如此循环往复,直到表达式 2 为假,即找到了一个能被 num 整除的数 fac。

4.1.2　for 语句的进一步讨论

事实上,for 语句的循环控制行中的 3 个表达式可以是任意表达式,而且 3 个表达式都是可选的。如果循环不需要任何初始化工作,则表达式 1 可以省略。如果循环前需要做多个初始化工作,可以将多个初始化工作组合成一个逗号表达式,作为表达式 1。**逗号表达式**由一连串基本的表达式组成,基本表达式之间用逗号分开。逗号表达式的执行从第一个基本表达式开始,一个一个依次执行,直到最后一个基本表达式。逗号表达式的值是最后一个基本表达式的结果值。逗号运算符是所有运算符中优先级最低的。在代码清单 4-2 中,循环前需要将循环变量 i 置为 1,total 和 max 置为 0,min 置为 100。我们可以把这些工作都放在循环控制行中：

```
for(i = 1, total = max = 0, min = 100; i <= numOfStudent; ++i)
```

也可以把所有的初始化工作放在循环语句之前，此时表达式 1 为空。代码清单 4-2 中的程序也可以做如下修改：

```
total = 0;
max = 0;
min = 100;
i = 1
for(; i <= numOfStudent; ++i){ ...  }
```

尽管上述用法都符合 **C＋＋** 的语法，但习惯上，将循环变量的初始化放在表达式 1 中，其他的初始化工作放在循环语句的前面。

表达式 2 也不一定是关系表达式。它可以是逻辑表达式，甚至可以是算术表达式。当表达式 2 是算术表达式时，只要表达式的值为非 0，就执行循环体，表达式的值为 0 时退出循环。

如果表达式 2 省略，即不判断循环条件，循环将无终止地进行下去。永远不会终止的循环称为**死循环**或**无限循环**。最简单的死循环是

```
for(;;);
```

要结束一个无限循环，必须从键盘上输入特殊的命令来中断程序执行并强制退出。这个特殊的命令因机器的不同而不同，所以应该先了解自己机器的情况。在 Windows 下，可以输入 ctrl＋c 或在任务管理器中删除这个程序。

表达式 3 也可以是任何表达式，一般为赋值表达式或逗号表达式。表达式 3 是在每个循环周期结束后对循环变量的修正。表达式 3 也可以省略，此时完成循环体后直接执行表达式 2。

4.1.3　for 循环的嵌套

当程序非常复杂时，常常需要将一个 for 循环嵌入到另一个 for 循环中去。在这种情况下，内层的 for 循环在外层 for 循环的每一个循环周期中都将执行它所有的循环周期。每个 for 循环都要有一个自己的循环变量以避免循环变量间的互相干扰。

例 4.6　打印九九乘法表。

打印九九乘法表的程序如代码清单 4-6 所示。

代码清单 4-6　打印九九乘法表的程序

```
//文件名:4-6.cpp
//打印九九乘法表
#include <iostream>
using namespace std;


int main()
{   int i, j;

    for(i = 1; i <= 9; ++i){
```

```
        for(j = 1; j <= 9; ++j)
            cout << i*j << '\t';
        cout << endl;
    }

    return 0;
}
```

外层 for 循环用 i 作为循环变量,控制乘法表的行变化。在每一行中,内层 for 循环用 j 作为循环变量,控制输出该行中的 9 个列,每一列的值为 i*j(即行号乘以列号)。注意在每一行结束时必须换行,因此外层循环的循环体由两个语句组成:打印一行和打印换行符。内层循环中的'\t'控制每一项都打印在下一个打印区,使输出能排成一张表。代码清单 4-6 所示的程序的输出如下:

1	2	3	4	5	6	7	8	9
2	4	6	8	10	12	14	16	18
3	6	9	12	15	18	21	24	27
4	8	12	16	20	24	28	32	36
5	10	15	20	25	30	35	40	45
6	12	18	24	30	36	42	48	54
7	14	21	28	35	42	49	56	63
8	16	24	32	40	48	56	64	72
9	18	27	36	45	54	63	72	81

4.2 break 和 continue 语句

正常情况下,当表达式 2 的值为假时循环结束。但有时循环体中遇到一些特殊情况需要立即终止循环,此时可以用 break 语句。break 语句的作用是跳出当前的循环语句,执行循环语句的下一个语句。

例 4.4 中需要检测素数,我们直接用了素数的定义。按照这个算法,检测一个数 n 是否为素数最坏情况下需要检查 1 到 n 之间的所有奇数,然后检查因子个数是否为 2。事实上,只要检查 3 到 n−2 之间的奇数,一旦检测到一个因子就可以说明 n 不是素数。反映在程序中,当检测到一个因子时循环可以终止。如何终止循环? 可以用 break 语句。改进后的素数检测程序如代码清单 4-7 所示。

代码清单 4-7 检查输入是否为素数的程序

```
//文件名:4-7.cpp
//检查输入是否为素数的程序
#include <iostream>
using namespace std;
```

```
int main()
{
    int num, k;

    cout << "请输入要检测的数:";
    cin >> num;

    if(num == 2){                        //2是素数
        cout << num << "是素数\n";
        return 0;
    }
    if(num % 2 == 0){                    //2以外的偶数不是素数
        cout << num << "不是素数\n";
        return 0;
    }

    for(k = 3; k < num; k += 2)
        if(num % k == 0)break;

    if(k < num)cout << num << "不是素数\n";
    else cout << num << "是素数\n";

    return 0;
}
```

在代码清单 4-7 中，for 循环有两个出口。一个是表达式 2 的值为假，循环正常结束。另一个是 break 语句，循环中途退出。由 break 语句退出时，表示找到了一个因子，num 不是素数。如果是表达式 2 的值为假退出，表示找遍了 3 到 num-2 的所有奇数，都没有找到因子，则 num 是素数。在输出阶段，程序检查了 k < num，如果条件成立，表示是 break 出来的，否则是表达式 2 的值为假退出的。

有一个很容易与 break 语句混淆的语句 continue，它也是出现在循环体中。它的作用是跳出当前循环周期，回到循环控制行。

例 4.7 编写一个程序，输出 3 个字母 A，B，C 的所有排列方式。

全排列的第一个位置可以是 A，B，C 中的任意一个，第二、第三个位置也是如此。但三个位置的值不能相同。这个问题可以用一个三层嵌套的 for 循环来实现。最外层的循环选择第一个位置的值，可以是 'A'，'B' 或 'C'。第二层循环选择第二个位置的值，同样可以是 'A'，'B' 或 'C'。最里层的循环选择第三个位置的值，也是 'A'，'B' 或 'C'。但注意第二个位置的值不能与第一个位置的值相同。第三个位置的值也不能与第一、第二个位置上的值相同。如何跳过这些情况？可以用 continue 语句。完整的程序如代码清单 4-8 所示。

代码清单 4-8　输出 A、B、C 的全排列

```cpp
//文件名:4-8.cpp
//输出 A, B, C 的全排列
#include <iostream>
using namespace std;

int main()
{   char ch1, ch2, ch3;

    for(ch1 = 'A'; ch1 <= 'C'; ++ch1)                     //第一个位置的值
     for(ch2 = 'A'; ch2 <= 'C'; ++ch2)                    //第二个位置的值
      if(ch2 == ch1)continue;    //第一个位置的值和第二个位置的值不能相同
      else for(ch3 = 'A'; ch3 <= 'C'; ++ch3)              //第三个位置的值
           if(ch3 == ch1 || ch3 == ch2)
               continue;         //第三个位置的值和第一、二个位置的值不能相同
            else cout << ch1 << ch2 << ch3 << '\t';    //输出一个合法的排列

    return 0;
}
```

4.3　基于哨兵的循环

　　for 循环可以很好、很直观地控制重复次数确定的循环,但很多时候我们遇到的问题是重复次数不确定。回顾一下例 4.2 的程序,该程序可以统计某个班级的考试信息,但用户不一定喜欢这个程序。因为在输入学生的考试成绩之前,用户先要数一数一共有多少人参加考试。如果用户数错了,将导致严重的结果。如果我们班有 100 个同学参加了考试,用户输入前把人数误数成 99,那么当他输入了 99 个成绩后,发现最后一个成绩无法输入,此时输出的结果是不正确的结果。如果用户误数成 101 个人,那么当他输入了所有学生成绩后无法得到结果。用户喜欢什么样的工作方式? 首先可以肯定他绝不喜欢给他增加工作量,输入前先数一数人数肯定不是他喜欢的工作。一般来说,用户喜欢拿到成绩单就直接输入。所有成绩都输入后,再输入一个特殊的表示输入结束的标记。处理所有学生成绩是一个重复的工作,这个重复工作什么时候结束取决于输入的信息,这个信息就是哨兵。根据某个条件成立与否来决定是否继续的循环称为**基于哨兵的循环**。实现基于哨兵循环的语句有 while 和 do…while。

4.3.1　while 语句

while 语句的格式如下:

```cpp
while(表达式){
    需要重复执行的语句;
}
```

与 for 语句一样,当循环体只有一条简单语句构成时,C++编译器允许去掉加在循环体两边的花括号。

程序执行 while 语句时,先计算出表达式的值,检查它是 true 还是 false。如果是 false,循环**终止**,并接着执行在整个 while 循环之后的语句;如果是 true,整个循环体将执行,而后又回到 while 语句的第一行,再次对条件进行检查。

在考查 while 循环的操作时,有下面两个很重要的原则:

(1) 条件测试是在每个循环周期之前进行的,包括第一个周期;如果一开始测试结果便为 false,则循环体根本不会执行。

(2) 对条件的测试只在一个循环周期开始时进行;如果碰巧条件值在循环体的某处变为 false,程序在整个周期完成之前都不会注意它;在下一个周期开始前再次对条件进行计算,倘若为 false,则整个循环结束。

有了 while 循环,我们可以编写出一个更加人性化的解决例 4.2 问题的程序,如代码清单 4-9 所示。该程序不再需要用户先数一数人数,而是直接输入一个个分数,所有成绩输入结束后,输入一个特定的标记,即哨兵。哨兵怎么选是基于哨兵的循环的一个重要问题。在这个程序中,哨兵的选择比较简单,只要选择一个不可能是一个合法的分数的数值就行了。在代码清单 4-9 中,我们选择了-1 作为哨兵。

这个问题的解题思路与代码清单 4-2 类似,但有两个区别。一是重复次数不再确定,而是通过在输入数据中设置一个标志来表示输入结束,因此可用 while 循环代替 for 循环;二是参加考试的人数是由程序统计的而不是输入的。

代码清单 4-9 统计分数的程序

```cpp
//文件名:4-9.cpp
//统计考试成绩中的最高分,最低分和平均分
#include <iostream>
using namespace std;

int main()
{
    int value, total, max, min, noOfInput;

    total = 0;              //总分
    max = 0;
    min = 100;
    noOfInput = 0;          //人数

    cout << "请输入第 1 位学生的成绩:";
    cin >> value;
    while(value != - 1){
        ++noOfInput;
        total += value;
```

```
        if(value > max) max = value;
        if(value < min) min = value;
        cout << "\n 请输入第" << noOfInput + 1 << "个人的成绩:";
        cin >> value;
    }

    cout << "\n 最高分:" << max << endl;
    cout << "最低分:" << min << endl;
    cout << "平均分:" << total/noOfInput << endl;

    return 0;
}
```

与 for 循环一样,while 循环的循环条件表达式不一定要是关系表达式或逻辑表达式,可以是任意表达式。例如:

```
while(1);
```

是一个合法的 while 循环语句。但它是一个死循环,因为条件表达式的值永远为 1,而 C++ 中任何非 0 值都表示 true。

例 4.8　用无穷级数 $e^x = 1 + x + \dfrac{x^2}{2!} + \dfrac{x^3}{3!} + \cdots + \dfrac{x^n}{n!} + \cdots$ 计算 e^x 的近似值,当 $\dfrac{x^n}{n!} < 0.000001$ 时结束。

计算 e^x 的近似值就是把该级数的每一项依次加到一个变量中。所加的项数随 x 的变化而变化,在写程序时无法确定。显然,这是一个需要用 while 循环解决的问题。循环的条件是判断 $x^n/n!$ 是否大于 0.000001。大于时继续循环,小于时退出循环。在循环体中,计算 $x^n/n!$,把结果加到总和中。如果令变量 ex 保存 e^x 的值,由于级数的每一项的值在加完后就没有用了,因此可以用一个变量 item 保存当前正在处理的项的值,那么该程序的伪代码如下:

```
ex = 0;
item = 1;
while(item < 0.000001){
    ex += item;
    计算新的 item;
}
```

在这段伪代码中,需要进一步细化的是如何计算当前项 item 的值。显然,第 i 项的值为 $x^i/i!$。x^i 就是将 x 自乘 i 次,这是一个重复 i 次的循环,可以用一个 for 循环来实现:

```
for(xn = 1,j = 1;j <= n;++j)   xn *= x;
```

$i! = 1 \times 2 \times 3 \times \cdots \times i$ 可以通过设置一个变量,将 1,2,3,$\cdots$,i 依次与该变量相乘,结果存回该变量的方式来实现,也可以用一个 for 循环实现:

```
for(pi = 1,j = 1;j <= i;++j)pi *= j;
```

最后,令 item = xn / pi 就是第 i 项的值。

这种方法在计算每一项时,需要执行两个重复 i 次的循环!整个程序的运行时间会很长。

事实上,有一种简单的方法。在级数中,项的变化是有规律的。可以通过这个规律找出前一项和后一项的关系,通过前一项计算后一项。如本题中,第 i 项的值为 $x^i/i!$,第 i+1 项的值为 $x^{i+1}/(i+1)!$。如果 item 是第 i 项的值,则第 i+1 项的值为 item*x/(i+1)。这样可以避免两个循环。根据这个思想,可以得到代码清单 4-10 所示的程序。**记住,在程序设计中时刻要注意提高程序的效率,避免不必要的操作;但也不要一味追求程序的效率,把程序写得晦涩难懂。**

代码清单 4-10　计算 e^x 的程序

```cpp
//文件名:4-10.cpp
//计算 e^x
#include <iostream>
using namespace std;

int main()
{   double ex, x, item;//ex 存储 e^x 的值,item 保存当前项的值
    int i;

    cout << "请输入 x:";
    cin >> x;

    ex = 0;
    item = 1;
    i = 0;

    while(item > 1e-6){
        ex += item;
        ++i;
        item = item * x / i;
    }

    cout << "e 的" << x << "次方等于:" << ex << endl;

    return 0;
}
```

4.3.2　do-while 循环

在 while 循环中,每次执行循环体之前必须先判别条件。如果条件表达式为 true,执行循环体,否则退出循环语句。因此,循环体可能一次都没有执行。如果能确保循环体至少必须执行一次,那么可用 do-while 循环。

do-while 循环语句的格式如下:

do{

需要重复执行的语句;

} while(条件表达式);

do-while 循环语句的执行过程如下:先执行循环体,然后判别条件表达式,如果条件表达式的值为 true,继续执行循环体,否则退出循环。

在代码清单 4-10 中,由于第 1 项必定是需要的,因此也可以用 do-while 语句实现。只需要将代码清单 4-10 所示的程序中的 while 语句改成 do-while 语句即可:

```
do{
  ex += item;
  ++i;
  item = item * x / i;
}while(item > 1e-6)
```

例 4.9 计算方程 f(x)=0 在某一区间内的实根是常见的问题之一。这个问题的一种解决方法称为**弦截法**。求方程 f(x)在区间[a, b](f(a)与 f(b)异号)中的一个实根的方法如下:

(1) 令 x1 = a, x2 = b。

(2) 连接(x1, f(x1))和(x2, f(x2))的弦与 x 轴的交点坐标可用如下公式求出:

$$x = \frac{x1 \times f(x2) - x2 \times f(x1)}{f(x2) - f(x1)}$$

(3) 若 f(x)与 f(x1)同符号,则方程的根在(x, x2)之间,将 x 作为新的 x1。否则根在(x1, x)之间,将 x 设为新的 x2。

(4) 重复步骤(2)和(3),直到 f(x)小于某个指定的精度为止。此时的 x 为方程 f(x)=0 的根。

编一程序,计算方程 $x^3 + 2x^2 + 5x - 1 = 0$ 在区间[-1, 1]之间的根。

由于计算根的近似值、修正区间的工作至少需执行一遍,所以可用 do…while 循环。循环控制行判断是否达到指定精度。循环体计算根的近似值,修正区间。完整程序如代码清单 4-11 所示。

代码清单 4-11 求方程的根

```
//文件名:4-11.cpp
//求方程的根
#include <iostream>
#include <cmath>
using namespace std;

int main()
{
  double x, x1 = -1, x2 = 1, f2, f1, f, epsilon;

  cout << "请输入精度:";
  cin >> epsilon;
```

```
do{
  f1 = x1 * x1 * x1 + 2 * x1 * x1 + 5 * x1 - 1;      //计算 f(x1)
  f2 = x2 * x2 * x2 + 2 * x2 * x2 + 5 * x2 - 1;      //计算 f(x2)
  x = (x1 * f2 - x2 * f1) / (f2 - f1);
                      //计算(x1,f(x1))和(x2,f(x2))的弦交与 x 轴的交点
  f = x * x * x + 2 * x * x + 5 * x - 1;
  if(f * f1 > 0)x1 = x;else x2 = x;          //修正区间
} while(fabs(f) > epsilon);

cout << "方程的根是:" << x << endl;

return 0;
}
```

4.4 循环的应用

有了循环,我们就可以编写解决一些复杂问题的程序了。

例 4.10 有这样的一个算式:ABCD×E = DCBA。其中,A, B, C, D, E 代表不同的数字。编一个程序找出 A, B, C, D, E 分别代表的是什么数字。

既然 A, B, C, D, E 都是数字,也就是 0~9 之间的一个值,那我们就可以分别枚举出 A, B, C, D, E 的每一个可能的值,检查算式 ABCD×E = DCBA 是否成立。如果成立,输出 A, B, C, D, E 的值。枚举 A, B, C, D, E 的可能值可以用重复 N 次的循环。A 和 D 的可能值是 1~9,E 的可能值是 2~9,B,C 的可能值是 0~9。枚举 A, B, C, D, E 的可能值可以用一个 5 层嵌套的 for 循环。按照这个思想实现的程序如代码清单 4 - 12 所示。

代码清单 4 - 12 求 A, B, C, D, E 的值(解 1)

```
//文件名:4-12.cpp
//求解 ABCD×E=DCBA
#include <iostream>
using namespace std;

int main()
{
  int A, B, C, D, E, num1, num2;

  for(A = 1; A <= 9; ++A)
  for(B = 0; B <= 9; ++B){
    if(A == B)continue;                          //A, B 不能相等
    for(C = 0; C <= 9; ++C){
```

```
      if(C == A || C == B) continue;          //C 不能等于 A,也不能等于 B
      for(D = 1; D <= 9; ++D){
        if(D == A || D == B || D == C) continue;    //D 不能等于 A, B, C
        for(E = 2; E <= 9; ++E){
          if(E == A || E == B || E == C || E == D) continue;
                                          //E 不能等于 A, B, C, D
          num1 = A * 1000 + B * 100 + C * 10 + D;      //构成数字 ABCD
          num2 = D * 1000 + C * 100 + B * 10 + A;      //构成数字 DCBA
          if(num1 * E == num2)
            cout << num1 << '*' << E<< '=' << num2 << endl;
        }
      }
    }
  }

  return 0;
}
```

我们还可以用另一种解决方法。因为 ABCD 和 DCBA 都是 4 位数,于是就检查每一个 4 位数是否符合要求。最小的 4 个数字都不同的 4 位数是 1023,最大的 4 个数字都不同的数是 9876,这可以用一个 for 循环实现。在代码清单 4 - 13 中,用循环变量 num1 枚举每一个可能的 4 位数。在循环体中,首先检查 4 位数的 4 个数字是否相同。如果相同,则放弃该数字。如果 4 个数字都不同,则将该 4 位数颠倒,构造 num2。最后对每一个可能的 E,检查 num1*E 是否等于 num2。如果成立,则找到了一个可行解。

代码清单 4 - 13 求 A, B, C, D, E 的值(解 2)

```
//文件名:4-13.cpp
//求解 ABCD×E=DCBA
#include <iostream>
using namespace std;

int main()
{
    int num1, num2, A, B, C, D, E;

    for(num1 = 1023; num1 <= 9876; ++num1){      //枚举每个可能的 4 位数
      A = num1 / 1000;                          //取出每一位数字 A, B, C, D
      B = num1 % 1000 / 100;
      C = num1 % 100 / 10;
      D = num1 % 10;
```

```
        if(D == 0 || A == B || A == C || A == D || B == C || B == D || C == D)
continue;
        num2 = D * 1000 + C * 100 + B * 10 + A;                    //构造 num2
        for(E = 2;E <= 9;++E){                                 //检查每个可能的 E
          if(E == A || E == B || E == C || E == D)continue;   //E 不能等于A,
                                                               B,C,D

          if(num1 * E == num2)
            cout << num1 << '*' << E << '=' << num2 << endl;
      }
    }


    return 0;
}
```

例 4.11 阶梯问题:有一个长阶梯,若每步上 2 个台阶,最后剩 1 阶。若每步上 3 阶,最后剩 2 阶。若每步上 5 阶,最后剩 4 阶。若每步上 6 阶,最后剩 5 阶。每步上 7 阶,最后正好 1 阶都不剩。编一程序,寻找该楼梯至少有多少阶。

根据题意,这个阶梯最少有 7 阶。我们可以从 7 开始尝试,7, 8, 9, 10,…直到找到了一个数 n,正好满足 n 除 2 余 1,n 除 3 余 2,n 除 5 余 4,n 除 6 余 5,n 除 7 余 0。再仔细想想,其实没有必要尝试每个数。因为这个数正好能被 7 整出,所以只要检查从 7 开始的、能被 7 整除的数,即 7, 14, 21,…根据这个思想,可以得到 4 - 14 的代码清单。

代码清单 4 - 14   阶梯问题的程序

```
//文件名:4-14.cpp
//阶梯问题
#include <iostream>
using namespace std;


int main()
{
    int n;

    for(n = 7; ;n += 7)
      if(n % 2 == 1 && n % 3 == 2 && n % 5 == 4 && n % 6 == 5)break;

    cout << "满足条件的最短的阶梯长度是:" << n << endl;

    return 0;
}
```

该程序运行的结果是：

满足条件的最短的阶梯长度是：119

例4.12 编写一个程序，输入一个句子（以句号结束），统计该句子中的元音字母数、辅音字母数、空格数、数字数及其他字符数。

句子是由一个个字符组成，我们只需要依次读入句子中的每个字符，根据字符值作相应的处理。如果读到句号，统计结束，输出统计结果。由于事先并不知道句子有多长，只知道句子的结尾是句号，因此可以用 while 循环来实现。句号就是哨兵。循环体首先读入一个字符，按照不同的字符进行不同的处理。循环终止条件是读到句号。代码清单 4-15 实现了这个过程。

代码清单4-15 统计句子中各种字符的出现次数

```cpp
//文件名:4-15.cpp
//统计句子中各种字符出现的次数
#include <iostream>
using namespace std;

int main()
{
    char ch;
    int numVowel = 0, numCons = 0, numSpace = 0, numDigit = 0, numOther = 0;

    cout << "请输入句子:";
    cin.get(ch);                              //读入一个字符
    while(ch != '.'){                         //处理每个字符
      if(ch >= 'A'&& ch <= 'Z') ch = ch - 'A' + 'a';
                                              //大写字母转成小写字母
      if(ch >= 'a' && ch <= 'z')
         if(ch == 'a' || ch == 'e' || ch == 'i' || ch == 'o' || ch == 'u')
++numVowel;
            else ++numCons;
       else if(ch == ' ') ++numSpace;
            else if(ch >= '0' && ch <= '9') ++numDigit;
                 else ++numOther;
      cin.get(ch);                           //读入一个字符
    }

    cout << "元音字母数:" << numVowel << endl;
    cout << "辅音字母数:" << numCons << endl;
    cout << "空格数:" << numSpace << endl;
    cout << "数字字符数:" << numDigit << endl;
```

```
        cout << "其他字符数:" << numOther << endl;

        return 0;
    }
```

想一想,能否将读取一个字符的工作放入 while 的循环控制行? 这样可使程序更加简洁。

4.5 编程规范和常见错误

与条件语句类似,循环语句中也存在某些语句是另外一些语句的一个部分的问题,例如,各类循环语句的循环体。为了表示这种控制关系,程序中的循环体应该比循环语句缩进若干个空格。

循环语句中的循环体要执行很多次,优化循环体对程序效率的影响非常大。

在 for 循环中,循环变量的作用是记录循环执行的次数。一个不好的程序设计习惯是在循环体内修改循环变量的值。尽管这不一定会造成程序出错,但会使程序的逻辑混乱。

在使用循环时,最常见的错误是在循环控制行后面加一个分号。这时你会发现循环体没有如你所想的那样执行多次,而只是被执行了一次。因为编译器遇见分号就认为循环语句结束了,这个循环语句的循环体是空语句。而真正的循环体被认为是循环语句的下一个语句。

4.6 小结

计算机的强项是不厌其烦地做同样的操作,重复做某个工作是通过循环语句实现的。本章介绍了 C++的循环语句:while、do-while 和 for。while 语句用来指示在一定条件满足的情况下重复执行某些操作。while 语句先判断条件再执行循环体,因此循环体可能一次都不执行。do-while 类似于 while 循环,其区别是 do-while 循环先执行一次循环体,然后再判断是否要继续循环。for 语句是实现循环次数一定的重复操作。for 循环一般设置一个循环变量,记录已执行的循环次数,在每个循环周期中要更新循环变量的值。

4.7 习题

简答题

1. 假设在 while 语句的循环体中有这样一条语句:当它执行时 while 循环的条件值就变为 false。那么这个循环是将立即中止还是要完成当前周期呢?

2. 当遇到下列情况时,你将怎样编写 for 语句的控制行。

(1) 从 1 计数到 100。

(2) 从 2,4,6,8,…计数到 100。

(3) 从 0 开始,每次计数加 7,直到成为三位数。

(4) 从 100 开始,反向计数,99,98,97,…直到 0。

(5) 从 'a' 变到 'z'。

3. 为什么在 for 循环中最好避免使用浮点型变量作为循环变量?

4. 在语句

```
for(i = 0; i < n; ++i)
    for(j = 0; j < i; ++j)cout << i << j;
```

中,cout << i << j;执行了多少次?

5. 执行下列语句后,s 的值是多少?

```
s = 0;
for(i = 1; i < 5; ++i);
    s += i;
```

6. 下面哪一个循环重复次数与其他循环不同?

(1) i = 0;while(++i < 100){cout << i << " ";}

(2) for(i = 0; i < 100; ++i){cout << i << " ";}

(3) for(i = 100; i >= 1; --i){cout << i << " ";}

(4) i = 0;while(i++ < 100){cout << i << " ";}

7. 执行下列语句后,s 的值是多少?

```
s = 0;
for(i = 1; i <= 10; ++i)
    if(i % 2== 0 || i % 3 == 0)continue;
    else  s += i;
```

8. 执行下列语句后,s 的值是多少?

```
s = 0;
for(i = 1; i <= 10; ++i)
    if(i % 2 == 0 && i % 3 == 0)break;
    else  s += i;
```

程序设计题

1. 已知 $xyz + yzz = 532$, x, y, z 分别代表一个数字。编一程序求出 x, y, z 分别代表什么数字。

2. 编写这样一个程序:先读入一个正整数 N,然后计算并显示前 N 个奇数的和。例如,如果 N 为 4,这个程序应显示 16,它是 $1+3+5+7$ 的和。

3. 改写代码清单 4-14,用 while 循环解决阶梯问题。

4. 写一个程序,提示用户输入一个整型数,然后输出这个整型数的每一位数字,数字之间插一个空格。例如,当输入是 12345 时,输出为 1 2 3 4 5。

5. 在数学中,有一个非常著名的斐波那契数列,它是按 13 世纪意大利著名数学家 Leonardo Fibonacci 的名字命名的。这个数列的前两个数是 0 和 1,之后每一个数是它前两个数的和。因此斐波那契数列的前几个数为:

$F_0 = 0$

$F_1 = 1$

$F_2 = 1$ (0+1)

$F_3 = 2$ (1+1)

$F_4 = 3$ (1+2)

$F_5 = 5$ (2+3)

$F_6 = 8$　(3+5)

编写一个程序,顺序显示 F_0 到 F_{15}。

6. 编写一个程序,要求输入一个整型数 N,然后显示一个由 N 行组成的三角形。在这个三角形中,第一行一个"*",以后每行比上一行多两个"*",三角形尖角朝上。

```
       *
      ***
     *****
    *******
   *********
  ***********
 *************
***************
```

7. 编写一个程序求 $\sum\limits_{n=1}^{30} n!$,要求只做 30 次乘法和 30 次加法。

8. 设计一程序,求 $1-2+3-4+5-6+\cdots\cdots+/-N$ 的值。

9. 编写一个程序,输入一个年份(大于 2010 年),输出这一年的年历(已知 2010 年 1 月 1 日是星期五)。

10. 已知一四位数 a2b3 能被 23 整除,编一程序求此四位数。

11. 定积分的物理意义是某个函数与 x 轴围成的区域的面积。定积分可以通过将这块面积分解成一连串的小矩形,计算各小矩形的面积的和而得到,如图 4-1 所示。小矩形的宽度可由用户指定,高度就是对应于这个 x 的函数值 f(x)。编写一个程序计算函数 $f(x) = x^2 + 5x + 1$ 在区间 [a, b] 间的定积分。a,b 及小矩形的宽度在程序执行时由用户输入。

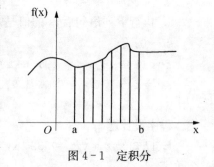

图 4-1　定积分

12. 编写一个程序,用弦截法计算方程 $x^3 - x^2 + x - 1 = 0$ 在 [0, 2] 之间的根,要求精度为 10^{-10}。

13. 编写一个程序,输入 5 个 1 位的整数,例如,{1, 3, 0, 8, 6},输出由这 5 个数组成的最大的 5 位数和最小的 5 位数。

5 批量数据处理——数组

例 4.2 要求编一个程序输出某个班级某次考试中的最高分、最低分和平均分。如果用户还有个要求，希望统计成绩的方差。由于计算方差需要用到均值和每位同学的成绩，这时我们必须保存每位学生的考试成绩，等到平均分统计出来后再计算方差。在这个程序中，如何保存每个学生的成绩就成为一个难以解决的问题。如果每位学生的成绩用一个整型变量来保存，那么该程序必须定义许多整型变量。有 100 位学生就要定义 100 个变量。这样做有两个问题：第一，每个班级有很多学生，就必须定义许多变量，使程序变得冗长，而且每个班级的人数不完全相同，到底应该定义多少个变量也是一个问题；第二，因为每位学生的成绩都是放在不同的变量中，因此计算均值和方差时就无法使用循环。

为了解决这类处理大批量同类数据的问题，程序设计语言提供了一个称为数组的组合数据类型。C++也不例外。

5.1 一维数组

最简单的数组是一维数组。一维数组是一个有序数据的集合，数组中的每个元素都有同样的类型。数组有一个表示整个集合的名字，称为数组名。数组中的某一个数据可以用数组名和该数据在集合中的位置来表示。

5.1.1 一维数组的定义

定义一个一维数组要说明 3 个问题：第一，数组是一个变量，应该有一个变量名，即数组名；第二，数组有多少个元素；第三，每个元素的数据类型是什么。综合上述 3 点，C++中一维数组的定义方式如下：

类型名　数组名[元素个数]；

其中，类型名指出了每个数组元素的数据类型，数组名是存储该数组的变量名。在数组定义中特别要注意的是数组的元素个数是编译时的常量，即常量或符号常量。也就是说，元素个数在写程序时就已经确定。

要定义一个 10 个元素、每个元素的类型是 double 的数组 doubleArray1 及一个 5 个元素的 double 型的数组 doubleArray2 可用下列语句：

```
double  doubleArray1 [10], doubleArray2 [5];
```

或

```
#define  LEN1  10
Const int LEN2 = 5;
double  doubleArray1 [LEN1], doubleArray2 [LEN2];
```

但如果用

```
int LEN1 = 10,LEN2 = 5;
double  doubleArray1[LEN1],doubleArray2[LEN2];
```

则是非法的,因为 LEN1 和 LEN2 是变量,数组元素个数不能是变量。

与其他变量一样,可以在定义数组时为数组元素赋初值,这称为数组的初始化。数组有一组初值,这一组初值被括在一对花括号中,初值之间用逗号分开。数组的初始化可用以下 3 种方法实现。

(1) 在定义数组时对所有的数组元素赋初值。例如:

```
int a[10] = {0,1,2,3,4,5,6,7,8,9};
```

表示将 0,1,2,3,4,5,6,7,8,9 依次赋给数组 a 的第 0 个、第 1 个、……、第 9 个元素。

(2) 可以对数组的一部分元素赋初值。例如:

```
int a[10] = {0,1,2,3,4};
```

表示数组 a 的前 5 个元素的值分别是 0,1,2,3,4,后 5 个元素的值为 0。在对数组元素赋初值时,总是按从前往后的次序赋值。没有赋到初值的元素的初值为 0。因此,想让数组的所有元素的初值都为 0,可简单地写为

```
int a[10] = {0};
```

(3) 在对全部数组元素赋初值时,可以不指定数组大小,系统根据给出的初值的个数确定数组的规模。例如:

```
int a[ ] = {0,1,2,3,4,5,6,7,8,9};
```

表示 a 数组有 10 个元素,它们的初值分别为 0,1,2,3,4,5,6,7,8,9。

5.1.2　数组元素的引用

在程序中,一般不能直接对整个数组进行访问,例如,给数组赋值或输入输出整个数组。要访问数组通常是访问它的某个元素。数组元素是用数组名及该元素在数组中的位置表示:数组名[序号]。在程序设计语言中,序号称为**下标**。数组名[下标]称为**下标变量**。因此定义了一个数组,相当于定义了一组变量。例如:

```
int a[10];
```

相当于定义了 10 个整型变量 a[0], a[1], …, a[9]。数组的下标从 0 开始,数组 a 合法的下标是 0 到 9。下标可以是常量、变量或任何计算结果为整型的表达式。这样就可以使数组元素的引用变得相当灵活。例如,要对数组 a 的 10 个元素做同样的操作,只需要用一个 for 循环。让循环变量 i 从 0 变到 9,在循环体中完成对数组元素的操作。

在使用数组时必须注意:C++语言不检查数组下标的合法性。例如,a 数组合法的下标范围是 0~9,但如果程序中引用 a[10],系统不会报错,但程序运行可能出现一些莫名其妙的问题,这个问题称为**下标越界**。因此**在编写数组操作的程序时,程序员必须保证下标的合法性**。

5.1.3　一维数组的应用

例 5.1　定义一个 10 个元素的整型数组。由用户输入 10 个元素的值,并将结果显示在屏幕上。

输入输出是数组最基本的操作之一。输入输出数组是通过输入输出每个下标变量实现的。代码清单 5-1 给出了这个程序。

代码清单 5-1　数组的输入/输出

```
//文件名:5-1.cpp
```

```cpp
//数组输入/输出示例
#include <iostream>
using namespace std;

int main()
{
    int a[10],i;

    cout << "请输入 10 个整型数:\n";
    for(i = 0; i < 10; ++i)
        cin >> a[i];

    cout << "\n 数组的内容为:\n";
    for(i = 0; i < 10; ++i)
        cout << a[i] << '\t';

    return 0;
}
```

代码清单 5-1 所示的程序的某次运行结果如下:

请输入 10 个整型数:

0 1 2 3 4 5 6 7 8 9

数组的内容为:

0　1　2　3　4　5　6　7　8　9

例 5.2　编写一个程序,统计某次考试的平均成绩和方差。

在例 4.2 中已经介绍了如何统计某次考试的最高分、最低分和平均分,代码清单 4-9 用 while 循环实现了这个功能,选择-1 作为哨兵。while 循环的每个循环周期处理一个学生信息。所有学生共用了一个存储成绩的变量。但在本例中,这种方法就不行了,因为计算方差时既需要知道均值又需要知道每个学生的成绩,于是必须保存每个学生的成绩。

解决这个问题的关键在于如何把每个学生的成绩保存起来,这可以用一个一维整型数组来实现。但每个班的学生人数不完全一样,数组的大小应该为多少呢？我们可以按照人数最多的班级确定数组的大小。例如,若每个班级最多允许有 50 个学生,那么数组的大小就定义为 50。如果某个班的学生数少于 50,如 45 个学生,就用该数组的前 45 个元素。在这种情况下,定义的数组大小称为**数组的配置长度**,而真正使用的部分称为**数组的有效长度**。

统计某次考试的平均成绩和方差的程序如代码清单 5-2 所示。

代码清单 5-2　统计某次考试的平均成绩和方差

```cpp
//文件名:5-2.cpp
//统计某次考试的平均成绩和方差
#include <iostream>
```

```
#include <cmath>
using namespace std;

#define MAX 100    //定义一个班级中最多的学生数

int main()
{
    int score[MAX], num = 0,i;
    double average = 0, variance = 0;

    cout << "请输入成绩(-1 表示结束):\n";
    for  (num = 0; num < MAX; ++num){        //输入并统计成绩总和
        cin >> score[num];
        if(score[num] == -1) break;
        average += score[num];
    }

    average = average / num;    //计算平均成绩

    for(i = 0; i < num; ++i)       //计算方差
        variance += (average - score[i]) * (average - score[i]);
    variance = sqrt(variance) / num;

    cout << "平均分是:" << average << "\n方差是:" << variance << endl;

    return 0;
}
```

代码清单 5-2 所示的程序的某次运行结果如下:

请输入成绩(-1 表示结束):

75 74 74 74 75 75 76 -1

平均分是:74.7143

方差是:0.489796

这个程序的缺点是空间问题。如果一个班级最多可以有 100 人,但一般情况下每个班级都只有 50 人左右,那么数组 score 的一半空间是被浪费的。这个问题在第 7 章中会有更好的解决方法。

例 5.3 向量是一个很重要的数学概念,在物理学中有很多用途。编一程序计算两个十维向量的数量积。

如果向量 $a = (x_1, x_2, \cdots, x_n)$,向量 $b = (y_1, y_2, \cdots, y_n)$,向量 a 和向量 b 的数量积就是两个向量的模和它们夹角的余弦值相乘,即 $a \cdot b = |a| \cdot |b| \cdot \cos \alpha = \sum x_i y_i$。

要编写这个程序,首先要考虑如何存储向量。向量是由一组有序的实数表示,因此可以用一个实型数组来保存。计算数量积是累计求和,这可以用一个 for 循环实现。于是可以得到代码清单 5-3 的程序。

代码清单 5-3 计算两个十维向量的数量积

```cpp
//文件名:5-3.cpp
//计算两个十维向量的数量积
#include <iostream>
using namespace std;

int main()
{
  const int MAX = 10;
  double a[MAX], b[MAX], result = 0;
  int i;

  //输入向量 a
  cout << "请输入向量 a 的十个分量:";
  for(i = 0; i < MAX; ++i)
    cin >> a[i];

  //输入向量 b
  cout << "请输入向量 b 的十个分量:";
  for(i = 0; i < MAX; ++i)
    cin >> b[i];

  //计算 a,b 的数量积
  for  (i = 0; i < MAX; ++i)
    result += a[i] * b[i];

  cout << "a,b 的数量积是:" << result <<endl;

  return 0;
}
```

想一想,如果要将代码清单 5-3 的程序修改为计算两个 20 维向量的数量积,应该如何修改?

5.2 查找

一维数组的一个重要的操作就是在数组中检查某个特定的元素是否存在。如果找到了,则输出该元素的存储位置,即下标值。这个操作称为**查找**。最基本、最直接的查找方法就是顺序查找,但对于已排好序的数组,可以采用二分查找。二分查找比顺序查找更有效。下面分别介绍这两种查找方法。

5.2.1 顺序查找

从数组的第一个元素开始,依次往下比较,直到找到要找的元素,输出元素的存储位置,若到数组结束还没有找到要找的元素,则输出错误信息。这种查找方法即为**顺序查找**。显然,顺序查找可以通过循环来实现。

例5.4 在一批整型数据 2,3,1,7,5,8,9,0,4,6 中查找某个元素 x 是否出现。

解决这个问题首先要设置一个数组,把这组数据存储起来。然后输入用户要查找的数据,用顺序查找的方法在数组中查找 x 是否出现。解决这个问题的程序如代码清单 5-4 所示。

代码清单5-4 顺序查找

```cpp
//文件名:5-4.cpp
//顺序查找
#include <iostream>
using namespace std;

int main()
{
    int  k, x;
    int array[ ]={2, 3, 1, 7, 5, 8, 9, 0, 4, 6};

    cout << "请输入要查找的数据:";
    cin >> x;

    for(k = 0; k < 10; ++k)
        if(x == array[k])  break;

    if(k == 10)cout << "没有找到";
    else cout << x << "的存储位置为:" << k

    return 0;
}
```

输入为 7 时,程序的运行结果如下:
请输入要查找的数据:7
7 的存储位置是 3
输入为 10 时,程序的运行结果如下:
请输入要查找的数据:10
没有找到

在顺序查找中,如果表中有 n 个元素,最坏的情况是被查找的元素是最后一个元素或被查找元素根本不存在。此时程序必须检查所有元素后才能得出结论,即需要执行 n 次比较操作。

5.2.2 二分查找

顺序查找的实现相当简单明了。但是,如果被查找的数组很大,要查找的元素又靠近数组的尾端或在数组中根本不存在,则查找的时间可能就会很长。设想一下,在一本 5 万余词的《新英汉词典》中顺序查找某一个单词,最坏情况下就要比较 5 万余次。在手工的情况下,几乎是不可能实现的。但为什么我们能在词典中很快找到要找的单词呢?关键就在于《新英汉词典》是按字母序排序的。当要在词典中找一个单词时,我们不会从第一个单词检查到最后一个单词,而是先估计一下这个词出现的大概位置,然后翻到词典的某一页,如果翻过头了,则向前修正,如太靠前面了,则向后修正。

如果待查数据是已排序的,则可以按照查词典的方法进行查找。在查词典的过程中,因为有对单词分布情况的了解,所以一下子就能找到比较接近的位置。但是一般的情况下我们不知道待查数据的分布情况,所以只能采用比较机械的方法,每次检查待查数据中排在最中间的元素。如果中间元素就是要查找的元素,则查找完成;否则,确定要找的数据是在前一半还是在后一半,然后缩小范围,在前一半或后一半内继续查找。例如,要在图 5-1 所示的集合中查找 28,开始时,检查整个数组的中间元素,中间元素的下标值为 $(0+10)/2=5$。存储在 5 号单元的内容是 22。22 不等于 28,因此需要继续查找。而另一方面,你知道 28 所在位置一定是在 22 的后面,因为这个数组是有序的。因此可以立即得出结论:下标值从 0 到 5 的元素不可能是 28。这样通过一次比较就排除了 6 个元素(而在顺序查找中,一次比较只能排除一个元素)。接着在 24 到 33 之间查找 28。这段数据的中间元素的下标是 $(6+10)/2=8$。存储在 8 号单元的内容正好是我们要找的元素 28,这时查找就结束了。因此查找 28 只需要二次比较。

0	1	2	3	4	5	6	7	8	9	10
12	14	18	20	21	22	24	26	28	30	33

图 5-1 待查找的有序表

假如我们要在图 5-1 的有序数据集中查找 23。开始时查找的下标范围是 $[0,10]$,同样是先检查中间元素。中间元素的下标值为 $(0+10)/2=5$。存储在 5 号单元的内容是 22。22 不等于 23,因此需要继续查找。因为 23 大于 22,所以下标为 0 到 5 的元素被抛弃了,把查找范围修改为 $[6,10]$。这时中间元素的下标是 8,8 号单元的内容是 28,比 23 大。所以 8 号到 10 号单元的内容不可能是 23,进一步把查找范围缩小到 $[6,7]$ 之间。继续计算中间元素的下标 $(6+7)/2=6$,6 号单元的内容是 24,比 23 大,6 及 6 以后的元素被抛弃了,这时查找范围为 $[6,5]$。这个查找区间是不存在的,所以 23 在表中不存在。

总结一下,首先在排好序的表中查找中间元素,然后根据这个元素的值确定下一步将在哪一半进行查找,将查找范围缩小一半,继续用同样的方法查找。这种查找方法称为**二分查找**。为了实现这种查找方法,需要记录两个下标值,分别表示要被搜索范围的两个端点的下标值。这两个值分别存储于变量 low 和 high 中,表示左边界(小的下标值)和右边界(大的下标值)。开始时,搜索范围覆盖整个数组,而随着查找的继续进行,搜索区间将逐渐缩小,直到元素被找到。如果最后两个下标值交叉了,那么表示所要查找的值不在数组中。

例 5.5 在已排序的一批整型数据 0,1,2,3,4,5,6,7,8,9 中查找某个元素 x 是否出现,并输出其下标。

使用二分查找解决这个问题的程序如代码清单5-5所示。

代码清单5-5 二分查找程序

```cpp
//文件名:5-5.cpp
//二分查找
#include <iostream>
using namespace std;

int main()
{
    int low, high, mid, x;
    int array[ ]={0, 1, 2, 3, 4, 5, 6, 7, 8, 9};

    cout << "请输入要查找的数据:";cin >> x;

    low = 0; high = 9;
    while(low <= high){              //查找区间存在
        mid = (low + high) / 2;         //计算中间位置
        if(x == array[mid]) break;
        if(x < array[mid]) high = mid - 1; else low = mid + 1;//修改查找区间
    }

    if(low > high) cout << "没有找到" << endl;
    else cout << x << "的位置是:" << mid << endl;

    return 0;
}
```

输入7时,程序的运行结果如下:

请输入要查找的数据:7

7的位置在7

输入10时,程序的运行结果如下:

请输入要查找的数据:10

没有找到

由上述讨论可知,二分查找算法比顺序查找算法更有效。在二分查找中,比较的次数取决于所要查找的元素在数组中的位置。对于n个元素的数组,在最坏的情况下,所要查找的元素必须查到查找区间只剩下一个元素时才能找到或者该元素根本不在数组中,那么在第一次比较后,所要搜索的区间立刻减小为原来的一半,只剩下n/2个元素。在第二次比较后,再去掉这些元素的一半,剩下n/4个元素。每次,被查找的元素数都减半。最后搜索区间将变为1,即只需要将这个元素与需要查找的元素进行比较。达到这一点所需的步数等于将n依次除以

2并最终得到1所需要的次数,可以表示为如下公式:

$$\underbrace{n/2/2/\cdots/2/2=1}_{k次}$$

将所有的2乘起来得到以下方程:

$$n = 2^k$$

则 k 的值为

$$k = lb\ n$$

所以,使用二分查找算法最多只需要 lb n 次比较就可以了。

顺序查找最坏情况下需要比较 n 次,二分查找算法最多只需要比较 lb n 次。n 和 lb n 的差别究竟有多大? 表 5-1 给出了不同的 n 值和它相对应的最精确的 lb n 的整数值。

表 5-1　n 与 lb n

n	lb n
10	3
100	7
1 000	10
1 000 000	20
1 000 000 000	30

从表 5-1 中的数据可以看出,对于小的数组,这两个值差别不大,两种算法都能很好地完成搜索任务。然而,如果该数组的元素个数为 1000000000,在最坏的情况下顺序查找算法需要 1000000000 次比较才能查找完毕,而二分查找算法最多也仅仅需要 30 次比较就能查找完毕。

5.3　排序

在 5.2.2 节中我们已经看到,如果待查数据是有序的,则可以大大降低查找时间。因此对于一大批需要经常查找的数据而言,事先对它们进行排序是有意义的。

排序的方法有很多,如插入排序、选择排序、交换排序等。下面介绍两种比较简单的排序方法:直接选择排序法和冒泡排序法。其他的排序算法将在"数据结构"课程中介绍。

5.3.1　直接选择排序法

在众多排序算法中,最容易理解的一种就是**选择排序算法**。应用选择排序时,每次选择一个元素放在它最终要放的位置。如果要将数据按非递减次序排列,一般的过程是先找到整个数组中的最小的元素并把它放到数组的起始位置,然后在剩下的元素中找最小的元素并把它放在第二个位置上,对整个数组继续这个过程,最终将得到按从小到大顺序排列的数组。不同的最小元素选择方法得到不同的选择排序算法。**直接选择排序**是选择排序算法中最简单的一种,就是在找最小元素时采用最原始的方法——顺序查找。

为了理解直接选择排序算法,我们以排序下面数组作为例子。

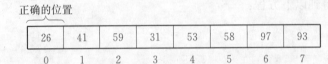

31	41	59	26	53	58	97	93
0	1	2	3	4	5	6	7

通过顺序检查数组元素可知这个数组中最小的元素值是 26,它在数组中的位置是 3,因此需要将它移动到位置 0。经过交换位置 0 和位置 3 的数据得到新的数组如下。

正确的位置

26	41	59	31	53	58	97	93
0	1	2	3	4	5	6	7

位置 0 中就是该数组的最小值,符合最终的排序要求。现在,可以处理表中的剩下部分。下一步是用同样的策略正确填入数组的位置 1 中的值。最小的值(除了 26 已经被正确放置外)是 31,现在它的位置是 3。如果将它的值和位置为 1 的元素的值进行交换,可以得到下面的状态,前两个元素是正确的值。

正确的排序

26	31	59	41	53	58	97	93
0	1	2	3	4	5	6	7

在下一个周期中,再将下一个最小值(应该是 41)和位置 2 中的元素值进行交换。

正确的排序

26	31	41	59	53	58	97	93
0	1	2	3	4	5	6	7

如果继续这个过程,将正确的元素值填入位置 3 和位置 4,依次类推,直到数组完全排序。

为了弄清楚在整个算法中具体的某一步该对哪个元素进行操作,可以想象用你的左手依次指明每一个下标位置。开始时,左手指向 0 号单元。对每一个左手位置,可以用你的右手找出剩余的元素中的最小元素。一旦找到这样的元素,就可以把两个手指指出的值进行交换。在实现中,你的左手和右手分别用两个变量 lh 和 rh 来代替,它们分别代表相应的元素在数组中的下标值。

上述过程可以用下面的伪代码表示:

```
for(lh = 0; lh < n; ++lh)  {
    设 rh 是从 lh 直到数组结束的所有元素中最小值元素的下标,
    将 lh 位置和 rh 位置的值进行交换;
}
```

要将这段伪代码转换成 C++语句不是很难,只要使用一个嵌套的 for 循环即可。

直接选择排序算法本身有很多优点。首先,它的算法很容易理解;其次,它解决了排序这个问题。但是,还存在一些其他的更有效的排序算法。但效率较高的排序算法需要较高的程序设计技巧,这些复杂的排序算法将在"数据结构"这门课中学习。

例 5.6 采用直接选择排序法对一个元素分别为 2,5,1,9,10,0,4,8,7,6 的数组进行排序。

采用直接选择排序法解决这个问题的程序如代码清单 5-6 所示。

代码清单 5-6　直接选择排序的程序

```cpp
//文件名:5-6.cpp
//直接选择排序
#include <iostream>
using namespace std;

int main()
{
    int lh, rh, k, tmp;
    int array[ ]={2, 5, 1, 9, 10, 0, 4, 8, 7, 6};

    for(lh = 0; lh < 10; ++lh)  {              //依次将正确的元素放入 array[lh]
        rh = lh;
        for(k = lh; k < 10; ++k)
                            //找出从 lh 到最后一个元素中的最小元素的下标 rh
            if(array[k] < array[rh])  rh = k;
        tmp = array[lh]; array[lh] = array[rh]; array[rh] = tmp;
                                            //将最小元素交换到 lh
    }

    for(lh = 0; lh < 10; ++lh)  cout << array[lh] << ' ';

    return 0;
}
```

5.3.2　冒泡排序法

冒泡排序是另一种常用的排序算法,它是通过调整违反次序的相邻元素的位置达到排序的目的。如果想使数组元素按非递减的次序排序,冒泡排序法的过程如下:从头到尾比较相邻的两个元素,将小的换到前面,大的换到后面。经过了从头到尾的一趟比较,就把最大的元素交换到了最后一个位置。这个过程称为**一趟起泡**。然后再从头开始到倒数第二个元素进行第二趟起泡。比较相邻元素,如违反排好序后的次序,则交换相邻两个元素。经过了第二趟起泡,又将第二大的元素放到了倒数第二个位置,……,依次类推,经过第 $n-1$ 趟起泡,将倒数第 $n-1$ 个大的元素放入位置 1。此时,最小的元素就放在了位置 0,完成排序。

总结一下,排序 n 个元素需要进行 $n-1$ 次起泡,这个过程可以用一个 1 到 $n-1$ 的一个 for 循环来控制。第 i 次起泡的结果是将第 i 大的元素交换到第 $n-i$ 号单元。第 i 次起泡就是检查下标 0 到 $n-i-1$ 的元素,如果这个元素和它后面的元素违反了排序要求,则交换这两个元素。这个过程又可以用一个 0 到 $n-i-1$ 的 for 循环来实现。所以整个冒泡排序就是一个两层嵌套的 for 循环。

一般来讲，n 个元素的冒泡排序需要 n-1 趟起泡，但如果在一趟起泡过程中没有发生任何数据交换，则说明这批数据中相邻元素都满足前面小后面大的次序，也就是这批数据已经是排好序了。这时没有必要再进行后续的起泡了，排序可以结束。如果待排序的数据放在数组 a 中，冒泡排序法的伪代码可以表示如下：

```
for(i = 1; i < n; ++i){
    for(j = 0; j < n - 1; ++j)
        if(a[j] > a[j + 1])交换 a[j]和 a[j + 1];
    if(这次起泡没有发生过数据交换) break;
}
```

例 5.7　用冒泡排序法对一个含有 11 个元素的数组进行排序。

用冒泡排序法排序 11 个整型数据的程序如代码清单 5-7 所示。为了表示在一趟起泡中有没有发生过交换，我们定义了一个 bool 类型的变量 flag。在起泡前将 flag 设为 false。在起泡过程中如果发生交换，将 flag 置为 true。当一趟起泡结束后，如果 flag 仍为 false，则说明没有发生过交换，可以结束排序。

代码清单 5-7　整型数的冒泡排序的程序

```
//文件名:5-7.cpp
//冒泡排序
#include <iostream>
using namespace std;

int main()
{   int a[ ]={0, 3, 5, 1, 8, 7, 9, 4, 2, 10, 6};
    int i, j, tmp;
    bool flag;//记录一趟起泡中有没有发生过交换

    for(i = 1; i < 11; ++i)      //控制 10 次起泡
    {   flag = false;
        for(j = 0; j < 11 - i; ++j)  //一次起泡过程
            if(a[j + 1] < a[j])
                {tmp = a[j]; a[j] = a[j + 1]; a[j + 1] = tmp; flag = true;}
        if(!flag)break;//一趟起泡中没有发生交换,排序结束
    }

    cout << endl;
    for(i = 0; i < n; ++i)   cout << a[i] << ' ';

    return 0;
}
```

5.4 二维数组

数组的元素可以是任何类型。如果数组的每一个元素又是一个数组,则称为**多维数组**。最常用的多维数组是二维数组,即每一个元素是一个一维数组的一维数组。

5.4.1 二维数组的定义

二维数组可以看成数学中的矩阵,它由行和列组成。定义一个二维数组必须说明它有几行几列。二维数组定义的一般形式如下:

  类型名　数组名[行数][列数];

类型名是二维数组中每个元素的类型,与一维数组一样,行数和列数也必须是常量。当把二维数组看成是元素为一维数组的数组时,也可以把行数看成是这个一维数组的元素个数,列数是每个元素(也是一个一维数组)中元素的个数。例如,定义

  int a[4][5];

表示定义了一个由 4 行 5 列的二维整型数组 a。也可以看成定义了一个有 4 个元素的一维数组,每个元素的类型是一个由 5 个元素组成的一维数组。

二维数组也可以在定义时赋初值。可以用以下 3 种方法对二维数组进行初始化。

(1) 对所有元素赋初值。将所有元素的初值按行序列在一对花括号中,即先是第 1 行的所有元素值,接着是第 2 行的所有元素值,以此类推。例如:

  int a[3][4] = {1, 2, 3, 4, 5, 6, 7, 8, 9, 10, 11, 12};

编译器依次把花括号中的值赋给第一行的每个元素,然后是第二行的每个元素,依次类推。初始化后的数组元素如下所示:

$$\begin{bmatrix} 1 & 2 & 3 & 4 \\ 5 & 6 & 7 & 8 \\ 9 & 10 & 11 & 12 \end{bmatrix}$$

可以通过花括号把每一行括起来使这种初始化方法表示得更加清晰:

  int a[3][4] = {{1, 2, 3, 4},{5, 6, 7, 8},{9, 10, 11, 12}};

(2) 对部分元素赋值。同一维数组一样,二维数组也可以对部分元素赋值。计算机将初始化列表中的数值按行序依次赋给每个元素,没有赋到初值的元素初值为 0。例如:

  int a[3][4] = {1, 2, 3, 4, 5};

初始化后的数组元素如下所示:

$$\begin{bmatrix} 1 & 2 & 3 & 4 \\ 5 & 0 & 0 & 0 \\ 0 & 0 & 0 & 0 \end{bmatrix}$$

(3) 对每一行的部分元素赋初值。例如:

  int a[3][4] = {{1, 2},{3, 4},{5}};

初始化后的数组元素如下所示:

$$\begin{bmatrix} 1 & 2 & 0 & 0 \\ 3 & 4 & 0 & 0 \\ 5 & 0 & 0 & 0 \end{bmatrix}$$

5.4.2 二维数组元素的引用

引用二维数组一般是引用矩阵中的每一个元素。二维数组的每个元素是用所在的行、列号指定。如果定义数组 a 为

```
int a[4][5];
```

就相当于定义了 20 个整型变量，即 a[0][0], a[0][1], …, a[0][4], …, a[3][0], a[3][1], …, a[3][4]。第一个下标表示行号，第二个下标表示列号。例如，a[2][3] 是数组 a 的第二行第三列的元素（从 0 开始编号）。同一维数组一样，下标的编号也是从 0 开始的。

对于二维数组 a，也可以引用 a[0], …, a[3]。a[i] 是一个一维数组的名字，代表整个第 i 行，它有 5 个整型的元素。

5.4.3 二维数组的应用

二维数组通常用于表示数学中的矩阵。

例 5.8 矩阵的乘法。二维数组的一个主要的用途就是表示矩阵，矩阵的乘法是矩阵的重要运算之一。矩阵 $C = A \times B$ 要求 A 的列数等于 B 的行数。若 A 是 L 行 M 列，B 是 M 行 N 列，则 C 是 L 行 N 列的矩阵。它的每个元素的值为 $c[i][j] = \sum_{k=1}^{m} a[i][k] \times b[k][j]$。试设计一程序输入两个矩阵 A 和 B，输出矩阵 C。

这个程序是二维数组的典型应用。其中，矩阵 A，B 和 C 可以用三个二维数组来表示。设计这个程序的关键是计算 c[i][j]。对于矩阵 C 的每一行计算它的每一列的元素值，这需要一个两层的嵌套循环。每个 c[i][j] 的计算是对 A 矩阵的第 i 行和 B 矩阵的第 j 列元素对应相乘后求和，这又需要一个循环。所以程序的主体是由一个三层嵌套循环构成。具体程序如代码清单 5-8 所示。

代码清单 5-8 矩阵乘法的程序

```cpp
//文件名:5-8.cpp
//矩阵乘法
#include <iostream>
using namespace std;
#define MAX_SIZE 10   //矩阵的最大规模

int main()
{
    int a[MAX_SIZE][MAX_SIZE], b[MAX_SIZE][MAX_SIZE], c[MAX_SIZE][MAX_SIZE];
    int i, j, k, NumOfRowA, NumOfColA, NumOfColB;

    //输入 A 和 B 的大小
    cout << "\n 输入 A 的行数、列数和 B 的列数:";
    cin >> NumOfRowA >> NumOfColA >> NumOfColB;

    //输入 A
    cout << "\n 输入 A:\n";
```

```
for(i = 0; i < NumOfRowA; ++i)
   for(j = 0; j < NumOfColA; ++j)  {
       cout << "a[" << i << "][" << j << "] = ";
       cin >> a[i][j];
   }

//输入 B
cout << "\n 输入 B:\n";
for(i = 0; i < NumOfColA; ++i)
   for(j = 0; j < NumOfColB; ++j)    {
       cout << "b[" << i << "][" << j << "] = ";
       cin >> b[i][j];
   }

//计算 A×B
for(i = 0; i < NumOfRowA; ++i)
   for(j = 0; j < NumOfColB; ++j){
       c[i][j] = 0;
       for(k = 0; k < NumOfColA; ++k)   c[i][j] += a[i][k] * b[k][j];
   }

//输出 C
cout << "\n 输出 C:";
for(i = 0; i < NumOfRowA; ++i){
   cout << endl;
   for(j = 0; j < NumOfColB; ++j)   cout << c[i][j] << '\t';
}

return 0;
}
```

一维数组的操作通常用一个 **for** 循环实现。而二维数组的操作通常用一个两层嵌套的 **for** 循环来实现。外层循环处理每一行，里层循环处理某行中的每一列。

例 5.9 N 阶魔阵是一个 N×N 的由 1 到 N^2 之间的自然数构成的矩阵，其中 N 为奇数。它的每一行、每一列和对角线之和均相等。例如，一个三阶魔阵如下所示，它的每一行、每一列和对角线之和均为 15：

8	1	6
3	5	7
4	9	2

编写一个程序打印任意 N 阶魔阵。

想必很多人小时候都曾绞尽脑汁填过这样的魔阵。事实上,有一个很简单的方法可以生成这个魔阵。生成 N 阶的魔阵只要将 1 到 N^2 填入矩阵,填入的位置由如下规则确定。

- 第一个元素放在第一行中间一列。
- 下一个元素存放在当前元素的上一行、下一列。
- 如上一行、下一列已经有内容,则下一个元素的存放位置为当前列的下一行。

在找上一行、下一行或下一列时,必须把这个矩阵看成是回绕的。也就是说,如果当前行是最后一行时,下一行为第 0 行;当前列为最后一列时,下一列为第 0 列;当前行为第 0 行时,上一行为最后一行。

有了上述规则,生成 N 阶魔阵的算法可以表示为下述伪代码:

```
row = 0;col = N / 2;
magic[row][col] = 1;
for(i = 2; i <= N * N; ++i){
    if(上一行、下一列有空)设置上一行、下一列为当前位置;
    else 设置当前列的下一行为当前位置;
    将 i 放入当前位置;
}
```

其中二维数组 magic 用来存储 N 阶魔阵,变量 row 表示当前行,变量 col 表示当前列。

这段伪代码中有两个问题需要解决:第一,如何表示当前单元有空;第二,如何实现找新位置时的回绕。第一个问题可以通过对数组元素设置一个特殊的初值(如 0)来实现,第二个问题可以通过取模运算来实现。如果当前行的位置不在最后一行,下一行的位置就是当前行加 1。如果当前行是最后一行,下一行的位置是 0。这正好可以用一个表达式(row+1)%N 来实现。在找上一行时也可以用同样的方法处理。如果当前行不是第 0 行,上一行为当前行减 1。如果当前行为第 0 行,上一行为第 N−1 行。这个功能可以用表达式(row−1+N)%N 实现。由此可得到代码清单 5-9 所示的程序。

代码清单 5-9　打印 N 阶魔阵的程序

```cpp
//文件名:5-9.cpp
//打印 N 阶魔阵
#include <iostream>
using namespace std;

#define MAX 15//最高为打印 15 阶魔阵

int main()
{
    int magic[MAX][MAX] = {0};//将 magic 每个元素设为 0
    int row, col, count, scale;

    //输入阶数 scale
```

```
cout << "input scale\n";
cin >> scale;

//生成魔阵
row = 0; col = (scale - 1) / 2; magic[row][col] = 1;
for(count = 2; count <= scale * scale; count++){
    if(magic[(row - 1 + scale) % scale][(col + 1) % scale] == 0){
        row = (row - 1 + scale) % scale;
        col = (col + 1) % scale;
    }
    else  row = (row + 1) % scale;
    magic[row][col] = count;
}

//输出
for(row = 0; row < scale; row++){
    for(col = 0; col < scale; col++)
        cout << magic[row][col] << '\t';
    cout << endl;
}

return 0;
}
```

例5.10　编写一程序，求解三元一次方程组

$$\begin{cases} a_{11}x + a_{12}y + a_{13}z = b_1 \\ a_{21}x + a_{22}y + a_{23}z = b_2 \\ a_{31}x + a_{32}y + a_{33}z = b_3 \end{cases}$$

　　求解三元一次方程组对每位同学而言都不能算是困难的事，每个同学都可以讲出一系列的方法，什么代入法、消元法等。但要教会计算机解三元一次方程，这些方法都不太理想。因为计算机很笨，而这些方法又太灵活。与解一元二次方程类似，我们希望有一个过程很确定的解决方法，这个过程就是借助于行列式。

　　借助于行列式求解三元一次方程组需要计算 4 个行列式的值。detA 是所有系数组成的行列式的值，detX 是将常数项替代 detA 中 x 系数后的行列式的值，detY 是将常数项替代 detA 中 y 系数后的行列式的值，detZ 是将常数项替代 detA 中 z 系数后的行列式的值，则 x = detX/detA, y = detY/detA, z = detZ/detA。根据这个思想实现的程序如代码清单 5 - 10 所示。

代码清单 5 - 10　求解三元一次方程组的程序

```
//文件名:5-10.cpp
```

```
//求解三元一次方程组的程序
#include <iostream>
using namespace std;

int main()
{
 double a[3][3], b[3], result[3], detA, detB, tmp[3];//a 系数矩阵,b 常
数项,result 存放根
 int i,j;

 for(i = 0; i < 3; ++i){
   cout << "请输入第" << i + 1 << "个方程的 3 个系数和常数项:";
   cin >> a[i][0] >> a[i][1] >> a[i][2] >> b[i];
 }

 detA = a[0][0] * a[1][1] * a[2][2] + a[0][1] * a[1][2] * a[2][0] + a[0][2]
       * a[1][0] * a[2][1] - a[0][2] * a[1][1] * a[2][0] - a[0][1] * a[1]
       [0] * a[2][2] - a[0][0] * a[1][2] * a[2][1];

 for(i = 0; i < 3; ++i){      //求解 3 个根
   for(j = 0; j < 3; ++j){   //用 b 替换 a 矩阵的第 i 列
     tmp[j] = a[j][i];
     a[j][i] = b[j];
   }
   detB = a[0][0] * a[1][1] * a[2][2] + a[0][1] * a[1][2] * a[2][0] + a[0]
         [2] * a[1][0] * a[2][1] - a[0][2] * a[1][1] * a[2][0] - a[0][1] *
         a[1][0] * a[2][2] - a[0][0] * a[1][2] * a[2][1];
   for(j = 0; j < 3; ++j) a[j][i] = tmp[j];   //还原 a 矩阵
   result[i] = detB / detA;                   //计算第 i 个根
 }

 cout << "x=" << result[0] << ",y=" << result[1] << ",z=" << result
[2] << endl;

 return 0;
}
```

代码清单 5 - 10 的程序没有判别是否存在根,读者可自己修改程序使之能够判别。另外,代码中计算三阶行列式的值直接用了一个长长的算术表达式,读者也可以思考如何用循环来代替这个长长的算术表达式。更进一步,读者可以考虑一下如何编写更高阶的方程组求解的程序。

5.5 字符串

除了科学计算以外,计算机最主要的用途就是文字处理。在第 2 章中,我们已经看到了如何保存、表示和处理一个字符,但更多的时候是需要把一系列字符当作一个处理单元。例如,一个单词或一个句子。由一系列字符组成的一个处理单元称为**字符串**。字符串常量是用一对双引号括起来、由 '\0' 作为结束符的一组字符,如在代码清单 2-1 中看到的"x1="就是一个字符串常量。但 C++语言并没有字符串这样一个内置类型。本节将讨论如何保存一个字符串变量,对字符串有哪些基本的操作,这些操作又是如何实现的。

5.5.1 字符串的存储及初始化

字符串的本质是一系列的有序字符,这正好符合数组的两个特性。即所有元素的类型都是字符型,字符串中的字符有先后的次序,因此通常用一个字符数组来保存字符串。如要将字符串"Hello,world"保存在一个数组中,这个数组的长度至少为 12 个字符。我们可以用下列语句将"Hello,world"保存在字符数组 ch 中:

```
char ch[ ] = {'H','e','l','l','o',',','w','o','r','l','d','\0'};
```
系统分配一个 12 个字符的数组,将这些字符存放进去。在定义数组时也可以指定长度,但此时要记住数组的长度是字符个数加 1,因为最后有一个'\0'。

对字符串赋初值,C++还提供了另外两种简单的方式:

```
char ch[ ] = {"Hello, world"};
```
或
```
char ch[ ] = "Hello, world";
```
这两种方法是等价。系统都会自动分配一个 12 个字符的数组,把这些字符依次放进去,最后插入'\0'。

不包含任何字符的字符串称为**空字符串**。空字符串并不是不占空间,而是占用了 1 个字节的空间,这个字节中存储了一个'\0'。

注意,在 C++中,'a'和"a"是不一样的。事实上,这两者有着本质的区别。前者是一个字符常量,在内存占 1 个字节,里面存放着字符 a 的内码值,而后者是一个字符串,用一个字符数组存储,它占 2 个字节的空间;第一个字节存放了字母 a 的内码值,而第二个字节存放了'\0'。

5.5.2 字符串的输入/输出

字符串的输入/输出有下面 3 种方法:

- 逐个字符的输入/输出,这种做法和普通的数组操作一样。
- 将整个字符串一次性地用对象 cin 和 cout 的>>和<<操作完成输入或输出。
- 通过 cin 的成员函数 getline 输入。

如果定义了一个字符数组 ch,要输入一个字符串放在 ch 中可直接用

```
cin >> ch;
```
这将导致键盘输入的字符依次存放在 ch 数组中,直到读入一个空白字符为止。要输出 ch 的内容可直接用

```
cout << ch;
```
这时 ch 数组中的字符依次被显示在显示器上,直到遇到'\0'。

与其他类型一样,在用>>输入时是以空格、回车或 Tab 键作为结束符的。在用>>输入时,

要注意输入的字符串的长度不能超过数组的长度。>>操作不检查数组的长度,如果输入的字符串超过数组长度,就会占用不属于该数组的空间,这种现象称为**内存溢出**,内存溢出会导致一些无法预知的错误。因此,在用>>输入字符串时,最好在输出的提示信息中告知允许的最长字符串长度。

由于>>输入时是以空格、回车和 Tab 键作为结束符,因此当一个字符串中真正包含一个空格时将无法输入,此时可用 cin 的成员函数 getline 实现。getline 函数的格式为:

```
cin.getline(字符数组,数组长度,结束标记);
```

它从键盘接受一个包含任意字符的字符串,直到遇到了指定的结束标记或到达了数组长度减 1(因为字符串的最后一个字符必须是'\0',必须为'\0'预留空间)。结束标记也可以不指定,此时默认回车为结束标记。例如,ch1 和 ch2 都是长度为 80 的字符数组,执行语句

```
cin.getline(ch1, 80, '.');
cin.getline(ch2, 80);
```

如果对应的输入为 aaa bbb ccc. ddd eee fff ggg↙,则 ch1 的值为 aaa bbb ccc,ch2 的值为 ddd eee fff ggg。

5.5.3 字符串处理函数

字符串的操作主要有复制、拼接、比较等。因为字符串不是系统的内置类型,所以不能用系统内置的运算符来操作。例如,把字符串 s1 赋给 s2 不能直接用 s2 = s1,比较两个字符串的大小也不能直接用 s1>s2。因为 s1 和 s2 都是数组,数组名不能被赋值或比较,数组操作都是通过操作它的元素实现的,字符串也不例外。字符串赋值必须由一个循环来完成对应元素之间的赋值。字符串的比较也是通过比较两个字符数组的对应元素实现的。由于字符串的赋值、比较等操作在程序中经常会用到,为方便编程,C++的函数库中提供了一些用来处理字符串的函数。在编程时,可以直接用这些函数完成相应的字符串操作。这些函数在库 cstring 中。要使用这些函数,必须包含头文件 cstring。

cstring 包含的主要函数如表 5-2 所示。

表 5-2　主要的字符串处理函数

函　数	作　用
strcpy(dst, src)	将字符串从 src 复制到 dst。函数的返回值是 dst 的地址
strncpy(dst, src, n)	至多从 src 复制 n 个字符到 dst。函数的返回值是 dst 的地址
strcat(dst, src)	将 src 拼接到 dst 后。函数的返回值是 dst 的地址
strncat(dst, src, n)	从 src 至多取 n 个字符拼接到 dst 后。函数的返回值是 dst 的地址
strlen(s)	返回字符串 s 的长度,即字符串中的字符个数
strcmp(s1, s2)	比较 s1 和 s2。如果 s1>s2,返回值为正数;s1=s1,返回值为 0;s1<s2,返回值为负数
strncmp(s1, s2, n)	与 strcmp 类似,但至多比较 n 个字符
strchr(s, ch)	返回一个指向 s 中第一次出现 ch 的地址
strrchr(s, ch)	返回一个指向 s 中最后一次出现 ch 的地址
strstr(s1, s2)	返回一个指向 s1 中第一次出现 s2 的地址

使用 strcpy 和 strcat 函数时应注意 dst 必须是一个字符数组,不可以是字符串常量,而且该字符数组必须足够大,能容纳被复制或被拼接后的字符串。如果 dst 不够大,在复制或拼接过程中会出现 dst 数组的下标越界,即**内存溢出**,程序会出现不可预知的错误。

　　C++中字符串的比较规则与其他语言中的规则相同,即对两个字符串从左到右逐个字符进行比较(按字符内码值的大小),直到出现不同的字符或遇到'\0'为止。若全部字符都相同,则认为两个字符串相等;若出现不同的字符,则以该字符的比较结果作为字符串的比较结果。若一个字符串遇到了'\0'另一个字符串还没有结束,则认为没有结束的字符串大。例如,"abc"小于"bcd","aa"小于"aaa","xyz"等于"xyz"。

5.5.4　字符串的应用

　　例 5.11　输入一行文字,统计有多少个单词。单词和单词之间用空格分开。

　　首先考虑如何保存输入的一行文字。一行文字是一个字符串,可以用一个字符数组来保存。由于输入的行长度是可变的,于是我们规定了一个最大的长度 MAX,作为数组的配置长度。统计单词的问题可以这样考虑:单词的数目可以由空格的数目得到(连续若干个空格作为一个空格,一行开头的空格不统计在内)。我们可以设置一个计数器 num 表示单词个数,开始时 num=0。从头到尾扫描字符串。当发现当前字符为非空格,而当前字符前一个字符是空格,则表示找到了一个新的单词,num 加 1。当整个字符串扫描结束后,num 的值就是单词数。按照这个思路实现的程序如代码清单 5‑11 所示。

代码清单 5‑11　统计单词数的程序

```cpp
//文件名:5-11.cpp
//统计一段文字中的单词个数
#include <iostream>
using namespace std;

int main()
{
    const int LEN = 80;
    char sentence[LEN+1], prev = ' ';    //prev 表示当前字符的前一字符
    int i, num = 0;

    cin.getline(sentence, LEN+1);

    for(i = 0; sentence[i] != '\0'; ++i){
        if(prev == ' ' && sentence[i] !=' ')++num;
        prev = sentence[i];
    }

    cout << "单词个数为:" << num << endl;

    return 0;
}
```

　　这个程序有两个需要注意的地方。第一个是句子的输入,必须用 getline 而不能用>>操

作。第二个地方是 for 循环的终止条件。尽管数组 sentence 的配置长度是 LEN+1,但 for 循环的次数并不是 LEN+1,而是输入字符串的实际长度。

例 5.12 统计一组输入整数的和。输入时,整数之间用空格分开。这组整数可以是以八进制、十进制或十六进制表示。八进制以 0 开头,如 075。十六进制以 0x 开头,如 0x1F9。其他均为十进制。输入以回车作为结束符。例如,输入为"123 045 0x2F 30",输出为237。

设计这个程序首先要解决输入问题。至今为止,输入整数都是用>>操作实现,输入的整数都是十进制表示。C++也支持八进制和十六进制的输入,可以在>>操作中指定输入整数的基数,我们将在第 13 章介绍。但本例的问题在于编程时我们并不知道某个数用户准备是以什么基数输入,等到接收完输入才知道基数。为此,只能在输入后由程序来判别。我们可以将这组数据以字符串的形式输入,由程序区分出一个个整数,并将它们转换成真正的整数加入到总和。按照这个思想实现的程序如代码清单 5-12 所示。假设最长的输入是 80 个字符。

代码清单 5-12 计算输入数据之和

```cpp
//文件名:5-12.cpp
//计算输入数据之和
#include <iostream>
using namespace std;

int main()
{
  char str[81];
  int sum = 0, data, i = 0, flag;   //flag 记录当前正在处理的整数的基数

  cin.getline(str,81);
  while(str[i] == ' ')++i;        //跳过前置的空格

  while(str[i] != '\0'){
    if(str[i] != '0')flag = 10;    //区分基数
    else{
      if(str[i+1] == 'x' || str[i+1] == 'X'){
        flag = 16;
        i += 2;
      }
      else{flag = 8;++i;}
    }

    //将字符串表示的整数转换成整型数
    data = 0;
    switch(flag){
```

```
case 10: while(str[i] != ' '&& str[i] != '\0')
            data = data * 10 + str[i++] - '0';
         break;
 case 8: while(str[i] != ' ' && str[i] != '\0')
            data = data * 8 + str[i++] - '0';
         break;
case 16: while(str[i] != ' ' && str[i] != '\0'){
            data = data * 16;
            if(str[i] >= 'A' && str[i] <= 'F')data += str[i++] -
'A' + 10;
            else if(str[i] >= 'a' && str[i] <= 'f')data += str[i+
+] - 'a' + 10;
             else data += str[i++] - '0';
         }
    }
    sum += data;
    while(str[i] == ' ')++i;              //跳过空格
 }

 cout << sum << endl;

 return 0;
}
```

整个程序的主体是一个 while 循环，每个循环周期处理一个数据。首先区分数据是八进制，十进制还是十六进制，将该信息记录在变量 flag 中。然后根据 flag 进行不同的转换，转换后的整数存放在变量 data 中。将 data 加入 sum。然后跳过空格，直到下一个数开始。

5.6 程序规范及常见错误

C++数组的下标是从 0 开始，n 个元素的数组的合法下标范围是 0 到 n−1。初学者常犯的错误之一是处理数组时让下标从 1 开始变化到 n。这个错误很难察觉，因为 C++编译器不检查下标范围的合法性。但会导致运行时出现不可预计的问题。

虽然数组名是一个变量，但和普通的整型或实型变量不同，它不是左值，不能放在赋值运算符的左边。不能直接对一个数组赋值，也不能将一个数组赋值给另一个数组。数组的赋值要用一个循环，在对应的下标变量之间互相赋值。一维数组用一个 for 循环，每个循环周期处理一个数组元素。二维数组用一个两层嵌套的 for 循环，外层循环处理行，里层循环处理某行的每一列。

字符串是用数组存储。注意数组的长度必须比字符串中的字符个数多 1。

数组也不能直接用 cin 和 cout 对象输入输出。数组的输入输出是通过输入输出它的每一个元素实现的。但有一个例外，就是当用一个字符数组存储一个字符串时，这个字符数组能直接输入输出。用>>输入一个字符串时必须注意内存溢出的问题。

5.7　小结

本章介绍了数组的概念及应用。数组通常用来存储具有同一数据类型并且按顺序排列的一系列数据。数组中的每一个值称作元素,通常用下标值表示它在数组中的位置。在 C++ 语言中,所有数组的下标都是从 0 开始的。数组中的元素用数组名后加用方括号括起来的下标来引用。数组的下标可以是任意的计算结果能自动转换成整型数的表达式,包括整型、字符型或者枚举型。

当定义一个数组时,必须定义数组的大小,而且它必须是常量。如果在编写程序时无法确定处理的数据量,可按照最大的元素个数定义数组。最大的元素个数称为数组的配置长度。

数组元素本身又是数组的数组称为多维数组。多维数组中的元素用多个下标表示。第一个下标值表示在最外层的数组中选择一个元素,而第二个下标值表示在相应的数组中再选择元素,依次类推。最常用的多维数组是二维数组,即每个元素是一个一维数组的一维数组。二维数组可以看成是一个二维表,引用二维数组的元素需要指定两个下标;第一个下标是行号,第二个下标是列号。

字符串可以看成是一组有序的字符。当程序中要存储一个字符串变量时,可以定义一个字符数组。每个字符串必须以 '\0' 结束,因此,字符数组的元素个数要比字符串中的字符数多一个。

5.8　习题

简答题

1. 数组的两个特有性质是什么?

2. 写出以下的数组变量的定义。

(1) 一个含有 100 个浮点型数据的名为 realArray 的数组。

(2) 一个含有 16 个布尔型数据的名为 inUse 的数组。

(3) 一个含有 1 000 个字符串、每个字符串的最大长度为 20 的名为 lines 的数组。

3. 用 for 循环实现下述整型数组的初始化操作。

squares

0	1	4	9	16	25	36	49	64	81	100
0	1	2	3	4	5	6	7	8	9	10

4. 用 for 循环实现下述字符型数组的初始化操作。

array

a	b	c	d	e	f	⋯	w	x	y	z
0	1	2	3	4	5	⋯	22	23	24	25

5. 什么是数组的配置长度和有效长度?

6. 什么是多维数组?

7. 要使整型数组 a[10] 的第一个元素值为 1,第二个元素值为 2,……,最后一个元素值为 10,某人写了下面语句,请指出错误。

```
for(i = 1; i <= 10; ++i) a[i] = i;
```

8. 有定义 char s[10];执行下列语句会有什么问题?

```
strcpy(s, "hello world");
```

9. 定义一个整型二维数组并赋如下初值:

$$\begin{bmatrix} 1 & 0 & 0 & 0 \\ 0 & 2 & 0 & 0 \\ 0 & 0 & 3 & 0 \\ 0 & 0 & 0 & 4 \end{bmatrix}$$

10. 定义了一个 26×26 的字符数组,写出为它赋如下值的语句

a	b	c	d	e	f	⋯	x	y	z
b	c	d	e	f	g	⋯	y	z	a
⋯		⋯			⋯		⋯		
y	z	a	b	c	d	⋯	v	w	x
z	a	b	c	d	e	⋯	w	x	y

程序设计题

1. 编写一个程序,计算两个十维向量的和。

2. 编写一个程序,计算两个十维向量的矢量积。

3. 编写一个程序,输入一个字符串,输出其中每个字符在字母表中的序号。对于不是英文字母的字符,输出 0。例如,输入为"acbf8g",输出为 1 3 2 6 0 7。

4. 编写一个程序,将输入的一个字符串转换成数字,并输出该数字乘 2 后的结果。如输入的是"123",则输出为 246。

5. 编写一个程序,统计输入字符串中元音字母、辅音字母及其他字符的个数。例如,输入为"as2df,e-=rt",则输出为

元音字母 2

辅音字母 5

其他字符 4

6. 编写一个程序,计算两个 5×5 矩阵相加。

7. 编写一个程序,计算一个 5 阶行列式的值。

8. 编写一个程序,输入一个字符串,从字符串中提取有效的数字,输出他们的总和。如输入为"123.4ab56 33.2",输出为 212.6,即 123.4+56+33.2 的结果。

9. 编写一个程序,从键盘上输入一篇英文文章。文章的实际长度随输入变化,最长有 10 行,每行 80 个字符。要求分别统计出其中的英文字母、数字、空格和其他字符的个数(提示:用一个二维字符数组存储文章)。

10. 在公元前 3 世纪,古希腊天文学家埃拉托色尼发现了一种找出不大于 n 的所有自然数中的素数的算法,即埃拉托色尼筛选法。这种算法首先需要按顺序写出 2~n 中所有的数。以 n=20 为例:

2　　3　　4　　5　　6　　7　　8　　9　　10　　11　　12　　13　　14　　15　　16　　17　　18　　19　　20

把第一个元素画圈,表示它是素数,然后依次对后续元素进行如下操作:如果后面的元素是画圈元素的倍数,就画×,表示该数不是素数。在执行完第一步后,会得到素数 2,而所有是 2 的倍数的数将全被画掉,因为它们肯定不是素数。接下来,只需要重复上述操作,把第一个既没有被圈又没有画×的元素圈起来,然后把后续的是它的倍数的数全部画×。本例中这次操作将得到素数 3,而所有是 3 的倍数的数都被去掉。依次类推,最后数组中所有的元素不是画圈就是画×。所有被圈起来的元素均是素数,而所有画×的元素均是合数。编写一个程序实现埃拉托色尼筛选法,筛选范围是 2～1000。

11. 设计一个井字游戏,两个玩家,一个打圈(○),一个打叉(×),轮流在 3 乘 3 的格上打自己的符号,最先以横、直、斜连成一线则为胜。如果双方都下得正确无误,将得和局。

12. 国际标准书号 ISBN 是用来唯一标识一本合法出版的图书。它由十位数字组成。这十位数字分成 4 个部分。例如,0 - 07 - 881809 - 5。其中,第一部分是国家编号,第二部分是出版商编号,第三部分是图书编号,第四部分是校验数字。一个合法的 ISBN 号,10 位数字的加权和正好能被 11 整除,每位数字的权值是它对应的位数。对于 0 - 07 - 881809 - 5,校验结果为 $(0 \times 10 + 0 \times 9 + 7 \times 8 + 8 \times 7 + 8 \times 6 + 1 \times 5 + 8 \times 4 + 0 \times 3 + 9 \times 2 + 5 \times 1) \% 11 = 0$。所以这个 ISBN 号是合法的。为了扩大 ISBN 系统的容量,人们又将十位的 ISBN 号扩展成 13 位数。13 位的 ISBN 分为 5 部分,即在 10 位数前加上 3 位 ENA(欧洲商品编号)图书产品代码 "978"。例如,978 - 7 - 115 - 18309 - 5。13 位的校验方法也是计算加权和,检验校验和是否能被 10 整除。但所加的权不是位数而是根据一个系数表:1313131313131。对于 978 - 7 - 115 - 18309 - 5,校验的结果是:$(9 \times 1 + 7 \times 3 + 8 \times 1 + 7 \times 3 + 1 \times 1 + 1 \times 3 + 5 \times 1 + 1 \times 3 + 8 \times 1 + 3 \times 3 + 0 \times 1 + 9 \times 3 + 5 \times 1) \% 10 = 0$。编写一个程序,检验输入的 ISBN 号是否合法。输入的 ISBN 号可以是 10 位,也可以是 13 位。

6 过程封装——函数

函数就是将一组完成某一特定功能的语句封装起来,作为一个程序的"零件",为它取一个名字,称为**函数名**。当程序需要完成这个功能时,不需要重复这段语句,只要写它的函数名即可。

函数是程序设计语言中最重要的部分,是编写大程序的主要手段。如果要解决的问题很复杂,在编程时要考虑到所有的细节问题是不可能的。在程序设计中,通常采用一种称为**自顶向下分解**的方法,将一个大问题分解成若干个小问题,把解决小问题的程序先写好,每个解决小问题的程序就是一个函数。在解决大问题时,不用再考虑每个小问题如何解决,直接调用解决小问题的函数就可以了。这样可以使解决整个问题的程序的主流程变得更短、更简单,逻辑更清晰。解决整个问题的程序就是 main 函数,它是程序执行的入口。main 函数调用其他解决小问题的函数共同完成某个任务。

函数的另一个用途是某个功能在程序中的多个地方被执行,如果没有函数,完成这个功能的语句段就要在程序中反复出现。而有了函数,我们可以把实现这个功能的语句段封装成一个函数,程序中每次要执行这一功能时就可以**调用**这个函数。这样,不管这个功能要执行多少次,实现这个功能的语句只出现一次。

我们可以将 C++ 中的函数想象成数学中的函数。只要给它一组自变量,它就会计算出函数值。自变量称为函数的**参数**,是调用函数的程序给函数的输入。函数值称为**返回值**,是函数输出给调用程序的值。如果改变输入的参数,函数就能返回不同的值。函数表达式对应于一段语句,它反映了如何从参数得到返回值的过程。例如,求 sin x 的值就可以写成一个函数,它的参数是一个角度,它的返回值是该角度对应的正弦值。若参数为 90°,返回值就是 1.0。一旦有了这个函数,当程序需要计算 sin x 的值时,只要调用该函数而无须知道该函数是如何实现的。

为了方便程序员编写程序,C++ 提供了许多实现常用功能的标准函数,根据它们的用途分别放在不同的库中,如 iostream 库包含的是与输入/输出有关的函数,cmath 库包含的是与数学计算有关的函数。除了这些标准函数以外,程序员还可以自己设计函数。在本章中,将会介绍如何自己编写一个函数以及如何使用自己或其他程序员编写的函数。

6.1 函数的定义

6.1.1 函数的基本结构

编写一个实现某个功能的函数称为**函数定义**。一旦定义了一个函数,在程序中就可以反复调用这个函数。函数定义要说明两个问题:函数的输入/输出是什么以及该函数如何实现预定的功能。第一个问题由函数头解决,第二个问题由函数体解决。

函数定义的一般形式如下：

类型名　函数名(形式参数表)

{

变量定义部分

语句部分

}

其中第一行是函数头，后四行是函数体。在函数头中，类型名指出函数的返回值的类型。函数也可以没有返回值，这种函数通常称为**过程**。此时，返回类型用 void 表示。函数名是函数的唯一标识。函数名的命名规则与变量名相同。变量代表一个处理对象，所以变量名通常用一个能表示处理对象特性的名词或名词短语表示。函数是完成某个任务，所以函数名通常是一个表示函数功能的动词短语。如果函数名是由多个单词组成的，一般每个单词的首字母要大写。例如，将大写字母转成小写字母的函数可以命名为 ConvertUpperToLower。形式参数表指出函数有几个形式参数以及每个形式参数的类型。每个形式参数声明的格式与变量定义类似，由类型名和形式参数名组成，形式参数声明之间用逗号分开。形式参数名的命名规则与变量相同。

函数体与 main 函数的函数体一样，由变量定义和语句两个部分组成。变量定义部分定义了语句部分需要用到的变量，语句部分由完成该功能的一组语句组成。

6.1.2　return 语句

当函数的返回类型不是 void 时，函数必须有一个执行结果，称为返回值。返回值必须传回到调用该函数的函数中。函数值的返回可以用 return 语句实现。return 语句的格式如下：

return 表达式；

或

return(表达式);

遇到 return 语句表示函数执行结束，将表达式的值作为返回值。如果函数没有返回值，则 return 语句可以省略表达式，仅表示函数执行结束。

return 语句后的表达式的结果类型应与函数的返回值的类型一致，或能通过自动类型转换转成返回值的类型。

6.1.3　函数示例

例6.1　无参数、无返回值的函数示例：编写一个函数打印下面的由 5 行组成的三角形。

```
        *
       ***
      *****
     *******
    *********
```

这个函数不需要任何输入，也没有任何计算结果要告诉调用程序，因此不需要参数也不需要返回值。每次函数调用的结果是在屏幕上显示上述一个三角形。函数的实现如代码清单 6-1 所示。

代码清单6-1　打印5行组成的三角形的函数

```
void PrintStar()
{
    cout << "        *\n";
    cout << "       ***\n";
    cout << "     *****\n";
    cout << "   *******\n";
    cout << "*********\n";
}
```

例6.2　有参数、无返回值的函数示例：编写一个函数打印一个由 n 行组成的类似于例6.1的三角形。

当程序需要打印一个由 n 行组成的三角形时，可以调用此函数，并告诉它 n 是多少。当 n 等于5时，打印出例6.1的三角形。因此函数需要一个整型参数来表示行数 n，但不需要返回值。

在代码清单6-1中，函数体非常简单，直接用5个 cout 输出5行。在本例中，由于在编写函数时行数 n 并不确定，无法直接用 n 个 cout。那么如何打印出 n 行？可以用一个重复 n 次的循环来实现，在每个循环周期中，打印出一行。那么，如何打印出一行呢？再观察一下每一行的组成。在三角形中，每一行都由两部分组成：前面的连续空格和后面的连续*号。每一行*的个数与行号有关：第一行有1个*，第二行有3个*，第三行有5个*，依次类推，第 i 行有 $2 \times i - 1$ 个*。每一行的前置空格数也与行号有关。第 n 行没有空格，第 $n-1$ 行有1个空格，……，第一行有 $n-1$ 个空格。因此第 i 行有 $n-i$ 个空格。打印第 i 行就是先打印 $n-i$ 个空格，再打印 $2 \times i - 1$ 个*。如何打印 $n-i$ 个空格？没有这样的语句！我们再一次想到循环，打印 $n-i$ 个空格可以用一个重复 $n-i$ 次的循环，每个循环周期打印一个空格。同理，打印 $2 \times i - 1$ 个*也可以用一个重复 $2 \times i - 1$ 次的循环，每个循环周期打印一个*。根据上述思路可以得到打印由 n 行组成的三角形的函数如代码清单6-2所示。

代码清单6-2　打印n行组成的三角形的函数

```
void PrintStar(int numOfLine)
{
    int i, j;
    for(i = 1; i <= numOfLine; ++i){      //输出n行
        cout << endl;
        for(j = 1; j <= numOfLine - i; ++j)     //输出前置的n-i个空格
            cout << ' ';
        for(j = 1; j <= 2 * i - 1; ++j)          //输出2i-1个*
            cout << "*";
    }
    cout << endl;
}
```

例 6.3 有参数、有返回值的函数示例:计算 n!。

这个函数需要一个整型参数 n,函数根据不同的 n 计算并返回 n! 的值,因此它需要一个整型或长整型的返回值。具体的实现如代码清单 6-3 所示。

代码清单 6-3 计算 n! 的函数

```cpp
int p(int n)
{
    int s = 1, i;

    if(n < 0)  return 0;
    for(i = 1; i <= n; ++i)  s *= i;

    return s;
}
```

例 6.4 无参数、有返回值的函数示例:从终端获取一个 1~10 之间的整型数。

这个函数从终端获取数据,因此不需要传给参数。函数的执行结果是从终端获取的一个 1~10 之间的整数,所以函数有一个整型的返回值。

函数体由一个循环组成。循环体由两个语句组成:从终端输入一个整型数;如果输入的整型数不在 1~10 之间,继续循环,否则返回输入的值。函数的实现如代码清单 6-4 所示。

代码清单 6-4 从终端获取一个 1~10 之间的整型数

```cpp
int getInput()
{
    int num;

    while(true){
        cin >> num;
        if(num >= 1 && num <= 10) return num;
    }
}
```

例 6.5 返回布尔值的函数:判断素数的函数。

这个函数有一个整型的参数,函数判断这个参数是否是素数。如果是素数,返回 true,反之返回 false。所以函数的返回值是一个 bool 类型的值。这类函数也被称为**谓词函数**。谓词函数的函数名一般都以 is 开头。例如,判断是否为素数的函数名为 isPrime,判断一个数是否为奇数的函数名可以是 isOdd。

判别一个整数 n 是否为素数有很多方法,在第 4 章中介绍了两种方法,第 5 章中也介绍了一种方法。本题对第 4 章中的第二种方法做了进一步改进。该方法检查了 3 到 n-2 之间的奇数,如发现能整除 n,则可得出 n 不是素数的结论。事实上,不用检查到 n-2,只需检查到 $\sqrt{n}$

即可。因为如果 n 有因子 d1，则必存在 d2 满足 d1*d2＝n。所以 n 必有一个小于$\sqrt{n}$的因子。按照这个思想实现的函数如代码清单 6-5 所示。

代码清单 6-5　判断整数 n 是否为素数的函数

```
bool isPrime(int n)
{
    int limit = sqrt(n) + 1, i;

    if(n == 2)return true;
    if(n % 2 == 0)return false;
    for(i = 3; i < limit; ++i)
        if(n % i == 0)return false;

    return true;
}
```

注意在代码清单 6-5 的 for 循环中，表达式 2 是 i < limit。想一想为什么不直接用 i < sqrt(n) + 1？

例 6.6　多形式参数的函数实例：计算 x^n 的函数。

这个函数需要 2 个参数：x 和 n。当函数有多个参数时，每个形式参数声明之间用逗号分开。计算 x^n 只需要将 x 自乘 n 次，这可以用一个重复 n 次的 for 循环实现。该函数定义如代码清单 6-6 所示。

代码清单 6-6　计算 x^n 的函数

```
double power(double base,int exp)
{
  double result = 1;

  for(int i = 0; i < exp; ++i)
    result *= base;

  return result;
}
```

6.2　函数的使用

6.2.1　函数调用

一旦定义了某个函数，就可以在程序中调用此函数，即执行该函数。函数调用形式如下：
函数名 (实际参数表)

其中,实际参数表示本次函数执行的输入。实际参数和形式参数是一一对应的,它们的个数、排列次序要完全相同,类型要兼容。即实际参数能通过自动类型转换变成形式参数的类型。实际参数之间用逗号分开。第一个实际参数值赋给第一个形式参数,第二个实际参数值赋给第二个形式参数,以此类推。实际参数和形式参数的对应过程称为**参数的传递**。在C++中参数的传递方式有两种:值传递和引用传递。本节先介绍值传递机制。引用传递将在介绍指针类型和引用类型(见第7章)时再介绍。

在值传递中,实际参数可以是常量、变量、表达式,甚至是另一个函数调用。在函数调用时,先执行这些实际参数值的计算,然后进行参数传递。在值传递时,相当于有一个变量定义过程,定义形式参数并对形式参数进行初始化,用实际参数作为初值。定义完成后,形式参数和实际参数就没有任何关系了。在函数中形式参数的任何变化对实际参数都没有影响。

在C++的函数调用中,如果有多个实际参数要传给函数,而每个实际参数都是表达式。那么,在参数传递前首先要计算出这些表达式的值,然后再进行参数传递。但是,C++并没有规定这些实际参数表达式的计算次序。实际的计算次序由具体的编译器决定。因此当实际参数表达式有副作用时,要特别谨慎。例如,f(++x, x),当 x=1 时,如果实际参数表的计算次序是从左到右,则传给 f 的两个参数都是 2;如果实际参数表的计算次序是从右到左,则传给 f 的第一个参数为 2,第二个参数为 1。因此,应避免写出与实际参数计算次序有关的调用。对于上面的问题,可以采用如下的显式方式来解决:

```
++x;f(x,x)
```

或

```
y = x;++x;f(x,y);
```

函数调用可以出现在以下 3 种情况中。

● 作为语句。直接在函数调用后加一个分号,形成一个表达式语句。这通常用于无返回值的函数,即过程,如 PrintStar();。

● 作为表达式的一部分。例如,要计算 5!+4!+7!,并将结果存于变量 x。因为已定义了一个计算阶乘的函数 p,此时可直接用 x=p(5)+p(4)+p(7)。

● 作为函数的参数,如 PrintStar(p(5))。

6.2.2 函数原型的声明

编写一个函数后,程序的其他部分就能通过调用这个函数完成相应的功能。但编译器如何知道函数的调用形式是否正确呢? 例如,实际参数与形式参数的个数是否相同,类型是否一致。除非编译器在处理函数调用语句前已遇到过该函数的定义,这时编译器就知道了函数需要几个实际参数,它们分别是什么类型,编译器可以根据这些信息检查函数调用形式是否正确。要做到这一点,需要在写程序时严格安排函数定义的次序。被调用的函数定义在调用它的函数的前面。当程序由很多函数组成时,这个次序安排是很困难的,甚至是不可能的。更何况,大型程序可能由很多程序员共同完成,每个程序员有自己的源文件,被调用的函数可能不在同一个源文件中。

C++用函数声明来解决函数调用的正确性检查问题。在C++中,所有的函数在使用前必须被声明。函数声明是告诉编译器对函数的正确使用方法,以便编译器检查程序中的函数调用是否正确。在C++中,函数的声明说明以下几项内容:

● 函数的名字。

● 参数的个数和类型,大多数情况下还包括参数的名字。

- 函数返回值的类型。

上述内容在 C++中称为**函数原型**,这些信息正好是函数头的内容,因此,C++中函数原型的声明具有下列格式:

返回类型　函数名(形式参数表);

返回类型指出了函数结果的类型,函数名指出函数的名字,形式参数表指出传给这个函数的参数个数和类型,也可以加上参数的名字。每个形式参数之间用逗号分开。例如:

```
char func(int,float,double);
```

说明函数 func 有 3 个参数,第一个参数的类型是 int,第二个参数的类型是 float,第三个参数的类型是 double,返回值的类型为 char。同理,在 cmath 库中的 sqrt 函数的原型为

```
double sqrt(double);
```

这个函数原型说明函数 sqrt 有一个 double 类型参数,返回一个 double 类型的值。

一旦声明了函数原型,编译器就可以检查函数调用的正确性。例如,声明了

```
double sqrt(double);
```

当程序调用此函数时,传给它一个 double 型的数,编译器认为正确;如果传给它一个字符串,编译器就会报错。同理,当程序将函数的执行结果当作 double 类型处理时,编译器认为正确;而当作其他类型处理时,编译器会报错。

从函数原型声明看不出函数真正的作用。函数的作用是以函数名的形式和相关的文档告诉使用该函数的程序员的。至于函数是如何完成指定的功能,使用此函数的程序员无需知道,就如我们在编程时无需知道计算机是如何完成 3+5 是一样的,这将大大简化程序员的工作。

在函数原型声明中,每个形式参数类型后面还可以跟一个参数名,该名字可标识特定的形式参数的作用,这可以为程序员提供一些额外的信息。形式参数的名字对程序无任何实质性的影响,但为使用该函数的程序员提供了重要的信息。例如,在 cmath 中函数 sin 被声明为

```
double sin(double);
```

它仅指出了参数的类型。对编译器而言,这些信息足够了。但使用这个函数的程序员可能希望看到这个函数原型被写为

```
double  sin(double angleInRadians);
```

以这种形式写的函数原型提供了一些有用的新信息:sin 函数有一个 double 类型的参数,该参数是以弧度表示的一个角度。在自己定义函数时,应该为参数指定名字,并在相关的介绍函数操作的注释中说明这些名字。

系统标准库中的函数原型的声明包含在相关的头文件中,这就是为什么在用到系统标准函数时要在源文件头上包含此函数所属的库的头文件。用户自己定义的函数一般在源文件头上声明或放在用户自己定义的头文件中。

6.2.3　将函数与主程序放在一起

函数只是组成程序的一个零件,其本身不能构成一个完整的程序。每个完整的程序都必须有一个名字为 main 的函数,它是程序执行的入口。为了测试某函数是否正确,必须为它写一个 main 函数,并在 main 函数中调用它。如果程序比较短,可以将 main 函数和被调用的函数写在一个源文件中。如果程序比较复杂,可以将 main 函数和被调用的函数放在不同的源文件中,分别编译。在链接阶段,再将两个目标文件连接成一个可执行文件。例如,要测试有参数的 PrintStar 函数是否正确工作,可以写一个完整的程序,如代码清单 6-7 所示。

代码清单 6-7　函数的使用

```cpp
//文件名:6-7.cpp
//该程序说明了多函数程序的组成及函数的使用
#include <iostream>
using namespace std;

void PrintStar(int);//函数原型声明

//主程序
int main()
{
    int n;

    cout << "请输入要打印的行数:";
    cin >> n;

    printstar(n);//函数调用,n 为实际参数

    return 0;
}

//函数:PrintStar
//用法:PrintStar(numOfLine)
//作用:在屏幕上显示一个由 numOfLine 行组成的三角形
void PrintStar(int numOfLine)
{
    int i, j;

    for(i = 1; i <= numOfLine; ++i){
        cout << endl;
        for(j = 1; j <= numOfLine - i; ++j)
            cout << ' ';
        for(j = 1; j <= 2 * i - 1; ++j)
            cout << "*";
    }
    cout << endl;
}
```

在源文件中,通常的写法是先声明本文件中用到的所有函数原型,然后是 main 函数的定

义,最后是用到的这些函数的定义。在每个函数定义前都应该有一段注释,说明该函数的名称、用法和用途。这样,可以使阅读程序的程序员将每个函数作为一个单元来理解,更容易理解程序整体的功能。例如,对于代码清单6-7的程序,我们知道函数PrintStar(n)可以打印出一个由n行组成的三角形,因此很容易理解main的功能就是根据用户输入的n打印相应的三角形,而不必关心该三角形是如何打印出来的。

例6.7　编写一程序,根据用户的输入分别执行计算阶乘、打印由n行组成的三角形、计算整数的幂函数。用户输入1,2,3分别表示这三类服务,输入0表示服务结束。

按照题意,我们可以从中分解出4个函数:计算阶乘、打印n行组成的三角形、计算幂函数以及获取用户输入。main函数显示程序可以完成的功能,并接受用户选择,按照选择执行不同的函数。该程序实现如代码清单6-8所示。

代码清单6-8　函数的使用

```cpp
//文件名:6-8.cpp
//该程序说明了多函数程序的组成及函数的使用
#include <iostream>
using namespace std;

void PrintStar(int);
int p(int);
int power(int, int);
int getInt();

int main()
{
  int choice, num1, num2;

  while(true){
    cout << "0--退出" << endl;
    cout << "1--打印三角形" << endl;
    cout << "2--计算阶乘" << endl;
    cout << "3--计算幂函数" << endl;
    choice = getInt();

    switch(choice){
    case 0: return 0;
    case 1: cout << "请输入行数:";
            cin >> num1;
            PrintStar(num1);
            break;
    case 2: cout << "请输入所要计算阶乘的整数:";
```

```cpp
            cin >> num1;
            cout << num1 << "的阶乘是 " << p(num1) << endl;
            break;
        case 3: cout << "请输入底数和指数:";
             cin >> num1 >> num2;
            cout << num1 << "的" << num2 << "次方是 " << power(num1,num2)
<< endl;
            break;
        }
    }
}

int getInt()
{
  int num;

  while(true){
     cin >> num;
     if(num >= 0 && num <= 3)return num;
  }
}

int p(int n)
{
   int s = 1, i;

   if(n < 0)   return 0;
   for(i = 1; i <= n; ++i)   s *= i;

   return s;
}

void PrintStar(int numOfLine)
{
    int i, j;
    for(i = 1; i <= numOfLine; ++i){              //输出 n 行
        cout << endl;
        for(j = 1; j <= numOfLine-i; ++j)    //输出前置的 n-i 个空格
          cout << ' ';
        for(j = 1; j <= 2 * i - 1; ++j)        //输出 2i-1 个*
```

```
            cout << "*";
        }
        cout << endl;
}


int power(int base, int exp)
{
    int result = 1;

    for(int i = 0; i < exp; ++i)
        result *= base;
    return result;
}
```

6.3　数组作为函数的参数

　　函数的每个参数都可以向函数传递一个数值。在代码清单 6 - 7 中，PrintStar 函数有一个整型参数，这意味着 main 函数可以向 PrintStar 函数传递一个整型数值。但假如 main 函数要向被调用函数传递一组同类数据，例如，100 个甚至 1000 个整数，那么函数是否应该有 100 个或者 1000 个整型参数呢？

　　在第 5 章中，我们介绍了一组同类数据可以用一个数组来存储。当要向函数传递一组同类数据时，可以将参数设计成数组。此时形式参数和实际参数都是数组名（或指针名，见第 7 章）。

　　例 6.8　设计一函数，计算 10 个学生的考试平均成绩。

　　这个函数的输入是 10 位学生的考试成绩。因此，此函数的参数为一个整型数组，函数的返回值是一个整型数，表示平均成绩。函数的实现和使用如代码清单 6 - 9 所示。

代码清单 6 - 9　计算 10 位学生的平均成绩的函数及使用

```
//文件名:6-9.cpp
//计算 10 位学生的平均成绩的函数及使用
#include <iostream>
using namespace std;

int average(int array[10]);//函数原型声明

int main()
{
    int i, score[10];

    cout << "请输入 10 个成绩:" << endl;
```

```
    for(i = 0; i < 10; i++)  cin >> score[i];

    cout << "平均成绩是:" << average(score) << endl;

    return 0;
}

int average(int array[10])
{
    int i, sum = 0;

    for(i = 0; i < 10; ++i)  sum += array[i];

    return sum / 10;
}
```

程序的运行结果如下:

请输入 10 个成绩:

90 70 60 80 65 89 77 98 60 88

平均成绩是:77

同普通的参数传递一样,形式参数和实际参数的类型要一致。因此,当形式参数是数组时,实际参数也应该是数组,而且形参数组和实参数组的类型也要一致。

对代码清单 6-9 的程序做一些小小的修改,你会发现一个有趣的现象。如果在函数 average 的 return 语句前增加一个对 array[3] 赋值的语句,如 array[3]=90,在 main 函数的 average 函数调用后,即 return 语句前增加一个输出 score[3] 的语句,你会发现输出的值是 90 而不是 80。不是说值传递时形式参数的变化不会影响实际参数吗?为什么 main 函数中的 score[3] 被改变了呢?这是由于 C++ 的数组表示机制决定的。

在第 5 章中我们已经知道,访问数组是通过访问下标变量实现的,那么数组名有什么用?在 C++ 中数组名代表的是数组在内存中的起始地址。按照值传递的机制,当参数传递时将实际参数的值赋给形式参数,即将作为实际参数的数组的起始地址赋给形式参数的数组名,这样形式参数和实际参数的数组具有同样的起始地址,也就是说**形式参数和实际参数的数组事实上是同一个数组**。形式参数的数组没有自己的空间,它用的是实际参数数组的空间。因此,在函数中对形式参数数组的任何修改实际上是对实际参数的修改。那么在被调函数中如何知道作为实际参数的数组的大小呢?没有任何获取途径,数组的大小必须作为一个独立的参数传递。因此,要将数组传递给函数,该函数必须有两个形式参数:数组名和数组的大小。

总结一下,数组传递实质上传递的是数组起始地址,形式参数数组和实际参数数组是同一个数组。传递一个数组需要两个参数:数组名和数组大小。数组名给出数组的起始地址,数组大小给出该数组的元素个数。

数组定义中方括号内的数组大小是告诉编译器这个数组有多少个元素,应该分配多少内存空间。由于函数中并没有为形式参数数组分配空间,因此形式参数中数组的大小是无意义的,通常可省略。如代码清单 6-9 中的函数原型声明和函数定义中的函数头 int average(int array[10])中的 10 可以省略,简写为 int average(int array[ ])。

二维数组可以看成是由一维数组组成的数组。当二维数组作为参数传递时,第一维的个数可以省略,第二维的个数必须指定。

数组参数实际上传递的是地址这一特性非常有用,它可以将被调函数内部对形式参数的修改传到调用函数的实际参数。

例 6.9　编写一个程序,实现下面的功能:读入一串整型数据,直到输入一个特定值为止;把这些整型数据按输入次序的逆序排列;输出经过重新排列后的数据。要求每个功能用一个函数来实现。

除了 main 函数外,这个程序需要 3 个函数,即 ReadIntegerArray(读入一串整型数)、ReverseIntegerArray(将这组数据按输入次序的逆序排列)和 PrintIntegerArray(输出数组),分别完成这 3 个功能。有了这 3 个函数,main 函数非常容易实现:依次调用 3 个函数。因此,首先要做的工作就是确定 3 个函数的原型。

ReadIntegerArray 从键盘接收一个整型数组的数据,它需要告诉 main 函数输入了几个元素以及这些元素的值。输入的元素个数可以通过函数的返回值实现,但输入的数组元素的值如何告诉 main 函数呢? 幸运的是,数组传递的特性告诉我们对形式参数的任何修改都是对实际参数的修改。因此,可以在 main 函数中定义一个整型数组,将此数组传给 ReadIntegerArray 函数。在 ReadIntegerArray 函数中,将输入的数据放入作为形式参数的数组中。由于形式参数数组和实际参数数组是同一个数组,在函数中输入的数据实际上是放入了实际参数数组。为了使这个函数更通用和可靠,还需要两个信息:实际参数数组的规模和输入结束标记。据此可得 ReadIntegerArray 函数的原型为 int ReadIntegerArray(int array[ ], int max, int flag)。返回值是输入的数组元素的个数,形式参数 array 是存放输入元素的数组,max 是作为实际参数的数组的规模,flag 是输入结束标记。

ReverseIntegerArray 函数将作为参数传入的数组中的元素按输入次序的逆序排列,这很容易实现。同样因为数组传递的特性,在函数内部对形式参数数组的元素逆序排列也反映给了实际参数。因此 ReverseIntegerArray 函数的参数是一个数组,它的原型可设计为 void ReverseIntegerArray(int array[ ], int size)。

PrintIntegerArray 函数最简单,只要把要打印的数组传给它就可以了。因此它的原型为 void PrintIntegerArray(int array[ ], int size)。

按照上述思路得到的程序如代码清单 6-10 所示。

代码清单 6-10　整型数据逆序输出的程序

```cpp
//文件名:6-10.cpp
//读入一串整型数据,将其逆序排列并输出排列后的数据。最多允许处理 10 个数据
#include <iostream>
using namespace std;

#define MAX 10

int ReadIntegerArray(int array[ ], int max, int flag);
```

```cpp
void ReverseIntegerArray(int array[ ], int size);
void PrintIntegerArray(int array[ ], int size);

int main()
{
    int IntegerArray[MAX], flag, CurrentSize;

    cout << "请输入结束标记:";
    cin >> flag;

    CurrentSize = ReadIntegerArray(IntegerArray, MAX, flag);
    ReverseIntegerArray(IntegerArray, CurrentSize);
    PrintIntegerArray(IntegerArray, CurrentSize);

    return 0;
}

//函数:ReadIntegerArray
//作用:接收用户的输入,存入数组 array,max 是 array 的大小,flag 是输入结束标记
//当输入数据个数达到最大长度或输入了 flag 时结束
int ReadIntegerArray(int array[ ], int max, int flag)
{
    int size = 0;

    cout << "请输入数组元素,以" << flag << "结束::";
    while(size < max){
        cin >> array[size];
        if(array[size] == flag)break;else ++size;
    }

    return size;
}

//函数:ReverseIntegerArray
//作用:将 array 中的元素按逆序存放,size 为元素个数
void ReverseIntegerArray(int array[ ],int size)
{
    int i, tmp;

    for(i = 0; i < size / 2; i++){
```

```
        tmp = array[i];
        array[i] = array[size-i-1];
        array[size-i-1]=tmp;
    }
}


//函数:PrintIntegerArray
//作用:将 array 中的元素显示在屏幕上。size 是 array 中元素的个数
void PrintIntegerArray(int array[ ], int size)
{
    int i;

    if(size == 0)return;
    cout << "逆序是:" << endl;
    for(i = 0; i < size; ++i)  cout << array[i] << '\t';
    cout << endl;
}
```

程序的运行结果如下:

请输入结束标记:0

请输入数组元素,以 0 结束:1 2 3 4 5 6 7 0

逆序是:

7　　6　　5　　4　　3　　2　　1

例 6.10 例 5.12 的另一个解决方案。

例 5.12 要求统计一组正整数的和,但这组正整数可以是八进制、十进制或十六进制表示,于是我们采用了字符串保存这组数字,然后从中区分出一个个正整数。该方案的实现代码如代码清单 5 - 12 所示。该程序把所有的问题都集中在 main 函数中解决,所以 main 函数略显冗长,读起来不够清晰。借助于函数这个工具,可以设计出一个逻辑更清晰的程序。

该程序有一个非常独立的功能:把字符串表示的不同基数的正整数转换成一个整型数。为此抽取出一个函数

```
int convertToInt(char s[ ], int start, int base);
```

其中,s 是保存字符串的数组,start 是从数组的这个位置开始取一整数,base 表示该整数的基数。另外,字符串中的十六进制数中的字母可能是大写,也可能是小写,在转换时要考虑两种情况。为了简化转换过程,在输入后先把字符串中的字母全部转成大写。这个功能尽管只用了一次,但它非常独立。把它抽取出一个函数有助于提高程序的可读性。为此又定义了一个函数

```
void convertToUpper(char s[ ]);
```

该函数将保存字符串的字符数组作为参数,将 s 中的小写字母全部转成大写字母,该函数不需要返回值。因为在数组传递时,函数中对形式参数数组的修改也就是对实际参数数组的修改。注意,由于字符数组中保存的是一个字符串,字符串有结束符'\0',所以这两个函数均不需要传递数组的规模。按照这个思想实现的程序如代码清单 6 - 11 所示。

代码清单 6-11 函数的使用

```cpp
//文件名:6-11.cpp
//例 5.12 的另一实现方法
#include <iostream>
using namespace std;

int convertToInt(char s[ ], int start, int base);
void convertToUpper(char s[ ]);

int main()
{
  char str[81];
  int sum = 0, i = 0;

  cin.getline(str,81);
  convertToUpper(str);
  while(str[i] != ' ' && str[i] != '\0') ++i;   //跳过前置空格

  while(str[i] != '\0'){
    if(str[i] != '0')sum += convertToInt(str, i, 10);
    else{
      if(str[i+1] == 'X')sum += convertToInt(str, i+2, 16);
      else sum += convertToInt(str, i+1, 8);
    }

    while(str[i] != ' ' && str[i] != '\0') ++i;   //跳过刚才处理的整数
    while(str[i] == ' ' && str[i] != '\0') ++i;       //跳过整数之间的空格
  }

  cout << sum << endl;

  return 0;
}

void convertToUpper(char s[ ])
{
  for(int i = 0;s[i] != '\0'; ++i)
    if(s[i] >= 'a' && s[i] <= 'z')
      s[i] = s[i] - 'a' + 'A';
```

```
}

int convertToInt(char s[ ],int start,int base)
{
  int data = 0;
  switch(base){
    case 10:while(s[start] != ' ' && s[start] != '\0')
              data = data * 10 + s[start++] - '0';
           break;
    case 8:while(s[start] != ' ' && s[start] != '\0')
              data = data * 8 + s[start++] - '0';
          break;
    case 16:while(s[start] != ' ' && s[start] != '\0'){
              data = data * 16;
              if(s[start] >= 'A' && s[start] <= 'F')data += s[start++] -
'A'+10;
              else data += s[start++] - '0';
            }
    }
  return data;
}
```

代码清单 6-11 中的 main 函数比较简短,逻辑也比较清楚。首先读入一个字符串,将其中的字母全部转成大写,然后顺序扫描字符串,遇到整数开始时,调用转换函数转换成整型数加入到变量 sum。

main 函数中有一个重复操作。在转换了一个数字后,main 函数中要跳过这个数字。其实在 convertToInt 函数中已经扫描过这个数字了,但目前我们没有办法将这个信息传递回 main 函数。第 7 章中会有解决这个问题的办法。

6.4 变量的作用域

前面所有的程序中,变量都是定义在函数内部。事实上,C++的变量可以定义在所有函数的外面。在函数内部定义的变量,包括形式参数,只能在该函数内部引用,因此被称为**局部变量**。离开了这个函数,这个函数定义的变量就无法再引用。定义在所有函数外面的变量称为**全局变量**。例如,代码清单 6-12 中,变量 g 是全局变量,变量 i 是局部变量。

代码清单 6-12 变量的作用域实例

```
//文件名:6-12.cpp
//变量的作用域实例
```

```
#include <iostream>
using namespace std;

void MyProcedure();
int fun(int n);

int g;              //全局变量

int main()
{
  g = 2;
  MyProcedure();
  cout << fun(5) << endl;
  cout << g << endl;;

  return 0;
}

void MyProcedure()
{
  int i;            //局部变量

  for(i = 0; i < 10; ++i)
    g += 1;
}

int fun(int n)
{
  int i = g + n; //局部变量

  g += 10;

  return i;
}
```

第一个局部变量 i 仅在函数 MyProcedure 内有效，第二个局部变量 i 仅在函数 fun 内有效，而全局变量 g 可以用在该源文件中随后定义的任何函数中，即 MyProcedure，fun 和 main 函数都可以使用。变量可以使用的程序部分称为它的**作用域**。局部变量的作用域是定义它的函数，全局变量的作用域则是源文件中定义它的位置后的其余部分。

由于局部变量只在自己的函数中有效，因此不同的函数可以有同名的局部变量，如上面代码中的变量 i。更进一步，局部变量可以定义在一个语句块中。这时该变量的作用域就在这个语句块中。离开了这个语句块，该变量就无效了。

全局变量可以增加函数间的联系渠道。由于同一源文件中的所有函数都能引用全局变量，因此，当一个函数改变了全局变量的值时，其他的函数都能"看见"，相当于各个函数之间有了直接的信息传输渠道。例如，代码清单 6-12 中，main 函数为 g 赋值 2，则随后函数 MyProcedure 执行时，它的 g 值就为 2。函数 MyProcedure 修改了 g 为 12，随后函数 fun 执行时，它"看到"的 g 的值就为 12。函数 fun 又将 g 改成 22，回到 main 函数，g 的值为 22。代码清单 6-12 的运行结果为

17

22

但全局变量破坏了函数的独立性，使得同样的函数调用会得到不同的返回值。例如，在代码清单 6-12 中，fun(5) 的返回值是 17。但如果 g 的值为 5，fun(5) 的返回值是 10。为保证函数的正确性，一般希望用同一组实际参数值调用某个函数的结果永远是同一个值，如调用 100 次 sin(90)，它的值永远是 1.0。所以一般不建议程序使用全局变量。

6.5 变量的存储类别

从变量的作用域来分，变量可分为局部变量和全局变量。按变量的存活期来分，变量又可以分为自动变量(auto)、静态变量(static)、寄存器变量(register)和外部变量(extern)。变量的存活期又被称为**存储类别**，表示这些变量存储在计算机不同的存储区域。C++中完整的变量定义格式如下：

存储类别　数据类型　变量名表；

函数中的局部变量、形式参数或程序块中定义的变量，如不专门声明为其他存储类型，都是**自动变量**。因此在函数内部，以下两个定义是等价的：

auto int a, b;

int a, b;

自动变量在函数调用时生成，调用结束后自动消亡，因此被称为自动变量。

某些被频繁访问的局部变量可以存放在 CPU 的寄存器中。访问这些变量时，不再需要将该变量的值从内存读入 CPU 的寄存器，访问速度可得到提高。这些变量被称为**寄存器变量**。

寄存器变量的定义是用关键字 register。例如，在某个函数内定义整型变量 x：

register int x；

则表示 x 不是存储在内存中，而是存放在 CPU 的寄存器中。由于各个系统的寄存器个数都不相同，程序员并不知道可以定义多少个寄存器类型的变量，因此寄存器类型的声明只是表达了程序员的一种意向，希望这些变量被存放在 CPU 的寄存器中。如果系统中无合适的寄存器可用，编译器就把它设为自动变量。

现在的编译器通常都能识别频繁使用的变量，并不需要程序员进行 register 的声明就会自行决定是否将变量存放在寄存器中。

外部变量最主要的用途是使各源文件之间共享全局变量。一个大型的 C++程序通常由许多源文件组成，如果在一个源文件 A 中想引用另一个源文件 B 定义的全局变量，如 x，该怎么办？如果不加任何说明，在源文件 A 编译时会出错，因为源文件 A 引用了一个没有

定义的变量 x。但如果在源文件 A 中也定义了全局变量 x,在程序链接时又会出错。因为系统不会认为它们是同一个变量,而是认为全局变量 x 有两个定义,也就是出现了同名变量。

解决这个问题的方法是:在一个源文件(如源文件 B)中定义全局变量 x,而在另一个源文件(如源文件 A)中声明用到一个在别处定义过的全局变量 x,就像程序要用到一个函数时必须声明函数是一样的。这样在源文件 A 编译时,由于声明过 x,编译就不会出错。在链接时,系统会将源文件 A 中的 x 标记为源文件 B 中的 x。源文件 A 中的 x 就称为外部变量。外部变量声明的格式如下:

extern 类型名 变量名;

其中,类型名可省略。例如,代码清单 6-13 中的程序由两个源文件组成。源文件 file1.cpp 中有 main 函数,源文件 file2.cpp 中有 f 函数。file2.cpp 中定义了一个全局变量 x,file1.cpp 为了引用此变量,必须在自己的源文件中将 x 声明为外部变量。

代码清单 6-13　外部变量应用实例

```cpp
//file1.cpp

#include <iostream>
using namespace std;

void f();
extern int x;    //外部变量的声明

int main()
{   f();
    cout << "in main():x = " << x << endl;
    return 0;
}

//file2.cpp

#include <iostream>
using namespace std;

int x;   //全局变量的定义

void f()
{
    cout << "in f():x = " << x << endl;
}
```

注意,在使用外部变量时,用术语**外部变量声明**而不是**外部变量定义**。变量的定义和变量的声明是不一样的。变量的定义是根据说明的数据类型为变量准备相应的存储空间,而变量的声明只是说明该变量应如何使用,并不为它分配空间,就如函数原型声明一样。

如果某个源文件定义了一个全局变量,但它不想让其他的源文件共享这个全局变量,这时可以使用**静态的全局变量**。

若在定义全局变量时,加上关键字 static,例如:

```
static int x;
```

则表示该全局变量是当前源文件私有的。尽管在程序执行过程中,该变量始终存在,但只有本源文件中的函数可以引用它,其他源文件中的函数不能引用它。如果将代码清单 6-13 的 file2.cpp 中的全局变量 x 的定义中加上 static,那么该程序在链接时将会出现一个错误,因为 file1.cpp 中的外部变量 x 找不到真正的、替代它的变量。

局部变量也可以是静态的。自动的局部变量在函数执行时生成,函数结束时消亡。但是,如果把一个局部变量定义为 static,该变量在函数执行结束时不会消亡,在下一次函数调用时,也不再创建该变量,而是继续使用原空间中的值。这样就能把上一次函数调用中的某些信息带到下一次函数调用中。考查代码清单 6-14 中程序的输出结果。

代码清单 6-14 静态局部变量的应用

```cpp
//文件名:6-14.cpp
//静态局部变量的使用
#include <iostream>
using namespace std;

int f(int a);

int main()
{
    int a = 2, i;

    for(i = 0; i < 3; ++i)  cout << f(a);

    return 0;
}

int f(int a)
{
    int b = 0;
    static int c = 3;

    b = b+1;   c = c+1;
```

```
    return(a+b+c);
}
```

代码清单 6-14 的 main 函数调用了三次 f(2)，并输出 f(2)的结果。如果 f 函数没有定义静态的局部变量，那么三次调用的结果应该是相同的。但 f 函数中有一个整型的静态的局部变量，情况就不同了。

当第一次调用函数 f 时，b 的初值为 0，c 的初值为 3。函数执行结束时，b 的值为 1，c 的值为 4，函数返回 7。变量 a 和 b 自动消失，但 c 依然存在。第二次调用 f 时，重新创建了变量 a 和 b，但不创建 c 变量，而继续沿用上次函数运行时的 c 变量。因此，b 的初值为 0，但 c 的值为 4（上次调用执行的结果）。第二次调用结束时，b 的值为 1，c 的值为 5，函数返回 8。第三次调用时，c 的值为 5，函数返回 9。

6.6 递归函数

递归程序设计是程序设计中的一个重要的概念，它的用途非常广泛。递归程序设计的主要实现手段是递归函数。

某些问题在规模较小时很容易解决，而规模较大时却很复杂。但某些大规模的问题可以分解成同样形式的若干小规模的问题，小规模问题的解可以形成大规模问题的解。

例如，假设你在为一家慈善机构工作。你的工作是筹集 1000 万元的善款。如果你能找到一个人愿意出这 1000 万元，你的工作就很简单了。但是，你不大可能有这么慷慨大方的亿万富翁朋友。所以，你可能需要募集很多小笔的捐款来凑齐 1000 万元。如果平均每笔捐款额为 1000 元，你可以用另一种方法完成这项工作：找 10000 个捐赠人让他们每个人捐 1000 元。但是，你又没有那么广的人脉，不大可能找到 10000 个捐赠人，那你该怎么办呢？

当你面对的任务超过你个人的能力所及时，完成这项任务的办法就是想办法找帮手，把部分工作交给别人做。如果你能找到 10 个志愿者，你可以请他们每个人筹集 100 万元。如果这 10 个人都完成了任务，你的任务也就完成了。你所需要做的就是把这 10 个人募集到的善款收集在一起。

筹资 100 万元比筹资 1000 万简单得多，但也绝非易事。这些志愿者又怎么解决这个问题呢？注意，他们采取了与你一样的方法。他们每个人也都找 10 个筹募志愿者，那么这些筹募志愿者每人就只需筹集 10 万元。这种代理的过程可以层层深入下去，直到筹款人可以一次募集到所有他们需要的捐款。因为平均每笔捐款额为 1000 元，志愿者完全可能找到一个人愿意捐献这么多善款，从而无须找更多人来代理筹款的工作了。

可以将上述筹款策略用如下伪代码来表示：

```
void CollectContributions(int n)
{
    if(n <= 1000)从一个捐赠人处收集资金;

    else{   找 10 个志愿者;
            让每个志愿者收集 n/10 元;
            把所有志愿者收集的资金相加;
```

```
        }
    }
```

上述伪代码中最重要的是

让每个志愿者收集 n/10 元；

这一行。这个问题与原问题完全一样，只是规模较原问题小一些。这两个任务的基本特征都是一样的：募捐 n 元，只是 n 值的大小不同。再者，由于要解决的问题实质上是一样的，你可以通过同样的方法来解决，即调用原函数来解决。因此，上述伪代码中的这一行最终可以被下列行取代：

```
CollectContributions(n/10)
```

需要着重指出的是，如果捐款数额大于 1000 元，函数 CollectContributions 最后会调用自己。

调用自身的函数称为**递归函数**，这种解决问题的方法称为**递归程序设计**。作为解决问题的方法，递归技术是一种非常有力的工具，利用递归不但可以使书写复杂度降低，而且使程序看上去更加美观。

大多数递归函数都有同样的基本结构。典型的递归函数的函数体符合如下范例：

```
if   (递归终止的条件测试)
        return(不需要递归计算的简单解决方案);
else  return(包括调用同一函数的递归解决方案);
```

在设计一个递归函数时必须注意以下两点：

● 必须有递归终止的条件；因为最终还必须有人干活，不能永远层层转包。

● 必须有一个与递归终止条件相关的形式参数，并且在递归调用中，该参数有规律地递增或递减（越来越接近递归终止条件）。

数学上的很多函数都有很自然的递归解，如阶乘函数 n!。按照定义，n!＝1×2×3×⋯×(n−1)×n，而 1×2×3×⋯×(n−1) 正好是 (n−1)!。因此 n! 可写为 n!＝(n−1)!×n。在数学上，定义 0! 等于 1，这就是递归终止条件。综上所述，n! 可用如下递归公式表示：

$$n! = \begin{cases} 1 & n=0 \\ n \times (n-1)! & n>0 \end{cases}$$

其中 n＝0 就是递归终止条件，而每次递归调用时，n 的规模都比原来小 1，都朝着 n＝0 变化。根据定义，很容易写出计算 n! 的函数，如代码清单 6-15 所示。

代码清单 6-15 计算阶乘的递归实现

```
long  p(int n)
{
    if(n == 0)return 1;
    else return n * p(n - 1);
}
```

幂函数也可以看成是一个递归函数。幂函数可以定义为

$$x^n = \begin{cases} 1 & n=0 \\ x \times x^{n-1} & n>0 \end{cases}$$

它的递归实现如代码清单 6-16 所示。该函数非常简单,如果 n 等于 0,x^n的值是 1,于是返回 1。如果 n 大于 1,先调用 power 函数计算 x^{n-1},将结果与 x 相乘,得到 x^n 的值。

代码清单 6-16　幂函数的递归实现

```
long power(double x, int n)
{
    if(n == 0)return 1;
    else return x * power(x, n - 1);
}
```

斐波那契数列是计算机学科中一个重要的数列,它的值如下:

$$0, 1, 1, 2, 3, 5, 8, 13, 21, \cdots$$

观察这个数列可以发现:第一个数是 0,第二个数是 1,后面的每一个数都是它前面两项的和。因此斐波那契数列可写成如下的递归形式:

$$F(n) = \begin{cases} 0 & n = 0 \\ 1 & n = 1 \\ F(n-1) + F(n-2) & n > 1 \end{cases}$$

该函数的实现可以直接翻译上述递归公式,如代码清单 6-17 所示。

代码清单 6-17　Finonacci 函数的递归实现

```
int Finonacci(int n)
{
    if  (n == 0)  return 0;
    else if(n == 1)return 1;
        else return Finonacci(n - 1)+Finonacci(n - 2);
}
```

汉诺塔(Hanoi)问题是递归的经典问题。相传印度教的天神梵天在创造地球这一世界时,建了一座神庙。神庙里有三根宝石柱子,柱子由一个铜座支撑。梵天将 64 个直径大小不一的金盘子按照从大到小的次序依次套放在第一根柱子上,形成一座金塔,即所谓的汉诺塔。天神让庙里的僧侣们将第一根柱子上的 64 个盘子借助第二根柱子全部移到第三根柱子上。同时定下 3 条规则:

(1) 每次只能移动一个盘子。

(2) 盘子只能在三根柱子间移动,不能放在他处。

(3) 在移动过程中,三根柱子上的盘子必须始终保持大盘在下,小盘在上的状态。

天神说:"当这 64 个盘子全部移到第三根柱子上之后,世界末日就要到了。"这就是著名的汉诺塔问题。

汉诺塔问题是一个典型的只能用递归(而不能用其他方法)解决的问题。任何天才都不可能直接想清楚移动盘子的每一个具体步骤。根据递归的思想,我们可以将 64 个盘子的汉诺塔问题转换为求解 63 个盘子的汉诺塔问题。如果 63 个盘子的问题能解决，则可先将上面的 63 个盘子从第一根柱子移到第二根柱子，再将最后一个盘子直接移到第三根柱子，最后再将 63 个盘子从第二根柱子移到第三根柱子，这样就解决了 64 个盘子的问题。依次类推，63 个盘子的问题可以转化为 62 个盘子的问题，62 个盘子的问题可以转化为 61 个盘子的问题，直到 1 个盘子的问题。如果只有一个盘子，就可将它直接从第一根柱子移到第三根柱子，这就是递归终止的条件。根据上述思路，可得汉诺塔问题的递归程序，如代码清单 6-18 所示。

代码清单 6-18 Hanoi 塔问题的递归实现

```
void Hanoi(int n, char start, char finish, char temp)
{
    if(n == 1)  cout << start << "->" << finish << '\t';
    else{
        Hanoi(n - 1, start, temp, finish);
        cout << start << "->" << finish << '\t';
        Hanoi(n - 1, temp, finish, start);
    }
}
```

当 n＝3 时，Hanoi(3,'1','3','2')的输出如下：

1->3   1->2   3->2   1->3   2->1   2->3   1->3

6.7 编程规范及常见错误

函数是结构化程序设计的重要工具。对初学者来说，最困难之处就是什么时候和怎样去构建一个函数。下面我们给出一些建议。

- 当程序中有一组代码出现多次时，而且这组代码的功能非常独立，可以考虑将这组代码抽取出来作为一个函数。
- 如果一个函数比较长，其中又包含了一段功能完整的代码，也可以考虑将这段代码抽取出来作为函数。
- 每个函数只做一件事情，不要将多个功能组合在一个函数中。在编写函数时只关注一件事情，就不太容易出错。完成简单任务比完成复杂任务容易得多。
- 每个函数都可以独立测试，以保证函数的正确性。这样可以降低整个程序的复杂度，便于程序的维护。

每个函数有一个名字。与变量命名一样，给函数命名时也应尽量取有意义的名字。变量名一般是一个名词或名词短语，而函数名一般是一个动词短语，表示函数的功能。

函数的形式参数表中的每个形式参数声明由两部分组成：类型和形式参数名。一种常见的错误是当函数有多个同类型的形式参数时，省略了形式参数的类型。如求两个整型数最大值的函数头应该为

int max(int a, int b)

常见的错误写法是

```
int max(int a, b)
```

函数在使用前需要声明。函数的声明是说明函数的用法。函数的声明必须以分号结束。函数使用中的一个常见的错误是函数声明后忘记加分号。

有了函数就可以引入递归程序设计。所谓的递归函数就是在函数体中又调用了当前函数本身。递归函数必须有递归终止条件和一个与递归终止条件有关的参数，在递归调用中该参数有规律地递增或递减，使之越来越接近递归终止条件。在递归函数设计中，初学者容易犯的错误之一是缺少递归终止条件，使递归过程永远无法结束。

有了函数，我们可以将程序中的变量分成局部变量和全局变量。局部变量是某个函数内部的变量，只有这个函数可以使用这些变量。全局变量属于整个程序，程序中的所有函数都可以使用这些变量。全局变量为函数间的信息交互提供了便利，但也破坏了函数的独立性。每个函数是一个独立的功能模块，尽量不要让一个函数影响另一个函数的执行结果。在程序中要慎用全局变量。某些程序员习惯于将所有变量都定义成全局变量，这是一个很不好的习惯。

6.8　小结

本章介绍了程序设计的一个重要的概念——函数。函数可以将一段完成独立功能的程序封装起来，通过函数名就可执行这一段程序。使用函数可以将程序模块化，每个函数完成一个独立的功能，使程序结构清晰、易读、易于调试和维护。

C++程序是由一组函数组成。每个程序必须有一个名为 main 的函数，它对应于一般程序设计语言中的主程序。每个 C++程序的执行都是从 main 函数的第一条语句执行到 main 函数的最后一条语句。main 函数的函数体中可能调用其他函数。

函数中定义的变量和形式参数称为局部变量，它们只在函数体内有效。当函数执行时，生成这些变量；当函数执行结束时，这些变量被销毁。

还有一类变量是定义在所有函数的外面的，被称为全局变量。全局变量的作用域是从定义点到文件结尾。凡是在它后面定义的所有函数都能使用它。全局变量提供了函数间的一种通信手段。

函数也可以调用自己，这样的函数称为递归函数。递归函数可以使程序更加优美，逻辑更加清晰。

6.9　习题

简答题

1. 说明函数原型声明和函数定义的区别。

2. 什么是形式参数？什么是实际参数？形式参数和实际参数有什么关系？

3. 传递一个数组为什么需要两个参数？如果传递一个存储字符串的字符数组，为什么只需要一个参数？

4. 什么是值传递？

5. 使用全局变量有什么优点？有什么缺点？

6. 变量定义和变量声明有什么区别？

7. 为什么不同的函数中可以有同名的局部变量而不会有二义性？

8. 静态的局部变量和普通的局部变量有什么不同？

9. 如何让一个全局变量或全局函数成为某一源文件独享的全局变量或函数？

10. 如何引用同一个项目中的另一个源文件中的全局变量？

11. 请写出调用 f(12) 的结果。

```
int f(int n)
{
    if(n == 1)return 1;
    else return 2 * f(n/2);
}
```

12. 写出下列程序的执行结果。

```
int f(int n)
{
    if(n == 0 || n == 1)   return 1;
    else return 2 * f(n-1)+f(n-2);
}


int main()
{
    cout << f(4) << endl;
    return 0;
}
```

13. 某程序员设计的计算整数幂函数的函数原型如下。请问有什么问题？

int power(int base，exp)；

程序设计题

1. 设计一个函数,判别某一年是否是闰年。

2. 设计一个函数,计算 $\sum_{k=1}^{n} k$。

3. 设计一个函数 isAlpha(char ch),检查 ch 中的字符是否为字母。

4. 设计一个函数,使用以下无穷级数计算 sin x 的值。$\sin x = \dfrac{x}{1!} - \dfrac{x^3}{3!} + \dfrac{x^5}{5!} - \dfrac{x^7}{7!} + \cdots$, 舍去的绝对值应小于 ε, ε 的值由用户选择。

5. 设计一个函数 stringLen 计算一个字符串的长度。

6. 设计一个用气泡排序法排序一组整型数的函数。

7. 设计一个函数求两个正整数的最大公约数。

8. 设计一个函数,求两个整型数的最小公倍数。

9. 设计一个计算一组实数方差的函数。

10. 分别设计二分查找的递归和非递归函数。被查找的是一组整型数。

11. 写一个将英寸(in)转换为厘米(cm)的函数(1 in≈2.54 cm)。

12. 编写一个函数,要求用户输入一个小写字母。如果用户输入的不是小写字母,则要求重新输入,直到输入了一个小写字母。返回此小写字母。

13. 编写一个递归函数 reverse,它有一个整型参数。reverse 函数按逆序打印出参数的值。例如,参数值为 12345 时,函数打印出 54321。

14. 编写一个函数 reverse,它有一个整型参数。reverse 函数返回参数值的逆序值。例如,参数值为 12345 时,函数返回 54321。

15. 分别设计直接选择排序的递归和非递归函数。

16. 编写一函数 int count(),使得第一次调用时返回 1,第二次调用时返回 2。即返回当前的调用次数。

17. 可以用下列方法计算圆的面积:考虑四分之一个圆,将它的面积看成是一系列矩形面积之和。每个矩形都有固定的宽度,高度是圆弧通过上面一条边的中点。设计一个函数 int area(double r, int n);用上述方法计算一个半径为 r 的圆的面积。计算时将四分之一个圆划分成 n 个矩形。

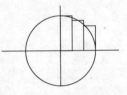

18. 设计一个函数 Fib。每调用一次就返回 Fibonacci 序列的下一个值。即第一次调用返回 1,第二次调用返回 1,第三次调用返回 2,第四次调用返回 3,……

19. 写一个函数 bool isEven(int n);当 n 的每一位数都是偶数时,返回 true,否则返回 false。如 n 的值是 1234,函数返回 false;如 n 的值为 2484,返回 true。用递归和和非递归两种方法实现。

20. 编写一个函数,判断作为参数传入的一个整型数组的内容是否是回文。例如,数组元素值为{1, 3, 6, 8, 6, 3, 1},则是一个回文。

21. 已知华氏温度到摄氏温度的转换公式为

$$C = \frac{5}{9}(F - 32)$$

试编写一个将华氏温度转换到摄氏温度的函数。

7 间接访问——指针

指针是 C++中的重要概念。所谓的指针就是内存的一个地址。利用指针可以尽可能多地访问由硬件本身提供的功能。所以,不理解指针是如何工作的就不能很好地理解 C++程序。如果想成为出色的 C++程序员,必须学习如何在程序中更加有效地使用指针。

在 C++语言中,指针有多种用途。指针可以增加变量的访问途径,使变量不仅能够通过变量名直接访问,也可以通过指针间接访问;指针可以支持动态变量;指针可以使程序中的不同函数之间共享数据。

本章将介绍指针的基本概念和应用。

7.1 指针的概念

7.1.1 指针与间接访问

程序运行时每个变量都会有一块内存空间,变量的值就存放在这块空间中。程序可以通过变量名访问这块空间中的数据。这种访问方式称为**直接访问**。

内存中的每个字节都有一个编号,每个变量对应的内存的起始编号称为这个变量的地址。程序运行时,计算机记录了每个变量和它地址的对应关系。当程序访问某个变量时,计算机通过这个对应关系找到变量的地址,访问该地址中的数据。

直接访问就如你知道 A 朋友(变量)家在哪里(地址),你想去他家玩,就可以直接到那个地方去。如果你不知道 A 朋友家住哪里,但另外有个 B 朋友知道,你可以从 B 朋友处得到 A 朋友家的地址,再按地址去 A 朋友家。这种方式称为**间接访问**。在 C++中,B 朋友被称为**指针变量**,并称为 B 指针指向 A 变量。

从上例可以看出,所谓的指针变量就是保存另一个变量地址的变量。指针变量存在的意义在于提供间接访问,即从一个变量访问到另一个变量的值,使变量访问更加灵活。

7.1.2 指针变量的定义

指针变量存储的是一个内存地址,它的一个重要用途就是通过指针间接访问所指向的地址中的内容。因此,定义一个指针变量要说明 3 个问题:该变量的名字是什么,该变量中存储的是一个地址(即是一个指针),该地址中存储的是什么类型的数据。在 C++中,指针变量的定义如下:

    类型名 *指针变量名;

其中,*表示后面定义的变量是一个指针变量,类型名表示该变量指向的地址中存储的数据的类型。比如,定义

    int *p;

表示定义了一个指针变量 p,该指针变量中保存的地址中存储的是一个整型数。类似地,定义

```
char *cptr
```

表示定义了一个指向字符型数据的指针变量 cptr。虽然变量 p 和 cptr 中存储的都是地址值，在内存中占有同样大小的空间，但这两个指针在 C++语言中是有区别的。编译器会用不同的方式解释指针指向的地址中的内容。指针指向的地址中的值的类型称为**指针的基本类型**。所以，p 的基本类型为 int，cptr 的基本类型是 char。

注意，表示变量为指针的星号在语法上属于变量名，不属于前面的类型名。如果使用同一个定义语句来定义两个同类型的指针的话，必须给每个变量都加上星号标志，例如：

```
int *p1, *p2;
```

而定义

```
int *p1, p2;
```

则表示定义 p1 为指向整型的指针，而 p2 是整型变量。

在 C++中，指针的基本类型还可以是 void。void 类型的指针只说明了这个变量中存放的是一个地址，但未说明该地址中存放的是什么类型的数据。void 类型的指针的应用将在后面用到时介绍。

7.1.3 指针的基本操作

指针变量最基本的操作是赋值和引用。指针变量的赋值就是将某个内存地址保存在该指针变量中。指针变量的引用有两种方法：一种是引用指针变量本身；另一种是引用它指向的地址中的内容，即提供间接访问。

指针变量的赋值

指针变量中保存的是一个内存地址，是一个编号，编号是一个正整数。按照这个逻辑，似乎我们可以将任何整数存放在指针变量中。但这样做是没有意义的。例如，我们将 5 赋给指针变量 p，这样通过指针 p 可以访问 5 号内存单元。但我们怎么知道 5 号单元存放的是什么信息？是整数、实数还是字符？甚至我们都不知道这个程序能不能用 5 号单元！

指针变量中保存的地址一定是同一个程序中的某个变量的地址，以后可以通过指针变量间接访问。因此，为指针赋值有两种方法：一种是将本程序的某一变量的地址赋给指针变量；另一种方法是将一指针变量的值赋给另一个指针变量。

让指针变量指向某一变量，就是将一个变量的地址存入指针变量。但程序员并不知道变量在内存中的地址，而且每次程序执行时变量在内存中的地址都可能是不同的。为此，C++提供了一个取地址运算符 &。& 运算符是一个一元运算符，运算对象是一个变量，运算结果是该变量对应的内存地址。例如，定义

```
int *p, x;
```

可以用 p = &x 将变量 x 的地址存入指针变量 p。指针变量也可以在定义时赋初值，例如：

```
int x, *p = &x;
```

定义了整型变量 x 和指向整型的指针 p，同时让 p 指向 x。

在对指针变量赋值时必须注意类型的一致性。int 型指针只能保存 int 型变量的地址，double 型指针只能保存 double 型变量的地址。

除了可以直接把某个变量的地址赋给一个指针变量外，**同类**的指针变量之间也可以相互赋值，表示两个指针指向同一内存空间。例如，有定义

```
int x = 1, y = 2, *p1 = &x, *p2 = &y;
```

系统会在内存中分别为 4 个变量准备空间，把 1 存入 x，把 2 存入 y，把 x 的地址存入指针 p1，

把 y 的地址存入指针 p2。如果本次运行时 x 的地址是 1000，y 的地址是 1004，那么 p1 的值是 1000，p2 的值是 1004。如果在上述语句的基础上继续执行 p1 = p2，执行完这个赋值表达式后，p1 的值也变成了 1004，p1 和 p2 指向同一空间，即指向 p2 指向的变量 y，对变量 x 和 y 的值没有任何影响。

在标准 C++ 中，只有相同类型的指针之间能互相赋值，但任何类型的指针都能与 void 类型的指针互相赋值，因此 void 类型的指针被称为**统配指针类型**。

指针变量的访问

定义指针变量的目的并不是需要知道某一变量的地址，而是希望通过指针间接地访问另一变量的值。因此，C++ 语言定义了一个取指针指向的变量的运算符 *。* 运算符是一元运算符，它的运算对象是一个指针。* 运算符根据指针的类型，返回其指向的变量。例如，有定义

```
int x, y;
int *p;
```

这两个定义为 3 个变量分配了内存空间，两个是 int 类型，一个是指向整型的指针。为了更具体一些，假设这些值在机器中存放的地址如图 7-1 所示。

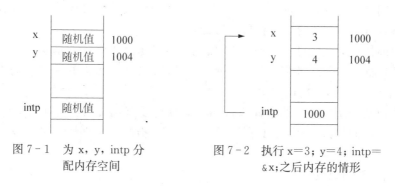

图 7-1 为 x, y, intp 分 配内存空间

图 7-2 执行 x＝3；y＝4；intp＝ &x；之后内存的情形

执行了语句：

```
x = 3;y = 4;intp = &x;
```

之后内存中的情况如图 7-2 所示。intp 指向了变量 x，*intp 就是变量 x。

如果执行了语句

```
*intp = y + 4;
```

由于 *intp 就是 x，所以执行了这个语句后 intp 本身的值并没有改变，仍然为 1000，但是 intp 指向的单元内的值，即 x 的值被改变了。改变后的内存情况如图 7-3 所示。

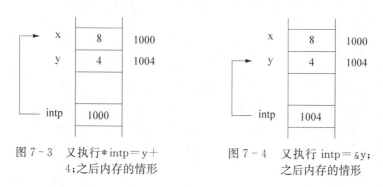

图 7-3 又执行 *intp＝y＋ 4；之后内存的情形

图 7-4 又执行 intp＝ &y； 之后内存的情形

指针变量可以指向不同的变量。例如,上例中 intp 指向 x,可以通过对 intp 的重新赋值改变指针的指向。如果想让 intp 指向 y,只要执行 intp = &y;就可以了。这时,intp 与 x 再无任何关系。此时 *intp 的值为 4,即变量 y 的值,如图 7-4 所示。

与普通类型的变量一样,C++在定义指针变量时只负责分配空间。除非在定义变量时为变量赋初值,否则该变量的初值是一个随机值。因此,引用该指针指向的空间是没有意义的,甚至是很危险的。为了避免这样的错误操作,**不要引用没有被赋值的指针**。如果某个指针暂且不用的话,可以给它赋一个空指针 NULL。NULL 是 C++定义的一个符号常量,它的值为 0,表示不指向任何地址。NULL 可以赋给任何类型的指针变量。在引用指针指向的内容时,先检查指针的值是否为 NULL 是很有必要的,这样可以确保指针指向的空间是有效的。

7.2 指针运算与数组

7.2.1 指针运算

指针保存的是一个内存地址,内存地址本质上是一个整数。对指针进行算术运算是理所当然的。对指针进行算术运算的过程称为**指针运算**。

对指针只能执行加减运算。C++对指针的加减是考虑了指针的基本类型。对指针变量 p 加 1,p 的值增加了一个基类型的长度。如果 p 是指向整型的指针并且它的值为 1000,在 VC6.0 中执行了++p 后,它的值为 1004。

对一个指向某个简单变量的指针执行加减运算是没有意义的。指针的运算是与数组有关。如果指针 p 指向数组 arr 的第 k 个元素,那么 p+i 指向第 k+i 个元素,p−i 指向第 k−i 个元素。

7.2.2 用指针访问数组

C++最不寻常的特征中,最有趣的是数组名保存了数组的起始地址。也就是说,数组名是一个指针! 只不过它是一个常指针,它的值不能变。

如果定义了整型指针 p 和一个整型数组 intarray,由于 p 和 intarray 的类型是一致的,都保存一个整型变量的地址,因此可以执行 p = intarray。一旦执行了这个赋值,p 与 intarray 就是等价的,可以将 p 看成一个数组名。对 p 可以进行任何有关数组下标的操作。例如,可以用 p[3] 引用 intarray[3]。同理,也可以对数组名执行加法运算。intarray+k 就是数组 intarray 的第 k 个元素的地址。因此也可以用*(intarray+k)引用 intarray[k]。

了解了数组和指针的关系,数组的操作就更灵活了。例如,要输出数组 intarray 的 5 个元素,下面 5 段代码都是合法的:

```
for  (i = 0; i < 5; ++i)  cout << intarray[i];
for  (i = 0; i < 5; ++i) cout << *(intarray+i);
for  (p = intarray; p <intarray+ 5; ++p) cout << *p;
for  (p = intarray, i = 0; i < 5; ++i)  cout << *(p+i);
for  (p = intarray, i = 0; i < 5; ++i)  cout << p[i];
```

这是否意味着数组和指针是等价的? 不,数组和指针是完全不同的。定义

```
int intarray[5];
```

和定义

```
int *p;
```

间最基本的区别在于内存的分配。假如整型数在内存中占 4 个字节,地址的长度也是 4 个字节,那么第一个定义为数组分配了 20 个字节的连续内存,能够存放 5 个整型数。第二个定义只分配了 4 个字节的内存空间,其大小只能存放一个内存地址。

认识这一区别对于程序员来说是至关重要的。如果定义一个数组,则需要有存放数组元素的工作空间;如果定义一个指针变量,则只需要一个存储地址的空间。指针变量在初始化之前与任何内存空间都无关。只有在将一个数组名赋给一个指针后,该指针具备了数组名的行为。

7.3　指针与动态变量

7.3.1　动态变量

在 C++中,每个程序需要用到几个变量在写程序前就应该知道,每个数组有几个元素也必须在写程序时就决定。有时在编程序时我们并不知道需要多大的数组或需要多少个变量,直到程序开始运行,根据某一个当前运行值才能决定。例如,设计一个打印魔阵的程序,直到输入了魔阵的阶数后才知道数组应该有多大。

在第 5 章中,我们建议按最大的可能值定义数组,每次运行时使用数组的一部分元素。当打印的魔阵规模变化不是太大时,这个方案是一个可行的;但如果魔阵规模的变化范围很大,这个方案就太浪费空间了。

这个问题的一个更好的解决方案就是**动态变量**机制。所谓动态变量是指:在写程序时无法确定它们的存在,只有当程序运行起来,随着程序的运行,根据程序的需求动态产生和消亡的变量。由于动态变量不能在程序中定义,也就无法给它们取名字,因此对于动态变量的访问需要通过指向动态变量的指针变量来进行间接访问。

要使用动态变量,必须定义一个相应类型的指针,然后通过动态变量申请的功能向系统申请一块空间,将空间的地址存入该指针变量。这样就可以间接访问动态变量了。当程序运行结束时,系统会自动回收指针占用的空间,但**并不会回收动态变量的空间**,这就需要程序员在程序中释放动态变量的空间。因此要实现动态内存分配,系统必须提供 3 个功能。

- 定义指针变量。
- 动态申请空间。
- 动态回收空间。

如何定义一个指针变量在本章前面已经介绍了,下面介绍如何动态申请空间和回收空间。

7.3.2　动态变量的创建

C++的动态变量的创建是用运算符 new。运算符 new 可以创建一个普通变量或一个数组。创建一个普通的动态变量的格式如下:

```
new  类型名;
```

这个操作向系统申请一块能存放相应类型的数据的空间,操作的结果是这块空间的首地址。例如,要申请一个 int 型的动态变量,将 20 存于其中,可以用下列语句:

```
int *p;
p = new int;
*p = 20;
```

由于 new 操作是有类型的,它的结果只能赋给同类指针。因此,下面的操作是非法的:

```
int *p;
p = new double;
```

在创建动态变量时,还可以指定空间中的初值。例如:

```
int *p = new int(10);
```

相当于

```
int *p = new int;
*p = 10;
```

用 new 操作也可以创建一个一维数组。它的格式如下:

```
new 类型名[元素个数];
```

其中的元素个数可以是一个变量或表达式。这个操作申请一块存放指定类型的一组元素的内存空间,操作的结果是这块空间的首地址。例如,要动态产生一个 10 个元素的 int 型的数组,可以用下列语句:

```
int *p;
p = new int[10];
```

此时,p 指向这块空间的首地址。由于 C++中的数组名代表一个数组的起始地址,因此可以将 p 看成是一个数组名。如果要将 p 数组的第二个元素赋值为 20,则可用赋值运算 p[2]=20。

动态数组和普通数组的最大区别在于,它的长度可以是程序运行过程中某一变量的值或某一表达式的计算结果,而普通数组的长度必须是在编译时就能确定的常量。例如:

```
p = new int[2*n];
```

表示申请了一个动态数组,它的元素个数是变量 n 当前值的两倍。但下列操作在标准 C++中是非法的。

```
int p[2*n];
```

通过 new 操作可以申请一个动态的一维数组,但能不能直接申请一个动态的二维数组或三维数组?要使用动态的二维数组或三维数组,程序员必须自己想办法解决。读者也可以考虑一下如何解决这个问题。

由于计算机内存的空间是有限的,当使用 new 操作申请动态变量时可能会失败。也就是说,系统没有可供分配的空间。为可靠起见,在 new 操作后最好检查一下操作是否成功。new 操作是否成功可以通过它的返回值来确定。当 new 操作成功时,返回申请到的一个内存地址;如果不成功,则返回一个空指针,即 0。

7.3.3 动态变量的消亡

在 C++程序运行期间,动态变量不会自动消亡。在一个函数中创建了一个动态变量,在该函数返回后,该动态变量依然存在,仍然可以使用。甚至程序运行结束后,该程序中的动态变量的空间依然被占用。要回收动态变量的空间必须显式地使之消亡。要消亡某个动态变量,可以使用 delete 操作。对应于动态变量和动态数组,delete 有两种用法。

要消亡一个动态变量,可以用

```
delete 指针变量;
```

该操作将会回收该指针指向的空间。例如:

```
int *p = new int(10);
```

delete p;

要消亡一个动态数组,可以用

delete[]指针变量;

该操作回收由该指针变量值作为数组首地址的数组的空间。但如果该动态数组是字符数组,delete时可以不加方括号。

一旦回收了某个动态变量的内存,虽然指针仍然指向这个地址,但已不能再使用指针指向的这些内存。如果继续访问该指针指向的内存,将会引起程序异常终止。

7.3.4 内存泄漏

在动态变量的使用中,最常出现的问题就是内存泄漏。所谓的**内存泄漏**就是用动态变量机制申请了一个动态变量,而后不再需要这个动态变量时没有 delete 它;或者把一个动态变量的地址放入一个指针变量,而在此变量没有 delete 之前又让该指针指向另一个动态变量。这样原来那块空间就丢失了。系统认为你在继续使用它们,而你却不知道它们在哪里,别的程序也无法使用这块内存。内存泄漏将会使系统可用内存越来越少。

为了避免出现这种情况,应该用 delete 明白地告诉计算机系统这些内存区域你不再使用。

内存泄漏对一些使用少量动态变量的程序并不重要,但对有些程序非常重要。如果你的程序要运行很长时间,而且不停地申请动态变量,但却不 delete 它们,这样程序最终可能会耗尽所有内存,直至崩溃。

所以,**在使用动态变量时一定要记得 delete 它们**!

7.3.5 动态变量应用实例

例 7.1 设计一个计算某次考试成绩的均值和方差程序。程序运行时,先输入学生数,然后输入每位学生的成绩,最后程序给出均值和方差。

第 5 章已经介绍了一个计算某次考试成绩的均值和方差的程序,如代码清单 5 - 2 所示。但该程序有两个问题。第一,该程序有学生人数的限定,最多是 100 个学生,如果某次考试的人数超过 100 个,该程序就无法工作。第二,如果参加考试的人数很少,如只有 10 个,该程序将造成 90% 的空间浪费。

解决这两个问题的途径就是使用动态数组。可以根据实际参加考试的人数申请一个存放考试成绩的动态数组。按照这个思想实现的程序如代码清单 7 - 1 所示。

代码清单 7 - 1 统计某次考试的平均成绩和方差

```cpp
//文件名:7-1.cpp
//统计某次考试的平均成绩和方差
#include <iostream>
#include <cmath>
using namespace std;

int main()
{
    int *score, num, i;
    double average = 0, variance = 0;
```

```
//输入阶段
cout << "请输入参加考试的人数:";
cin >> num;
score = new int[num];

cout << "请输入成绩:\n";
for(i = 0; i < num; ++i)
    cin >> score[i];

//计算平均成绩
for(i = 0; i < num; ++i)
    average += score[num];
average = average / num;

//计算方差
for(i = 0; i < num; ++i)
    variance += (average - score[i]) * (average - score[i]);
variance = sqrt(variance) / num;

cout << "平均分是:" << average << "\n方差是:" << variance << endl;

return 0;
}
```

7.4　字符串再讨论

　　C++没有字符串类型,当程序中需要一个字符串变量时,通常是用一个字符数组来存储。通过本章的学习,我们又了解到数组名其实是一个指针。因此字符串还有第二种表示方法,即采用指向字符的指针表示。而且通常都是采用指向字符的指针表示。

　　用指针表示字符串有 3 种用法:

　　(1) 将一个字符串常量赋给一个指向字符的指针变量。如 string 是指向字符的指针,可以执行 string = "abcde"。

　　(2) 将一个字符数组名赋给一个指针,字符数组中存储的是一个字符串。

　　(3) 申请一个动态的字符数组赋给一个指向字符的指针,字符串存储在动态数组中。

　　第一种情况看起来有点奇怪,把一个字符串赋给一个指针! 这个语句应该理解为将存储字符串"abcde"的内存的首地址赋给指针变量 string。C++中,字符串常量都会被存储在内存中,在程序执行过程中始终存在。

　　由于在 C++中,数组名被解释成指向数组首地址的指针。因此,尽管在第一种情况中指针指向的是一个字符串常量,但还是可以把此指针变量解释成数组的首地址,通过下标访问字符串中的字符。例如,string[3]的值是 d。但由于该指针指向的是一个常量,因此不能修改此字符串中的任何字符,也不能将这个指针作为 strcpy 函数的第一个参数。

7.5 指针与函数

7.5.1 指针作为形式参数

函数的参数不仅可以是整型、实型、字符型等数据,也可以是指针变量。将指针变量作为参数可以使某个函数和被它调用的函数之间共享某一块内存空间。例如,函数 B 有一个指针类型的形式参数,函数 A 调用函数 B 时,传给这个形式参数的是函数 A 中的某个变量 a 的地址,在函数 B 中可以通过间接访问这个形式参数访问函数 A 中的变量 a。指针传递可以使被调用函数访问调用该函数的函数中的某些变量。

为了对参数的地址传递机制的本质有一个基本的了解,首先来看一个经典的例子:编写一个函数 swap,使得它能够交换两个变量的值。初学者往往会写这样一个函数:

```
void swap(int a, int b)
{
    int c = a;
    a = b;
    b = c;
}
```

如果在某个函数中想交换两个整型变量 x 和 y 的值,可以调用 swap(x, y)。结果发现,变量 x 和 y 的值并没有交换! 这是为什么呢? 原因在于 C++的参数传递方式是值传递。所谓的值传递就是:在执行函数调用时,用实际参数值初始化形式参数,以后实际参数和形式参数再无任何关系。不管形式参数如何变化都不会影响实际参数。因此当执行 swap(x, y)时,系统用 x 的值初始化 a,用 y 的值初始化 b。在 swap 函数中将 a 和 b 的数据进行了交换,但这个交换并不影响实际参数 x 和 y。事实上,由于 a 和 b 是局部变量,当 swap 函数执行结束时,这两个变量根本就不存在。

为了能使形式参数的变化影响到实际参数,可以将形式参数定义成指针类型,在函数调用时,将实际参数的地址传过去,在函数中交换两个形式参数指向的空间中的内容,如下所示:

```
void  swap(int *a, int *b)
{
    int c = *a;
    *a = *b;
    *b = c;
}
```

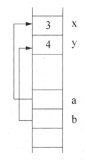

当要交换变量 x 和 y 的值时,可以调用 swap(&x, &y)。如果 x=3,y=4,则调用时内存的情况如图 7-5 所示。即将实际参数 x 和 y 的地址分别存入形式参数 a 和 b。

在函数内交换了 a 指向的单元和 b 指向的单元的内容,即 x 和 y 的内容。当函数执行结束时,尽管 a 和 b 已不存在,但 x 和 y 的内容已被交换。

图 7-5 调用 swap (&x, &y)时内存的情形

用指针作为参数可以在函数中修改调用程序的变量值,必须小心使用!

例 7.2 设计一个函数解一元二次方程。

到目前为止我们了解到的函数只能有一个返回值,由 return 语句返回,而一个一元二次方程有两个解,如何让函数返回两个解?答案是可以在主函数中为方程的解准备好空间,如定义两个变量 x1 和 x2,把 x1 和 x2 的地址传给解方程的函数,在函数中将方程的解存入指定的地址。因此,函数原型可设计为

```
void SolveQuadratic(double a, double b, double c, double *px1, double *px2)
```

要解方程 $ax^2 + bx + c = 0$,可以调用

```
SolveQuadratic(a, b, c, &x1, &x2)
```

尽管函数没有返回值,但调用结束后变量 x1 和 x2 中包含了方程的两个根。

由此可见,指针作为参数传递可以使函数有多个执行结果。有了指针传递后,函数的参数可以分为两类:输入参数和输出参数。输入参数一般用值传递,而输出参数必须用指针传递。在设计函数原型时,**一般将输入参数排在前面,输出参数排在后面。**

尽管此函数能够解决一元二次方程返回两个根的问题,但它还有一些缺陷。在解一个一元二次方程时,并不是每个一元二次方程都有两个不同根,有时可能有两个等根,有时可能没有根。函数的调用者如何知道调用返回后 x1 和 x2 中包含的是否是有效的解?可以对此函数原型稍加修改,让它返回一个整型数。该整型数表示解的情况。返回值为 0,表示方程很正常,有两个不同的根;返回值为 1 表示有两个等根,存放在 x1 中;返回值为 2 表示方程无解;返回值为 3 表示该方程根本就不是一元二次方程。调用者可以根据返回值决定如何处理 x1 和 x2。根据上述思想设计的解一元二次方程的函数及使用如代码清单 7-2 所示。

代码清单 7-2 解一元二次方程的函数及其应用

```
//文件名:7-2.cpp
//解一元二次方程的函数及其应用
#include <iostream>
#include <cmath>
using namespace std;

int SolveQuadratic(double a, double b, double c, double *px1, double *px2);

int main()
{
    double a, b, c, x1, x2;
    int result;
    cout << "请输入 a,b,c:";cin >> a >> b >> c;
    result = SolveQuadratic(a, b, c, &x1, &x2);

    switch(result){
        case 0:cout << "方程有两个不同的根:x1 = " << x1 << "x2 = " << x2;break;
        case 1:cout << "方程有两个等根:" << x1;break;
```

```
        case 2:cout << "方程无根";break;
        case 3:cout << "不是一元二次方程";
    }

    return 0;
}


//这是一个解一元二次方程的函数,a,b,c是方程的系数,px1和px2是存放方程解的地址
//函数的返回值表示根的情况:   0--有两个不等根
//                          1--有两个等根,在px1中
//                          2--根不存在
//                          3--降级为一元一次方程
int SolveQuadratic(double a, double b, double c, double *px1, double *px2)
{
    double disc, sqrtDisc;

    if(a == 0)return 3;//不是一元二次方程

    disc = b * b - 4 * a * c;

    if(disc < 0)return 2;//无根

    if(disc == 0){*px1 = -b / (2 * a); return 1;}   //等根

    //两个不等根
    sqrtDisc = sqrt(disc);
    *px1 = (-b + sqrtDisc) / (2 * a);
    *px2 = (-b - sqrtDisc) / (2 * a);

    return 0;
}
```

例 7.3 设计一函数在一个整型数组中找出最大值和最小值。

首先考虑如何设计该函数的原型。该函数的输入是一个数组,传递一个数组需要用两个参数:数组名和数组规模。我们已经知道数组名和指针是等价的,因此也可以用一个指针来代替数组名。函数的输出有两个:最大值和最小值。如何让函数返回两个值? 我们可以采用例7.2同样的方法,在主函数中准备好存储返回值的变量,将这两个变量的地址传到函数中,在函数中通过间接访问的方式将找到的最大值和最小值存入这两个变量。因此函数的原型可设计为

```
void minmax(int a[ ], int n, int *min_ptr, int *max_ptr)
```

或

```
void minmax(int *a, int n, int *min_ptr, int *max_ptr)
```

其中*a表示a数组的起始地址。

虽然第二个函数原型也完全正确,但建议使用第一个函数原型。第一个函数原型很清晰地传递了一个整型数组。而第二个函数原型会让读者疑惑参数a到底是什么,是一个数组还是一个输出参数。

由于数组名和指针是等价的,在调用该函数时,第一个形式参数对应的实际参数可以是数组名也可以是指针。不管实际参数是数组名还是指针,在函数内部都把这个地址当成某个数组的起始地址。

找出最大最小值的最简单的方法是按顺序扫描整个数组,对每个数组元素执行下列动作:如果比最小值小,将它设为最小值;如果比最大值大,将它设为最大值。扫描了整个数组就找到了数组中的最大值和最小值。这个方法很简单,读者可自己实现这个函数。

下面再介绍一种基于递归实现的方法。按照递归的观点,可以把这个问题分成两个小问题:找左一半的最大最小值和后一半的最大最小值。取两个最大值中的较大者作为整个数组的最大值,两个最小值中的较小者作为整个数组的最小值。当数组规模减到了1和2时,不需要再递归了。具体方法如下:

● 如果数组中只有一个元素,那么最大最小值都是这个元素(这种情况不需要递归。)

● 如果数组中只有两个元素,则大的一个就是最大值,小的那个就是最小值(这种情况也不需要递归)。

● 否则,将数组分成两半,递归找出前一半的最大值和最小值和后一半的最大值和最小值。取两个最大值中的较大者作为整个数组的最大值,两个最小值中的较小者作为整个数组的最小值。

按照上述思想,可设计出函数的伪代码:

```
void minmax(int a[ ], int n, int *min_ptr, int *max_ptr)
{    switch(n){
         case 1:  最大最小都是a[0];
         case 2:  两者中的大的放入*max_ptr;小的放入*min_ptr;
         default:对数组a的前一半和后一半分别调用minmax;
                 取两个最大值中的较大者作为最大值;
                 取两个最小值中的较小者作为最小值;
     }
}
```

对这段伪代码进一步细化,可得到完整的程序,如代码清单7-3所示。

代码清单7-3 找整型数组中的最大最小值的程序

```
//文件名:7-3.cpp
//找整型数组中的最大最小值的程序
void minmax(int a[ ], int n, int *min_ptr, int *max_ptr)
{    int min1, max1, min2, max2;
     switch(n){
```

```
        case 1: *min_ptr = *max_ptr = a[0];return;
        case 2: if(a[0] < a[1]){*min_ptr = a[0]; *max_ptr = a[1];}
                else{*min_ptr = a[1]; *max_ptr = a[0];}
                return;
        default:minmax(a, n/2, &min1, &max1);        //找前一半的最大最
                小值
                minmax(a + n/2,n - n/2, &min2, &max2);//找后一半的最大
                最小值
                if(min1 < min2)  *min_ptr = min1;else  *min_ptr = min2;
                if(max1 < max2)  *max_ptr = max2;else  *max_ptr = max1;
                return;
    }
}
```

注意代码清单 7-3 中的第三种情况,找左一半的最大值是通过递归调用 minmax,传给它的第一、第二个参数是数组 a 的名字以及 n/2。尽管数组 a 有 n 个元素,但在递归调用时告诉被调用函数这个数组只有 n/2 个元素,这次函数执行只找出了前 n/2 个元素中的最大最小值。更奇妙的是第二个函数调用,需要找数组后一半的最大最小值,我们将 a+n/2 作为第一个形式参数的实际参数。在函数中把这个地址当作数组的起始地址。

例7.4 编写一个统计字符串中单词个数的函数,单词之间用空格分开。

首先设计这个函数的原型。这个函数的输入是一个字符串,输出是字符串中包含的单词个数。因此它的参数是一个字符串,返回值是一个整型数。设计这个函数原型的关键在于如何传递一个字符串。字符串本质上是用一个字符数组来存储,因此传递字符串与传递数组一样,形式参数和实际参数都可写成字符数组或指向字符的指针。但如果传递的是一个字符串,通常使用指向字符的指针。由于字符串有一个特定的结束标志'\0',因此与普通数组作为参数传递不同,传递一个字符串只需要一个参数,即指向字符串中第一个字符的指针,而不需要指出字符串的长度。

在该函数中,只是读这个传入的字符串但并不修改这个字符串,所以可以用 const 限定这个形式参数,表示这个字符串在函数中是个常量,不能修改。最终可以确定这个函数的原型是

```
int word_cnt(const char *);
```

第 5 章例 5.11 中已经介绍了如何统计字符串中的单词数,本例采用另一种解决方法。从头到尾扫描字符串,先跳过连续空格,直到遇到一个非空格。这时表示遇到了一个单词,单词数加 1。单词是由非空格的字符组成,于是跳过所有的非空格字符直到遇到空格或'\0'。然后重复这个过程,直到遇到'\0'。该函数的实现如代码清单 7-4 所示。

代码清单7-4 字符串作为函数的参数的示例程序

```
//文件名:7-4.cpp
//字符串作为函数的参数的示例
int word_cnt(const char *s)
{ int cnt = 0;
```

```
    while(*s != '\0'){
        while(*s == ' ')  ++s;//跳过空格字符
        if(*s != '\0'){
            ++cnt;  //找到一个单词
            while(*s != ' ' && *s != '\0')++s;      //跳过单词
        }
    }
    return cnt;
}
```

例 7.5　设计一个函数从一个字符串中取出一个子串。

该函数同样可以采用例 7.2 的思想,在主函数中为子串准备好存储空间,并将这块空间的地址作为参数传给函数。在函数中将取出的子串存放在这块空间中。但要注意,调用该函数的函数必须保证这块空间足够存储取出的字符串。

从一个字符串中取子串需要 3 个信息:从哪一个字符串中取子串、子串的起点、子串的终点。从例 7.4 可知,传递一个字符串可以用一个指向字符的指针表示。所以函数有 3 个输入参数:指向字符的指针和 2 个整型参数,该字符串在函数中不会被修改,所以也可以用 const 限定。函数有一个输出参数:指向字符的指针。函数的实现如代码清单 7-5 所示。

代码清单 7-5　从一个字符串中取出一个子串

```
//文件名:7-5.cpp
//从一个字符串中取出一个子串
void subString(const char *s, int start, int end, char *result)
{
    int len = strlen(s);

    if(start < 0 || start >= len || end < 0 || end >= len || start > end){
        cout << "起始或终止位置错" << endl;
        result[0] = '\0';
        return;
    }

    strncpy(result, s + start, end - start+1);
    result[end - start + 1] = '\0';
}
```

如果调用 subString("abcdefghijkl", 3, 6, str),其中 str 必须是个字符数组名,函数调用结束后 str 的值为"defg"。

7.5.2　返回指针的函数

函数的返回值可以是一个指针。表示函数的返回值是一个指针只需在函数名前加一个*

号。返回指针的函数通常用来返回一个字符串或数组。

例7.5给出了一个从一个字符串中取出一个子串的函数。在代码清单7-5的实现中,我们将函数的执行结果以输出参数的形式返回。更自然的返回方式是以返回值的形式给出,即让函数的返回值是一个字符串。字符串可以用一个指向字符的指针表示,因此函数的返回值可以是一个指向字符的指针。该函数的原型可设计为

```
char *subString(const char *, int, int);
```

该函数的实现如代码清单7-6所示。

代码清单7-6　字符串作为函数的参数的示例程序

```cpp
//文件名:7-6.cpp
//从一个字符串中取出一个子串
char *subString(const char *s, int start, int end)
{
  int len = strlen(s);

  if(start < 0 || start >= len || end < 0 || end >= len || start > end){
    cout << "起始或终止位置错" << endl;
    return NULL;
  }

  char *sub = new char[end - start + 2];
  strncpy(sub,s + start,end - start + 1);
  sub[end - start + 1] = '\0';

  return sub;
}
```

函数首先检查起点和终点的正确性,根据起点终点值决定子串的长度,并申请一个存储子串的动态数组,然后将字符串 s 从起点到终点的字符拷贝到动态数组中,并返回此动态数组。

值得注意的是,当函数的返回值是指针时,返回地址对应的变量可以是全局变量或动态变量,或调用程序中的某个局部变量,但不能是被调函数的局部变量。因为当被调函数返回后,局部变量已消失,当调用者通过函数返回的地址去访问地址中的内容时,会发现已无权使用该地址。在 Visual C++ 中,编译器会给出一个警告。

在代码清单7-6中,我们返回了一个动态数组。动态变量的空间需要用 delete 运算释放。在执行 delete 之前,该空间都可以使用。所以,离开了函数 subString 以后,这块空间依然可用。需要调用该函数的函数 delete 它。

7.5.3　引用与引用传递

指针类型提供了通过一个变量间接访问另一个变量的能力。特别是,当指针作为函数的参数时,可以使主调函数和被调函数共享同一块空间,同时也提高了函数调用的效率。但是指

针也会带来一些问题,如它会使程序的可靠性下降以及书写比较烦琐等。

为获得指针的效果,又要避免指针的问题,C++提供了另外一种类型——引用类型,它也能通过一个变量访问另一个变量,而且比指针类型安全方便。

所谓的引用就是给变量取一个别名,使一块内存空间可以通过几个变量名来访问。例如:

```
int i;
int &j = i;
```

其中第二个语句定义了变量 j 是变量 i 的别名。当编译器遇到这个语句时,它并不会为变量 j 分配空间,而只是把变量 j 和变量 i 的地址关联起来。i 与 j 用的是同一个内存单元。通过 j 可以访问 i 的空间。例如:

```
i = 1;
cout << j;//输出结果是 1
j = 2;
cout << i;//输出结果是 2
```

引用实际上是一种隐式指针。每次使用引用变量时,可以不用书写运算符"*",因而简化了程序的书写。

毕竟变量有一个名字就够了,没必要再要一个别名。C++引入引用的主要目的是将引用类型的变量作为函数的参数。7.5.1 节介绍了一个 swap 函数:

```
void swap(int *a, int *b)
{    int c;
    c = *a;
    *a = *b;
    *b = c;
}
```

这个函数能交换两个实际参数的值,要交换变量 x 和 y 的值,可以调用 swap(&x, &y)。但这个函数看起来很烦琐。函数中的 3 个赋值语句中的指针变量前都要加一个符号*。函数调用看起来也不舒服,在 x 和 y 前都要加地址符 &。如果把形式参数改成引用类型,可以达到同样的目的,而且形式简单。使用引用类型参数的 swap 函数如下:

```
void swap(int &a, int &b)
{    int c;
    c = a;
    a = b; b = c;
}
```

要用此函数交换变量 x 和 y 的值,可以调用 swap(x, y)。在调用 swap(x, y)时,相当于发生了两个引用类型的变量定义 int &a = x, &b = y;,即 a,b 分别是变量 x 和 y 的别名,a 和 x 共用一块空间,b 和 y 共用一块空间。因此,在函数内部 a 和 b 的交换就是 x 和 y 的交换。

在使用引用类型的参数时必须注意,调用时对应的实际参数必须是变量。

例 7.6 修改代码清单 6-10 中的 convertToInt 函数,使之能将函数中已处理字符的位置信息传回 main 函数。

代码清单 6-10 中的 convertToInt 函数从位置 start 开始扫描字符串,将扫描的字符串转换成一个整数直到遇到空格或字符串结束，返回转换好的整数。由于 start 是值传递，所以扫描过程中 start 的变化不会影响实际参数 i。因此回到 main 函数后，i 还在老地方，需要再次移动 i 到下一个数字开始的地方，造成时间性能的下降。有了指针和引用传递，只需将 start 改成引用传递。回到 main 函数时，对应的实际参数值也随之改变。根据这个思想可以得到代码清单 7-7 的函数。

代码清单 7-7 convertToInt 函数的优化（一）

```
int convertToInt(char s[ ], int &start, int base)
{
  int data = 0;
  switch(base){
    case 10:while(s[start] != ' '&& s[start] != '\0')
              data = data * 10 + s[start++] - '0';
          break;
    case 8:while(s[start] != ' ' && s[start] != '\0')
             data = data * 8 + s[start++] - '0';
         break;
    case 16:while(s[start] != ' ' && s[start] != '\0'){
              data = data * 16;
              if(s[start] >= 'A' && s[start] <= 'F')data += s[start++]
 - 'A' + 10;
              else data += s[start++] - '0';
            }
  }
  return data;
}
```

字符串的另一种表示方法是使用指向字符的指针，因此 convertToInt 函数的另一种设计方法是传递字符串中当前扫描的起始地址，即一个指向字符的指针。函数从该指针指向的位置开始扫描，这样就不需要参数 start 了。另外，我们同样希望在函数中扫描过的部分回到 main 函数后不再被处理，所以将该指针设计成引用传递。这样执行函数后，实际参数指针指向下一个被处理的字符。按照这个思想实现的函数如代码清单 7-8 所示。

代码清单 7-8 convertToInt 函数的优化（二）

```
int convertToInt(char *&s, int base)
{
  int data = 0;
  switch(base){
    case 10: while(*s != ' ' && *s != '\0')
              data = data * 10 + *(s++) -'0';
```

```
            break;
    case 8: while(*s != ' ' && *s != '\0')
                data = data * 8 +*(s++) -'0';
            break;
    case 16: while(*s != ' ' && *s != '\0'){
                data = data * 16;
                if (*s >= 'A' && *s <= 'F') data += *(s++) -'A' + 10;
                else data += *(s++) -'0';
            }
        }
    return data;
}
```

引用传递可以起到与指针传递同样的作用,即在函数中修改实际参数的值。引用传递还有另外一个作用,可以提高参数传递的效率。在值传递时,C++会为每个形式参数分配内存空间,并将实际参数作为初值。因此处理值传递参数要做两件事:首先为形式参数分配空间;其次将实际参数的值复制到形式参数的空间中。而在引用传递时,C++只是标记一下形式参数的地址就是实际参数的地址。这样既节约空间(形式参数不占空间)又节约时间(不需要将实际参数的内容复制到形式参数的空间中)。因此很多程序员喜欢将函数参数设计成引用传递。但引用传递可以在函数内修改实际参数的值,而值传递中实际参数的值是不可以修改的。要保证实际参数的安全性,通常在形式参数前加一个 const 限定。如

```
void fun(const int &x)
```

表示形式参数 x 在函数内是一个常量,不能修改。这样就保证了实际参数的安全性。

7.6 指针数组与多级指针

7.6.1 指针数组

由于指针本身也是变量,所以一组同类指针也可以像其他变量一样形成一个数组。如果一个数组的元素均为某一类型的指针,则称该数组为指针数组。一维指针数组的定义形式如下:

类型名　*数组名[数组长度];

例如:

```
char *string[10];
```

定义了一个名为 string 的指针数组,该数组有 10 个元素,每个元素都是一个指向字符的指针。在 C++中,字符串可以用指向字符的指针表示,即 string[i]是一个字符串,所以 string 可以看成是一字符串数组。

7.6.2 多级指针

再进一步思考一下,数组名 string 的值是什么类型? C++中数组名是指向数组第一个元素的指针。整型数组名是一个整型指针,double 型的数组名是一个 double 型的指针。数组 string 的每个元素是一个指向字符的指针,则数组名 string 是一个指针,指向一个字符型的指

针。如果一个指针变量指向的地址中存储的是一个指针，则称该指针变量为**多级指针**。指向整型或实型等变量的指针称为一级指针。指向一级指针的指针为二级指针。以此类推，可得三级指针、四级指针等。

在定义指针变量时，一级指针用一个*表示，二级指针用两个*号表示，三级指针用三个*表示，以此类推。例如，下面定义中的变量 p 是一级指针，变量 q 就是二级指针。一级指针保存的是非指针变量的地址，二级指针中存储的是一级指针变量的地址。

```
int x = 15, *p = &x, **q = &p;
```
二级指针 q 指向一个一级指针 p，一级指针 p 指向一个整型变量 x。上述定义在内存中形成下面的结构：

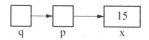

同理，还可以定义一个三级指针。三级指针的定义如下：

类型名　***变量名；

7.6.3　main 函数的参数

指针数组的一个重要用途是用在 main 函数的参数中。如果读者使用过命令行界面，你会发现在输入命令时经常会在命令名后面跟一些参数。例如，DOS 中的改变当前目录的命令：

```
cd directory1
```
其中，cd 为命令的名字，即对应于改变当前目录命令的可执行文件名，directory1 就是这个命令对应的参数。那么，这些参数是怎样传递给可执行文件的呢？ 每个可执行文件对应的源文件必定有一个 main 函数，这些参数就是作为 main 函数的参数传入的。

到目前为止，我们设计的 main 函数都是没有参数的，也没有用到它的返回值。事实上，main 函数可以有两个形式参数。第一个形式参数习惯上称为 argc，是一个整型参数，它的值是运行程序时命令行中的参数个数。第二个形式参数习惯上称为 argv，是一个指向字符的指针数组，它的每个元素是指向一个实际参数的指针。每个实际参数都表示为一个字符串。对于

```
cd directory1
```
main 函数得到的 argc 的值是 2，数组 argv 有两个元素，argv[0]的值为"cd"，argv[1]的值为"directory1"。代码清单 7-9 是一个最简单的带参数 main 函数。

代码清单 7-9　带参数的 main 函数示例

```cpp
//文件名:7-9.cpp
//带参数的 main 函数示例
#include <iostream>
using namespace std;

int main(int argc, char *argv[ ])
{
    int i;
```

```
        cout << "argc = " << argc << endl;
        for(i = 0; i < argc; ++i)cout << "argv[" << i << "] = " << argv[i] << endl;

        return 0;
    }
```

代码清单 7 - 9 所示的程序用来检测执行时命令行中有几个实际参数,并把每个实际参数的值打印出来。假如生成的可执行文件为 myprogram.exe,在命令行输入 myprogram,对应的输出结果如下:

```
argc = 1
argv[0] = myprogram
```

注意,在 main 函数执行时,命令名(可执行文件名)本身也作为一个参数。如果在命令行输入 myprogram try this,则对应的输出如下:

```
argc = 3
argv[0] = myprogram
argv[1] = try
argv[2] = this
```

例7.7　编写一个求任意 n 个正整数的平均数的程序,它将 n 个数作为命令行的参数。如果该程序对应的可执行文件名为 aveg,则可以在命令行输入 aveg 10 30 50 20 40 ✓,表示求 10,30,50,20 和 40 的平均值,对应的输出为 30。

这个程序必须用到 main 函数的参数。通过 argc 可以知道本次运行输入了多少数字。通过 argv 可以得到这一组数字。不过这组数字被表示成了字符串的形式,还必须把它转换成真正的数字。程序的实现如代码清单 7 - 10 所示。

代码清单 7 - 10　求 n 个正整数的平均值的程序

```
//文件名:7-10.cpp
//求几个正整数的平均值
#include <iostream>
using namespace std;

int ConvertStringToInt(char *);

int main(int argc, char *argv[ ])
{   int sum = 0;
    for(int i = 1; i < argc; ++i)sum += ConvertStringToInt(argv[i]);
    cout << sum / (argc - 1)<<endl;
    return 0;
}

//将字符串转换成整型数
```

```
int ConvertStringToInt(char*s)
{    int num = 0;
     while(*s){num = num * 10 + *s - '0';++s;}
     return num;
}
```

采用 main 函数的参数,程序员不再需要操心存储数据的数组的大小,也不用操心输入的哨兵问题。

7.7 指向函数的指针

在 C++中,指针可以指向一个整型变量、实型变量、字符串、数组等,也可以指向一个函数。所谓指针指向一个函数就是让指针保存这个函数的代码在内存中的起始地址,以后就可以通过这个指针调用某一个函数。这样的指针称为**指向函数的指针**。当通过指针去操作一个函数时,编译器不仅需要知道该指针是指向一个函数的,而且需要知道该函数的原型。因此,在 C++中指向函数的指针定义格式为:

返回类型 (*指针变量) (形式参数表);

注意,指针变量外的圆括号不能省略。如果没有这对圆括号,编译器会认为声明了一个返回指针值的函数,因为函数调用运算符()比表示指针的运算符*的优先级高。

为了让指向函数的指针指向某一个特定函数,可以通过赋值

指针变量名=函数名

来实现。如果有一个函数 int f1(),有一个指向函数的指针 p,我们可以通过赋值 p=f1 将 f1 的入口地址赋给指针 p,以后就可以通过 p 调用 f1。例如,p()或(*p)()与 f1()都是等价的。

7.8 编程规范与常见错误

不管是什么类型的指针变量,存放的都是一个内存地址。但要注意只有同类型的指针才能互相赋值。整型指针只能存放整型变量的地址,不能存放其他类型变量的地址。

指针可以作为函数的参数。指针作为函数参数可以使函数间接访问调用该函数的函数中的变量。指针参数通常用于传递函数的执行结果,因此也称为输出参数。指针参数使函数可以有多个执行结果。有了指针传递,函数的参数被分为两类:输入参数和输出参数。输入参数通常用值传递,输出参数通常用指针传递或引用传递。在设计函数原型时,通常将输入参数排在前面,输出参数排在后面。

有了指针就可以申请动态变量。动态变量使用中的最容易犯而且最不容易发现的错误是内存泄漏。如果程序运行很长时间,内存泄漏将会使系统崩溃或使系统越来越慢。与内存泄漏相反的是 delete 一个不存在的动态变量,这将会导致程序的非正常结束。delete 一个不存在的动态变量可能有两个原因。一个原因是程序将一个动态变量 delete 两次,第二次 delete 将会导致程序异常终止。第二种情况是申请了一个动态变量,然后修改了存放动态变量地址的指针。delete 该指针指向的动态变量也将导致程序异常终止。

由于指针和数组的特殊关系,初学者容易将指针和数组等同起来。数组或指针是完全不

同的变量,只有在将一个数组名赋给一个指针后,指针才能等同于数组。可以将一个数组名赋给指针,但不可以将指针赋给数组名。

多级指针与一级指针一样,它的内存空间中都是存放了一个地址,但C++对这个地址的解释是不同的。

7.9 小结

本章介绍了指针的概念。指针是一种特殊的变量,它的值是计算机内存中的一个地址。指针通常是很有用的,因为它能提供程序不同部分间共享数据的功能,能使程序在执行时分配新内存。

像其他变量一样,指针变量使用前必须先定义。定义一个指针变量时,除了说明它里面存储的是一个地址外,还要说明它指向的变量的数据类型。定义指针变量时给它赋初值是一个很好的习惯,可以避免很多不可预料的错误。

指针的基本运算符是 & 和*。& 运算符作用于一个左值并返回一个指向该左值的指针,* 运算符作用于一个指针并返回该指针指向的左值。

将指针作为形式参数可以使一个函数与其调用函数共享数据。指针传递的另一种形式是引用传递,它能起到指针传递的作用,但形式更加简洁。指针或引用也可以作为函数的返回值,允许将函数作为左值使用。

在 C++语言中,指针和数组密切相关。当指针指向数组中的某一元素时,就可以将指针像数组一样使用,反之也行。指针和数组之间的关系使得算术运算符+和-以及++和--也可用于指针。但指针的加减法与整型数、实型数的加减法不同,它要考虑到指针的基本类型。

程序运行时,你可以动态地申请新内存,这称为动态内存分配机制。运算符 new 用于申请动态变量。当申请的动态变量不再需要时,程序必须执行 delete 运算把内存归还给堆。

7.10 习题

简答题

1. 下面的定义所定义的变量类型是什么?
```
double *p1, p2;
```
2. 如果 arr 被定义为一个数组,描述以下两个表达式之间的区别。
```
arr[2]
arr+2
```
3. 假设 double 类型的变量在使用的计算机系统中占用 8 个字节。如果数组 doubleArray 基地址为 1000,那么 doubleArray+5 的地址值是什么?

4. 定义 int array[10], *p = array;后,可以用 p[i]访问 array[i]。这是否意味着数组和指针是等同的?

5. 字符串是用字符数组来存储的。为什么传递一个数组需要两个参数(数组名和数组长度),而传递字符串只要一个参数(字符数组名)?

6. 值传递、引用传递和指针传递的区别是什么?

7. 为什么只有同类指针可以互相赋值，不同类型的指针不允许互相赋值？

8. 空指针有什么用途？

9. 如果有定义

```
int x, *p = &x, array[10];
```

是否可以执行 p = array + 5？是否可以执行 array = p？为什么？

10. 如何检查 new 操作是否成功？

11. 指出下列语句的问题：

```
int *p = new Double[10];
```

12. 下面语句段有什么问题？

```
int x, *px = &x;
double y, *py = &y;
px = py;
```

13. 下面语句段有什么问题？请解释。

```
int x = 5, *px;
*px = x;
```

14. 如果 p 是一个指针变量，取 p 指向的单元中的内容应如何表示？取变量 p 本身的地址应如何表示？

15. 如果一个 new 操作没有对应的 delete 操作会有什么后果？

16. 写出下面程序的执行结果

```
#include <iostream>
using namespace std;
int a[ ] = {0, 1, 2, 3, 4};
int f1(int &i){++i; return i;}
int f2(int i){++i; return i;}
int main()
{
    cout << f1(a[2]) << endl;
    cout << f2(a[3]) << endl;
    for(int i = 0; i < 5; ++i)cout << a[i] << " ";

    return 0;
}
```

17. 写出下面函数的功能

```
bool  WhatIsThis(const char *s1, const char *s2)
{
    for(; *s1 != '\0' && s2 != '\0'; ++s1, ++s2)
      if(*s1 > *s2)   return true;
    if(s2 == '\0')return true;else return false;
}
```

18. 指出下列程序的错误

```
void swap(int &m, int &n)
{
    int temp;
    temp = m; m = n; n = temp;
}
int main()
{
    int i = 5;

    swap(10, &i);
    cout << i;

    return 0;
}
```

19. 写出下面语句段的执行结果。

```
int A[3] = {2, 7, 5 };
int *p = A;
cout << *(p++) << endl;
cout << ++(*p) << endl;
```

程序设计题

1. 用原型 void getDate(int &dd, int &mm, int &yy);写一个函数从键盘读入一个形如 dd−mmm−yy 的日期。其中 dd 是一个 1 位或 2 位的表示日的整数,mmm 是月份的英文字母的缩写,yy 是两位数的年份。函数读入这个日期,并将它们以数字形式传给三个参数。

2. 设计一个函数 int getInt(const char *s);字符串 s 由数字组成。函数将该字符串转换成一个整数。如 s="2314",函数的返回值为整数 2314。如 s="−2314",函数的返回值为整数−2314。

3. 设计一个函数 double getDouble(const char *s);字符串 s 由数字和小数点组成。函数将该字符串转换成一个实型数。如 s="23.14",函数的返回值为实型数 23.14。

4. 设计一个函数 char *itos(int n),将整型数 n 转换成一个字符串。

5. 用带参数的 main 函数实现一个完成整数运算的计算器。例如,输入

```
calc  5 * 3
```

执行结果为 15。

6. 编写一个函数,判断作为参数传入的一个整型数组是否为回文。例如,若数组元素值为 10, 5, 30, 67, 30, 5, 10 就是一个回文。

7. Julian 历法是用年及这一年中的第几天来表示日期。设计一个函数将 Julian 历法表示的日期转换成月和日(注意闰年的问题)。函数返回一个字符串,即转换后的月和日。如果参数有错,如天数为第 370 天,返回 NULL。

8. 设计一个函数,传入一个整型数组,统计数组中所有整型数中数字 0 出现了多少次,1 出现了多少次,……, 9 出现了多少次,并返回。例如,传入的数组元素是:103 211 543 790 12345 657803 333 908 789 639,返回的数组元素为:4 4 2 8 4 3 6 3 3 4。

9. 设计一个生成动态二维整型数组的函数 int ** create(int m, int n)及释放动态二维整型数组的函数 void release(int **p, int m)。调用 p = create(3, 4),则生成一个 3 行 4 列的整型数组。可以用 p[i][j]访问数组的第 i 行第 j 列的元素。数组使用完毕后,调用 release(p, 3)释放数组空间。

10. 修改代码清单 6 - 10 中的 main 函数,分别调用代码清单 7 - 7 和代码传单 7 - 8 中的 convertToInt 函数。

8 创建新的类型

　　类型是程序设计语言最基本的概念,C++提供的基本类型有 int 类型、double 类型、char 类型等。类型是程序设计语言提供给程序员的编程工具,每个类型处理一组具有共同性质的数据。包括这类数据如何保存在计算机中,这类数据常用操作如何实现。例如,int 是 C++ 处理整数的工具,C++编译器已经设计好了如何存储一个整型数,并且也已经编写了实现整型数各种运算的程序。当程序要处理一个整型数的时候,可以定义一个保存这个整型数的整型变量。当程序中要把两个整型数相加时,可以用算术表达式,如 3+5,C++会自动调用将两个整型数相加的程序。C++也提供了 double 类型用于处理实型数。当程序要处理一个实型数的时候,可以定义一个 double 类型的变量来保存这个实型数。要把 double 类型的变量 y 的值加倍,可以直接用算术表达式 2*y,C++会自动调用将两个实型数相乘的程序。但是 C++没有提供复数类型,当程序要处理一个复数时,就不像整型实型那么简单,程序员得自己想办法保存一个复数,当需要将两个复数相加时也不能直接用+运算符,必须自己编程实现。如果有多个程序员都要用复数时,每个人都必须写这些处理复数的程序,导致大量的重复劳动。

8.1　面向对象程序设计

　　面向对象程序设计方法为程序员提供了创建类型的功能。在编程时如果需要一些程序设计语言没有提供的类型时,可以自己创建所需的类型。例如,某个程序经常需要处理复数,程序员可以先创建一个复数类型。这样就可以在程序中定义复数类型的变量,执行复数的输入输出或加减法。为了表示这个类型是程序员自己创建的,不是程序设计语言内置的类型,我们把它称为**类**。为了区分系统内置类型的变量和程序员自己定义类型的变量,我们把程序员自己定义类型的变量称为**对象**。有了面向对象程序设计,程序设计语言提供的功能不再是一成不变的,而是可以不断扩展的。

　　一旦某个程序员创建了一个复数类型,他可以把这个类型提供给其他需要处理复数的程序员。这些程序员就不需要自己想办法解决复数的存储和运算。这个特性称为**代码重用**,即一个程序员写的代码被另一个程序员重用了。

　　面向对象程序设计的另一个特征是**实现隐藏**。有了复数类型后,使用复数类型的程序员不需要知道复数类型是如何实现的。他只需要知道当要处理复数时可以定义复数类型的变量,对变量执行复数类型允许的操作。这一特性减少了程序员开发某一应用程序的复杂性。

　　在创建一个新的类型时,我们可以找一个类似的已有的类型,在这个类型的基础上加以扩展,形成一个所需要的新类型。在已有类型的基础上再扩展一个新类型称为**继承**或**派生**。在新类型中,原有类型中的一些代码又得到了重用。

面向对象程序设计的最后一个特征称为**多态性**。所谓的多态性就是对不同类型的变量执行同一个操作,但不同类型的变量会执行不同的过程。例如,对整型变量 a 和 b 可以执行 a＋b,对实型变量 x 和 y 也可以执行 x＋y,如果程序员自己实现的复数类型也支持复数加法,那么对于复数类型的变量 u 和 v 也可以执行 u＋v。尽管形式上都是加法,但这三种加法的实现过程都不一样,这三个表达式所需执行的程序是不一样的。这就是多态性。

8.2　创建新的类型

8.2.1　类的定义

一个类型包括两个方面:这种类型的数据如何保存;对这种类型的变量可以执行哪些操作。数据的保存是用一组变量,每个变量称为一个属性。每个操作由一个函数实现。所以,定义一个类就是定义一组属性和一组函数。属性称为类的**数据成员**,函数称为类的**成员函数**。创建一个类包括两部分的工作。第一部分是定义一个类,即说明类有哪些数据成员和成员函数;第二部分是这些成员函数是如何实现的。

C++中的类定义格式如下:

```
class  类名{
private:
      私有数据成员和成员函数;
public:
      公有数据成员和成员函数;
};
```

其中,class 是定义类的关键字,类名是正在定义的类的名字,即类型名,后面的花括号表示类定义的内容,最后的分号表示类定义结束。

private 和 public 用于访问控制。列于 private 下面的每一行,无论是数据成员还是成员函数都称为**私有成员**,列于 public 下面的每一行,都称为**公有成员**。private 可以省略,凡是没有指定访问特性的成员都是私有成员。私有成员只能被自己类中的成员函数访问,不能被全局函数或其他类的成员函数访问。这些成员被封装在类的内部,不为外界所知。公有成员能被程序中的其他所有函数访问,它们是类对外的接口。在使用系统内置类型时,我们并不需要了解该类型的数据在内存中是如何存放的,而只需要知道对该类型的数据可以执行哪些操作。与系统内置类型一样,我们在定义自己的类型时,一般将数据成员定义为 private,而用户必须知道的操作则定义为 public 成员。private 和 public 的出现次序可以是任意的,也可以反复出现多次。

例8.1　创建一个功能更强的实型数组类型。第 5 章已经介绍了数组这个组合类型。C++的数组有 3 个问题:一是下标必须从 0 开始,而不能像 Pascal 语言一样任意指定下标范围;二是 C++不检查下标的越界,这会给数组的应用带来一定的危险;三是写程序时必须确定数组的规模。我们希望设计一个更好的处理 double 型的数组的工具,该工具允许用户在定义 double 型数组时可以指定数组的下标范围,而且下标范围可以是由变量或某个表达式的计算结果确定,并且在访问数组元素时检查下标是否越界。例如,我们可以定义一个下标从 1 开始到 10 结束的数组 array,那么引用 array[1],…,array[10]是正确的,而引用 array[0]时系统会报错。

首先考虑如何保存这个数组,即设计数据成员。与普通数组一样,这个数组也需要一块保存数组元素的空间。但在设计类时,我们并不知道数组的大小是多少。很显然,这块空间需要在执行时动态分配,因此需要一个 double 型的指针保存动态数组的起始地址。与普通数组不同的是,这个数组的下标不总是从 0 开始,而是可以由用户指定范围。因此,对每个数组需要保存下标的上下界而不是数组的规模。综上所述,新数组类型有 3 个数据成员:下标的上下界和一个指向动态分配的用于存储数组元素的空间的指针。

第二个要考虑的是成员函数。成员函数对应于数组的操作。数组主要有 2 个操作:给数组元素赋值,以及取某一个数组元素的值。由于这个数组的存储空间是动态分配的,因此,定义数组类型的变量时系统只分配 3 个变量的存储空间:数组下标的下界、数组下标的上界以及存储一个指针的空间,并没有分配存储数组元素的空间。为此,必须有一个函数去申请动态数组以及一个函数去释放动态数组的空间。

最后考虑哪些成员是私有的,哪些成员是公有的。一般而言,用户不需要知道数据怎么保存的,所以数据成员一般都是私有的。每个成员函数对应一个操作。如果类型的用户需要用到这个操作,它就是公有的,否则就是私有的。本例的 4 个函数都是公有的,因为类型的用户都要用到。根据上述考虑,可以得到如代码清单 8-1 所示的类定义。

代码清单 8-1　DoubleArray 类的定义

```cpp
class DoubleArray{
private:
    int low;
    int high;
    double *storage;

public:
    //根据 low 和 high 为数组分配空间。分配成功,返回值为 true,否则返回值为 false
    bool initialize(int lh, int rh);

    //设置数组第 index 个元素的值为 value
    //返回值为 true 表示操作正常,返回值为 false 表示下标越界
    bool insert(int index, double value);

    //数组第 index 个元素的值存放在参数 value 中
    //返回值为 true 表示操作正常,返回值为 false 表示下标越界
    bool fatch(int index, double &value);

    //回收数组空间
    void cleanup();
};
```

类定义还可以用保留词 struct 代替 class。struct 是 C 语言中的一个概念,称为**结构体**。结构体将一组属性组合在一起,相当于只有数据成员而没有成员函数的类。C 语言发展到

C++后,允许在结构体中加入函数,结构体就成了真正的类型。为了突出这是一个真正的类型,C++用了一个新的保留词 class。在定义类时,可以用保留词 class 也可以用 struct。但两者有一个微小的差异。用 class 定义一个类时,如果没有指定访问特性,那么这个成员是私有成员。而用 struct 定义时,不指定访问特性的成员是公有成员。

8.2.2 类的头文件

一旦有了代码清单 8-1 中的类定义,就相当于在 C++中增加了一个类型 DoubleArray,程序中就可以定义 DoubleArray 类型的对象了。但某一程序要定义 DoubleArray 类的对象,编译器在编译这个程序前需要见过这个类定义,否则编译器不知道 DoubleArray 是一个类型名,就如调用函数前编译器必须见过函数原型。由于一旦定义了一个类,它可以被很多程序使用,因此通常把类定义保存在一个头文件中(后缀为.h 的文件)中,使用这个类的程序可以在程序头上 include 这个头文件,这样就把类定义插入在这个程序的源文件头上了。

一个大程序可能会有很多程序员共同开发,每个程序员都有自己的源文件。每个源文件都可能要用到 DoubleArray 这个类,于是每个源文件都要 include 包含 DoubleArray 类定义的头文件。但这样做又会引起另一个问题,当把这些源文件对应的目标文件链接起来时,编译器会发现 DoubleArray 类被反复定义多次,因而会报错。这个问题的解决需要用到一个新的编译预处理命令:

```
#ifndef  标识符
...
#endif
```

这个预处理命令表示:如果指定的标识符没有定义过,则执行后面的语句,直到#endif;如果该标识符已经定义过,则中间的这些语句都不执行。这一对编译预处理命令也被称为**头文件保护符**。所以头文件都有下面这样的结构:

```
#ifndef  _name_h
#define  _name_h
     头文件真正需要写的内容
#endif
```

其中,_name_h 是用户选择的代表这个头文件的一个标识。所以完整的包含 DoubleArray 定义的头文件如代码清单 8-2 所示。

代码清单 8-2 DoubleArray 类的头文件

```
//文件名:DoubleArray.h
//DoubleArray 类的头文件
//DoubleArray 是一个安全的、下标范围可指定的 double 型数组类型
#ifndef  _DoubleArray
#define  _DoubleArray

class DoubleArray{
private:
    int low;
    int high;
```

```
    double *storage;

public:
    //申请存储数组元素的空间。分配成功,返回值为 true,否则返回值为 false
    bool initialize(int lh, int rh);

    //设置数组元素的值
    //返回值为 true 表示操作正常,返回值为 false 表示下标越界
    bool insert(int index, double value);

    //取数组元素的值
    //返回值为 true 表示操作正常,返回值为 false 表示下标越界
    bool fatch(int index, double &value);

    //回收数组空间
    void cleanup();
};
#endif
```

头文件首先以一段注释开始,说明这个文件中包含了什么内容。然后是头文件保护符。再接下去是类定义。有了头文件保护符,当编译这个大程序的第一个源文件时,编译器发现没有见过符号_DoubleArray,于是定义了符号_DoubleArray 以及 DoubleArray 类。当第二个源文件编译时,又遇到 include 这个头文件,此时,编译器发现_DoubleArray 已经定义过,因此跳过中间所有的内容。这样就避免了 DoubleArray 类被反复定义多次的问题。

8.2.3　类的实现文件

类定义只是说明了这个类有哪些数据成员和成员函数,哪些成员是可见的,哪些成员是不可见的,但并没有说明这些成员函数是如何实现的。创建一个类还需要做第二件工作:定义成员函数。成员函数的定义被保存在一个源文件(即后缀为.cpp 的文件)中。简单的成员函数的定义也可以直接写在类定义中。

为了表示保存类定义的头文件和保存成员函数定义的源文件是有关系的,通常为这两个文件取相同的名字。例如,DoubleArray.h 和 DoubleArray.cpp。

实现文件也是从注释开始的,这一部分简单介绍类的功能。接下去列出实现这些函数所需的头文件。每个实现文件要包含自己的头文件,以便编译器能检查源文件中的函数定义和头文件中的函数原型声明的一致性。再接下去是每个函数的实现代码。在每个函数实现的前面也必须有一段注释。它和头文件中的注释的用途不同,头文件中的注释是告诉用户如何使用这些函数,而实现文件中的注释是告诉类的维护者这些函数是如何实现的,以便维护者将来修改。DoubleArray 类的实现文件如代码清单 8-3 所示。

代码清单 8-3　DoubleArray 类的实现文件

```
//文件名:DoubleArray.cpp
```

```
//DoubleArray 类的实现文件
#include "DoubleArray.h"
#include <iostream>
using namespace std;

//设置 low 和 high 的值,根据 low 和 high 申请一个 high-low+1 个元素的动态数
  组。申请成功,返回值为 true,否则返回值为 false
bool DoubleArray::initialize(int lh, int rh)
{    low = lh;
     high = rh;
     storage = new double[high - low + 1];
     if(storage == NULL)return false;else return true;
}


//设置第 index 个元素的值为 value,第 index 个元素存储在 storage[index-
  low]中
//返回值为 true 表示操作正常,返回值为 false 表示下标越界
bool DoubleArray::insert(int index, double value)
{    if(index < low || index > high)return false;
     storage[index - low] = value;
     return true;
}


//将第 index 个元素的值存入 value,第 index 个元素存储在 storage[index-
  low]中
//返回值为 true 表示操作正常,返回值为 false 表示下标越界
bool DoubleArray::fatch(int index, double &value)
{    if(index < low || index > high)return false;
     value = storage[index - low];
     return true;
}


//释放动态数组空间
void DoubleArray::cleanup()
{    delete [] storage;}
```

与普通函数定义不同的是:成员函数从属于某个类,在定义成员函数时要指出这是哪一个类的成员函数。从属关系是通过运算符"::"实现的。DoubleArray 类的 initialize 函数被表示为 DoubleArray::initialize。

initialize 函数申请一个真正存放数据的动态数组。由于数组的下标范围是 low 到 high,

所以该数组一共有 high−low+1 个元素,因此动态数组的大小为 high−low+1。下标为 low 的元素存放在 storage[0]中,下标为 low+1 的元素存放在 storage[1]中,……,下标为 high 的元素存放在 storage[high−low]中。insert 函数将 value 存放到数组的下标为 index 的元素中。该函数首先检查 index 的值是否在合法的范围中,然后将 value 存放在 storage[index−low]中。fatch 函数与 insert 函数类似。cleanup 释放动态数组的空间。

8.2.4　创建类实例

创建一个类包括类定义和成员函数的定义。类定义存放在 .h 文件中,成员函数的定义存放在 .cpp 文件中。简单的成员函数可以直接将函数的定义放在类定义中。类的成员函数也不一定都是 public 的。例 8.2 给出了一个实例。

例 8.2　试定义一个有理数类,该类能提供有理数的加和乘运算。要求保存的有理数是最简形式,如 2/6 应记录为 1/3。

设计一个类需要考虑两方面的问题:有哪些数据成员和成员函数;哪些是公有的,哪些是私有的。首先考虑数据成员的设计。设计数据成员就是设计怎样保存一个有理数。所谓的有理数就是可以用分数形式表示的实数,因此保存一个有理数就是保存这个分数的分子和分母,即有两个整数的数据成员。

接下来考虑成员函数的设计。成员函数的设计主要依据对象的行为。根据题意,有理数类必须具有加和乘运算,因此需要一个加函数和一个乘函数。加法和乘法都有两个运算数,这两个运算数被作为加函数和乘函数的参数,运算结果放在当前的对象中。除此之外,还应该有一个设置有理数值的函数,用以设置有理数的分子和分母,有一个函数可以输出有理数,否则无法检查加和乘操作的结果是否正确。设置有理数值的函数有两个参数,函数将这两个值作为当前对象的分子和分母。输出有理数就是输出当前对象的分子和分母,所以不需要参数。这些行为都是类用户需要的,因此都是公有的成员函数。

注意在题目中还有一个要求,就是保存的有理数是最简形式。如果用户设置有理数的时候给出的不是最简形式,则必须化简,使之成为最简形式。当把两个有理数相加或相乘后,结果也不一定是最简形式,因此也要化简。由于化简的工作在多个地方都要用到,可以将其写成一个函数。在创建有理数时,设置完分子和分母后可以调用化简函数进行化简。执行完加法后,也可以调用化简函数进行化简。由于化简的工作是类内部的工作,有理数类的用户不需要调用,这类函数称为**工具函数**。工具函数通常设计为 private 的。按照上述思想设计的有理数类 Rational 如代码清单 8-4 所示。

代码清单 8-4　有理数类的定义

```
//文件名:Rational.h
//有理数类定义
#ifndef rational_h
#define rational_h

#include <iostream>
using namespace std;

class Rational{
```

```
private:
    int num;           //分子
    int den;           //分母

    void ReductFraction();                                //将有理数化简成最简形式

public:
    void create(int n, int d){num = n; den = d; ReductFraction()}
    void add(const Rational &r1, const Rational &r2);
                                            //r1 + r2,结果存于当前对象
    void multi(const Rational &r1, const Rational &r2);
                                            //r1 * r2,结果存于当前对象
    void display();
};


#endif
```

create 函数用于设置有理数的值,它有两个参数,分别表示有理数的分子和分母。create 函数用两个参数值设置分子和分母,最后调用化简函数将此有理数化简为最简分式。add 函数完成加法操作。multi 函数完成乘法操作。display 函数以分数形式显示一个有理数。ReductFraction 函数化简当前有理数。由于化简是有理数类内部的事情,类的用户不需要知道,因此被设为私有的成员函数。注意 Rational 类中 add 函数和 multi 函数中参数的设计。加法和乘法都不会修改运算数,所以这两个参数应该是值传递。在值传递中,系统必须为形式参数分配空间,将实际参数的值传递给形式参数。由于对象占用的空间一般都比较大,值传递既浪费空间又浪费时间,为此通常采用引用传递。为防止函数修改形式参数,又加上了 const 限定。即在函数中,形式参数是一个常量。

create 函数实现比较简单,因此被直接定义在类定义中。除了这个函数外,还有 4 个函数没有实现。这 4 个函数的实现在 Rational.cpp 中,如代码清单 8-5 所示。

代码清单 8-5 有理数类成员函数的实现

```
//文件名:Rational.cpp
//函数的实现
#include "Rational.h"


//add 函数将 r1 和 r2 相加,结果存于当前对象
void Rational::add(const Rational &r1, const Rational &r2)
{
    num = r1.num * r2.den + r2.num * r1.den;
    den = r1.den * r2.den;
    ReductFraction();
```

```
}

//multi 函数将 r1 和 r2 相乘,结果存于当前对象
void Rational::multi(const Rational &r1, const Rational &r2)
{
    num = r1.num * r2.num;
    den = r1.den * r2.den;
    ReductFraction();
}
```

```
//有理数输出函数
void display()
{
    if(den == 1)cout << num;
    else if(num == 0)cout << 0;
    else  cout << num << "/" << den;
}
```

```
//ReductFraction 实现有理数的化简
//方法:找出 num 和 den 的最大公因子,让它们分别除以最大公因子
void Rational::ReductFraction()
{
    int tmp = (num > den) ? den : num;

    for(; tmp > 1; --tmp)
        if(num % tmp == 0 && den % tmp == 0)
            {num /= tmp;den /= tmp; break;}
}
```

8.3 对象的使用

8.3.1 对象的定义

一旦定义了一个类,就相当于程序设计语言增加了一种新的类型,就可以定义这种类型的变量了。在面向对象程序设计中,这类变量称为**对象**。

与普通的变量一样,对象也有两种定义方法:直接在程序中定义某个类的对象,或者用动态内存申请的方法申请动态对象。

1) 在程序中直接定义类型为某个类的对象或对象数组

在程序中直接定义对象的方法与定义普通变量的方法一样,它的格式如下:

存储类别 类名 对象列表;

例如,定义两个 DoubleArray 类的对象 arr1 和 arr2,可写成

```
DoubleArray arr1,arr2;
```

要定义一个静态的 Rational 类的对象 r1,可写成

```
static Rational r1;
```

要定义一个有 20 个对象的 Rational 类的对象数组 array,可写成

```
Rational array[20];
```

用这种方法定义的对象的作用域和生命周期与普通内置类型的变量完全相同。

2) 动态对象

与普通变量一样,对象也可以在程序执行的过程中动态地创建。与普通动态变量的使用一样,要定义一个动态对象必须有一个指向该对象的指针,然后通过 new 申请一块存储对象的空间,通过 delete 释放动态对象占用的空间。例如,要动态申请一个存储 Rational 对象的空间,可以先定义一个指向 Rational 对象的指针,然后使用 new 为 Rational 对象动态申请一个存储空间,如下所示:

```
Rational *rp;

rp = new Rational;
```

要申请一个 20 个元素的 Rational 类的对象数组,可用下面的语句:

```
rp = new Rational[20];
```

释放动态对象,同样是用 delete。例如,如果 rp 是指向动态对象的指针,则可用

```
delete rp;
```

释放该动态对象;如果 rp 是指向一个动态数组,则可用

```
delete[] rp;
```

释放存储该数组的空间。

8.3.2 对象的操作

对象无法像普通的内置类型的变量一样用运算符进行操作。例如,对整型变量 x,可以用 x=5 为 x 赋值,可以用 x+=10 修改 x 的值。但对于对象则不能这样操作。如对于有理数类的对象 r,无法用 r=1/2 为它赋值,也无法用 r+=1/3 修改它的值。因为 C++不知道+=是将 r 的值加上 1/3 再存回 r,也不知道如何将 r 的值加上 1/3 再存回 r。对象的操作是通过调用它的公有成员实现的。引用对象的成员是用点运算符,即

对象名.公有的数据成员名

或

对象名.公有的成员函数名(实际参数表)

对象也可以通过指针操作。如 p 是指向对象的指针,可以通过

(*p).公有的数据成员名

或

(*p).公有的成员函数名(实际参数表)

访问 p 指向对象的成员。注意,括号一定要加,因为点运算符比*运算符优先级高。这种表示方法看上去有点啰嗦,而且通过指针访问对象的成员又是使用很频繁的操作。为此,C++提出了一个新运算符"->"表示指针指向的成员,即

对象指针->公有的数据成员名

或

对象指针->公有的成员函数名(实际参数表)

例 8.3 DoubleArray 类的使用。

定义 DoubleArray 类的对象、为数组元素赋值、访问数组元素的完整过程如代码清单 8 - 6 所示。

代码清单 8 - 6 DoubleArray 类的应用示例

```cpp
//文件名:8-6.cpp
//改进后的DoubleArray库的应用示例
#include <iostream>
using namespace std;
#include "DoubleArray.h"

int main()
{
    DoubleArray array;
    double value;
    int low, high, i;

    //输入数组的下标范围
    cout << "请输入数组的下标范围:";
    cin >> low >> high;

    //数组array的初始化
    if(!array.initialize(low,high)){cout << "空间分配失败";return 1;}

    for(i = low; i <= high; ++i){//数组元素的输入
        cout << "请输入第" << i << "个元素:";
        cin >> value;
        array.insert(i, value);
    }

    while(true){//数组元素的查找
        cout << "请输入要查找的元素序号(0 表示结束):";
        cin >> i;
        if(i == 0)break;
        if(array.fatch(i, value))cout << value << endl;
            else cout << "下标越界\n";
    }

    array.cleanup();   //归还存储数组元素的空间
```

```
    return 0;
}
```

定义了对象 array 后,array 有 3 个数据成员:数组下标范围和一个指针,但并没有存储数组的空间。因此在真正使用数组之前,必须申请一个动态数组,并将数组地址保存在指针 storage 中,这是通过对 array 调用 initialize 完成的。随后可以通过 insert 和 fatch 函数将数据保存在数组中,以及访问数组元素。由于真正保存数据的数组是动态数组,所以 array 使用完毕后要释放动态数组的空间,这是通过对 array 调用 cleanup 完成的。

例 8.4 利用例 8.2 中定义的 Rational 类,计算两个有理数的和与积。

要解决这个问题必须有 3 个 Rational 类的对象:两个存储运算数和一个存储结果。先分别将两个加数赋给存储运算数的对象。对第三个对象调用 add 成员函数,将前两个对象作为实际参数,此时第三个对象存储的就是加的结果。同理可计算两个有理数的积。按照这一思路实现的程序如代码清单 8-7 所示。

代码清单 8-7 有理数类应用示例

```cpp
//文件名:8-7.cpp
//计算两个有理数的和与积
#include <iostream>
using namespace std;
#include "Rational.h"//使用有理数类

int main()
{
    int n,d;
    Rational r1, r2, r3;                //定义三个有理数类的对象

    cout << "请输入第一个有理数(分子和分母):";
    cin >> n >> d;
    r1.create(n, d);                    //设置 r1 的值

    cout << "请输入第二个有理数(分子和分母):";
    cin >> n >> d;
    r2.create(n, d);                    //设置 r2 的值

    r3.add(r1, r2);                     //执行 r3=r1+r2
    r1.display();cout << " + "; r2.display();
    cout << " = ";r3.display(); cout << endl;

    r3.multi(r1, r2);                   //执行 r3=r1*r2
    r1.display();cout << " * "; r2.display();
```

```
        cout << " = ";r3.display();cout << endl;


        return 0;
}
```

如果输入的是

请输入第一个有理数(分子和分母)2 3

请输入第二个有理数(分子和分母):1 2

则输出为

2/3 + 1/2 = 7/6

2/3 * 1/2 = 1/3

从代码清单 8-7 可以看出,Rational 类的用户并不需要了解如何处理有理数的加和乘,就如整型数的用户并不需要了解整型数是如何相加的,这些细节问题已被封装在 Rational 类中。但用户很可能对这个类还不满意,因为它用起来不如内置类型那么顺手。例如,不能直接用 r3=r1+r2,不能直接用 cin 和 cout 来输入和输出。但随着本书介绍,读者能够看到一个能像内置的整型或实型一样处理的 Rational 类。

除了通过对象成员访问对象外,唯一可以对对象进行整体操作的是**同类**对象之间的相互赋值。当把一个对象赋值给另一个对象时,所有的数据成员都会逐位复制。例如,执行两个 Rational 类的对象 r1 和 r2 之间的赋值:

```
r1 = r2
```

相当于执行

```
r1.num = r2.num;
r1.den = r2.den;
```

8.3.3 this 指针

定义一个对象时,系统会为对象分配空间。一个对象包含两部分的信息:数据成员和成员函数。但注意到同一个类的对象的成员函数都是相同的。例如,定义了 10 个 Rational 类的对象,这 10 个对象的成员函数的代码完全一样! C++对此作了一个优化,每个对象只保存数据成员值。不管定义了多少个对象,成员函数的代码只保存一遍,所有对象共享这份代码。读者可以用 sizeof 运算去检验一下。如果对 Rational 类的对象应用 sizeof,结果值是两个整数占用的空间,在 VC 中是 8。如果对 DoubleArray 类的对象应用 sizeof,结果值是两个整数占用的空间和一个指针占用的空间,在 VC 中是 12。这种设计显然节约了大量的内存空间。

成员函数中涉及的数据成员都是与该成员函数同一个对象,但现在所有的对象共享了一份成员函数的代码,那么成员函数如何知道函数体中提到的数据成员是哪个对象的数据成员呢?例如,对于 Rational 类的成员函数 create。它的定义如下:

```
void create(int n, int d){num = n; den = d; ReductFraction();}
```

如果数据成员和成员函数存放在一起,那么函数中的 num 和 den 是同一个对象中的 num 和 den。但是现在只有一份代码,那么系统如何知道其中的 num 是哪个对象的 num,den 又是哪个对象的 den? 为解决这个问题,C++为每个成员函数传递了一个隐含的参数,一个指向本类型的指针形参 this,它指向当前调用成员函数的对象。成员函数中对对象成员的访问是通过 this 指针实现的。因此,create 函数的实际形式为

```
void create(int n,int d){this->num = n; this->den = d; this->
ReductFraction();}
```

当通过对象调用成员函数时,编译器会把相应对象的地址传给形参 this。例如,代码清单 8-7 中的 r1.create(n,d)是将 n 和 d 赋值给 r1 的分子和分母,因为此时 this 指针指向对象 r1。成员函数通过 this 指针就知道对哪一个对象进行访问。

通常,在写成员函数时可以省略 this,编译器会自动加上它们。但是,如果在成员函数中要把调用函数的对象作为整体来访问时,必须显式地使用 this 指针。这种情况在函数中返回一个对调用函数的对象的引用时常出现。

8.4　对象的构造和析构

8.4.1　对象的构造

内置类型的变量可以在定义时赋初值,自己定义类的对象能否在定义时赋初值? 答案是可以的,只要你**教会**程序设计语言如何给这个变量赋初值。教计算机做某件事情就是写一个完成这个任务的函数,完成为对象赋初值任务的函数称为**构造函数**。

如果需要为某个类的对象赋初值,那么这个类的成员函数中就应该包含一个构造函数。构造函数有点特殊,它不是由类的用户调用,而是由系统在定义对象时自动调用。构造函数有以下一些特殊的性质:

● 因为构造函数是系统在定义对象时自动调用的,所以系统必须知道每个类对应的构造函数是哪一个函数;为此,C++规定构造函数的名字必须与类名相同;如果发现某个对象需要赋初值,系统就到这个类中找一个和类名同名的函数执行。

● 因为构造函数是系统在定义对象时自动调用的,用户不会检查该函数的返回值,所以构造函数没有返回值;为了突出构造函数的特殊性,C++规定构造函数不能指定返回类型,甚至指定为 void 也不行。

● 对象可能有多种不同的赋初值的方法,因为对象有很多数据成员,可以给这几个数据成员赋初值,也可以给那几个数据成员赋初值;每种赋初值方法对应一个构造函数;所以一个类可以有一组构造函数,它们的名字都与类名相同,但形式参数表必须是不同的;一组同名函数称为**重载函数**;定义对象时,系统根据给出的初值选择相应的构造函数。

构造函数是在定义对象时自动调用的,编译器根据给出的初值选择构造函数,因此在定义对象时必须给出构造函数的实际参数。有了构造函数后,对象定义的一般形式如下:

类名 对象名(实际参数表);

其中,实际参数表必须与该类的某一个构造函数的形式参数表相对应。除非这个类有一个构造函数是没有参数的,才可以用

类名 对象名;

来定义,否则编译器会给出"找不到合适的构造函数"的错误。不带参数的构造函数称为**默认构造函数**。一个类通常应该有一个默认的构造函数。

有了构造函数,类使用起来就更加方便。例如,我们可以在 DoubleArray 类中增加一个构造函数完成初始化的工作,即代替 initialize 函数的工作。这个函数的实现如下:

```
DoubleArray::DoubleArray(int lh, int rh)
{    low = lh;
```

```
    high = rh;
    storage = new double[high - low + 1];
}
```

有了这个函数，就把对象的定义和初始化的工作一起完成，不需要定义后再调用 initialize 函数了。定义一个下标范围可指定的数组，只需要用下面的定义：

```
DoubleArray array(20, 30);
```

这条语句定义了一个下标范围是 20～30 的整型数组，并已为该数组准备好了空间，可以直接访问数组元素了。

与普通动态变量一样，动态对象也可以初始化。普通动态变量的初始化是在类型后面用一个圆括号指出它的初值。如定义整型的动态变量，并为它赋初值 5，可用下列语句：

```
p = new int(5);
```

如果要为一个动态的 DoubleArray 数组指定下标范围为 20～30，可用下列语句：

```
p = new DoubleArray(20, 30);
```

括号中的实际参数表要与构造函数的形式参数表相对应。

每个类都应该至少有一个构造函数。如果在定义类时没有定义构造函数，编译器会自动生成一个构造函数。该构造函数没有参数且函数体为空，即不做任何事情。此时生成的对象的所有数据成员的值都为随机值。如果定义了构造函数，编译器就不再生成这个函数。这就意味着定义对象时一定要加与构造函数的形式参数表对应的实际参数。

如果一个类需要既支持对象赋初值又可以不赋初值，那么至少得定义两个构造函数。一个是默认的构造函数，一个是带参数的构造函数。但这样又使得类看上去很啰嗦。一种解决方法是在类中声明构造函数的原型时为形式参数指定缺省值。例如，可以在 DoubleArray 类中把构造函数原型声明成

```
DoubleArray(int lh = 0, int rh = 0);
```

表示如果定义对象时不指定实际参数，那么两个实际参数值都为 0。因此

```
DoubleArray  array1(20, 30),array2;
```

都是合法的定义。array1 的下标范围是 20 到 30，array2 的下标范围是 0 到 0。

习惯上设计类时都要设计构造函数，Rational 类也不例外。我们希望在定义有理数类对象时可以指定初值也可以不指定，可以给有理数类设计一个带缺省值的构造函数。它的定义如下：

```
Rational::Rational(int n = 0, int d = 1)
{    num = n;
    den = d;
    ReductFraction();
}
```

这样，就可以在定义 Rational 对象时为它赋初值了，例如：

```
Rational r1(3, 5),r2(1, 7);
```

也可以不指定初值

```
Rational r3;
```

根据构造函数的缺省值，r3 的初值为 0。

在创建一个对象时，可以用一个同类的对象对其进行初始化。例如，定义变量：int x = 5，y = x;就是用同类型的变量 x 的值初始化正在定义的变量 y。这个初始化是由一个特殊

的构造函数,称为**复制构造函数**或**拷贝构造函数**的函数来完成。复制构造函数以一个同类对象的引用作为参数,它的原型如下:

　　类名(const　类名 &);

　　例如,若需要从一个有理数类对象构建一个新的有理数类对象,新的有理数类对象的值是已有对象的两倍。我们可以在有理数类中定义一个复制构造函数。

```
Rational(const Rational &obj)
{ num = 2*obj.num; den = obj.den;  }
```

有了复制构造函数,在定义对象时可以用

```
Rational r1(1,2), r2(r1), r3 = r1;
```

根据定义时给出的参数可知,定义 r1 时调用的是普通的构造函数构造了有理数对象 1/2,定义 r2 和 r3 时都将调用复制构造函数,因为给出的初值是一个同类对象。执行上述语句后,r2 和 r3 的值都是 1。

　　每个类都有一个复制构造函数,如果类的设计者没有定义复制构造函数,编译器会自动生成一个。该函数将形式参数对象的数据成员值对应地赋给正在创建的对象的数据成员,即生成一个与形式参数完全一样的一个对象。编译器自动生成的复制构造函数称为**默认的复制构造函数**。一般情况下,复制构造函数就是构造一个和参数对象一样的对象,默认的复制构造函数足以满足要求,如有理数类。但某些情况下可能需要设计自己的复制构造函数。例如,我们希望对 DoubleArray 类增加一个功能,能够定义一个和另一个数组完全一样的数组,包括下标范围和数组元素的值。显然,这个工作应该由复制构造函数来完成,但默认的复制构造函数却不能胜任。如果正在构造的对象为 arr1,作为参数的对象是 arr2,调用默认的复制构造函数相当于执行下列操作:

```
arr1.low = arr2.low;
arr1.high = arr2.high;
arr1.storage = arr2.storage;
```

前两个操作没有问题,第三个操作中,storage 是一个指针,这个操作意味着使 arr1 的 storage 指针和 arr2 的 storage 指针指向同一块空间。以后所有对数组 arr1 的修改都将变成对 arr2 的修改。同理,对数组 arr2 的修改也都将变成对 arr1 的修改。更为严重的问题是,当一个对象析构时,另一个对象也丧失了存储空间。这肯定不是我们的原意。我们的原意是定义一个同 arr2 大小一样、元素值也一样的数组 arr1,但每个数组应该有自己的存储元素的空间。如果是这样的话,我们可以自己写一个复制构造函数。该函数的定义如下:

```
DoubleArray(const DoubleArray &arr)
{   low = arr.low;
    high = arr.high;
    storage = new double[high - low + 1];
    for(int i = 0; i < high - low + 1; ++i)  storage[i] = arr.storage[i];
}
```

该函数首先根据 arr 的下标范围设置当前对象的下标范围,根据下标的范围申请一块属于自己的空间,最后将 arr 的每个元素复制到当前对象中。

　　虽然我们可以随心所欲地编写复制构造函数,但切记不要违背复制构造函数的本意。复制构造函数是构造一个与实际参数对象一样的对象!

8.4.2 对象的析构

某些类的对象在消亡前,需要执行一些操作,做一些善后处理。例如,DoubleArray 类的对象在消亡前必须要归还存储数组的空间,否则会造成内存泄漏。由于扫尾工作与对象的功能无关,使用户容易遗忘调用这个函数。例如,在使用 DoubleArray 类型的对象时,最后没有调用 cleanup 函数对程序执行结果没有任何影响,但对系统而言,storage 指向的这块空间遗失了。能否让使用类的对象就如使用内置类型的变量一样,由系统自动回收这块空间? 与构造函数相类似,可以**教会** C++在 DoubleArray 对象生命周期结束时自动回收 storage 指向的这块空间。完成这项任务的工作的函数称为**析构函数**。

与构造函数一样,析构函数也不是用户调用的,而是系统在对象生命周期结束时自动调用的。因此,它也必须有一个特殊的名字。在 C++中,析构函数的名字是"~类名"。它没有参数也没有返回值。

每个类必须有一个析构函数。如果类的设计者没有定义析构函数,编译器会自动生成一个默认析构函数。该函数的函数体为空,即什么事也不做。

有了析构函数,我们可以用析构函数取代 DoubleArray 类中的 cleanup 函数。采用构造函数和析构函数的 DoubleArray 类的定义以及构造函数和析构函数的实现如代码清单 8-8 所示。构造函数取代了 initialize 函数。析构函数取代了 cleanup 函数。fatch 和 insert 函数的实现不变。它的使用如代码清单 8-9 所示。从代码清单 8-9 可见对象 array 不再需要调用 initialize 和 cleanup 函数了。DoubleArray 类的对象的使用和系统内置的 double 型数组的使用更类似了。

代码清单8-8 采用构造函数和析构函数的 DoubleArray 类的定义

```
class DoubleArray{
    int low;
    int high;
    double *storage;

public:
    //构造函数根据 low 和 high 为数组分配空间
    DoubleArray(int lh, int rh){
        low = lh;
        high = rh;
        storage = new double[high - low + 1];
    }

    //设置数组元素的值
    //返回值为 true 表示操作正常,返回值为 false 表示下标越界
    bool insert(int index, double value);

    //取数组元素的值
    //返回值为 true 表示操作正常,为 false 表示下标越界
```

```
    bool fatch(int index, double &value);

    //析构函数
    ~DoubleArray(){delete[ ]storage;}
};
```

代码清单 8-9　采用构造函数和析构函数的 DoubleArray 类的使用

```
//文件名:8-9.cpp
//DoubleArray 类的使用
#include <iostream>
using namespace std;
#include "DoubleArray.h"

int main()
{   DoubleArray array(20, 30);
    int i;
    double value;

    for(i = 20; i <= 30; ++i){
        cout << "请输入第" << i << "个元素:";   cin >> value;
        array.insert(i,value);
    }

    while(true){
        cout << "请输入要查找的元素序号(0 表示结束):";
        cin >> i;
        if(i == 0)break;
        if(array.fatch(i,value))cout << value << endl;
            else cout << "下标越界\n";
    }
    return 0;
}
```

8.4.3　类与对象应用实例

例 8.5　利用构造函数和析构函数检验对象的生命周期。

第 6 章介绍了变量的生命周期。自动变量在函数调用时生成,在函数结束时消亡。全局变量在定义时生成,整个程序执行结束时消亡。静态的局部变量在函数第一次调用时生成,函数结束时不消亡,再次进入函数时也不重新生成,而是继续使用上次函数调用中遗留的空间,直到整个程序执行结束时消亡。那么,计算机是否真的是按照这样的规则在创建和消亡对象?

有了创建类这个功能后,我们就能验证一下变量的生命周期。

变量在定义时会调用构造函数,消亡时会调用析构函数。如果在构造函数和析构函数中增加一些输出就可以让我们了解什么时候对象生成了,什么时候对象消亡了。

为了验证变量的生命周期,我们定义一个类 CreateAndDestroy。这个类只需要构造函数和析构函数。为了了解正在创建哪个对象或消亡哪个对象在这个类中设计了一个作为对象标识的数据成员 objectID。CreateAndDestroy 类的定义如代码清单 8-10 所示。

代码清单 8-10　CreateAndDestroy 类的定义

```
class CreateAndDestroy{
private:
   int objectID;

public:
   CreateAndDestroy(int);
   ~CreateAndDestroy();
};

CreateAndDestroy::CreateAndDestroy(int n)
{ objectID = n;
   cout << "构造对象" << objectID << endl;
}

CreateAndDestroy::~CreateAndDestroy()
{ cout << "析构对象" << objectID << endl;   }
```

代码清单 8-11 给出了一个验证局部变量和全局变量的生命周期的程序。程序首先定义了一个标识为 0 的全局变量,然后执行 main 函数。main 函数定义了一个局部对象 obj4,调用了两次 f1 函数。第一次调用 f1 函数时定义了 2 个对象 obj1 和 obj2,然后函数就结束了。函数结束时会析构所有的局部对象,于是 obj2 被析构了。obj1 因为是静态的局部对象,所以不会被析构。第二次调用 f1 函数时 obj1 不再定义了,只定义了 obj2,然后函数又结束了,于是 obj2 又被析构了。回到 main 函数,执行 return 语句,main 函数结束,析构 main 函数的局部对象 obj4。main 函数执行结束后,整个程序执行也结束了,析构所有对象。这个程序还有两个对象。一个是全局对象 global,另一个是静态的局部对象 obj1。系统先析构静态的局部对象。最后析构全局对象。

代码清单 8-11　变量生命周期的验证

```
#include <iostream.h>
CreateAndDestroy global(0);

void f1()
```

```
{
    cout << "函数 f1:" << endl;
    static CreateAndDestroy obj1(1);
    CreateAndDestroy obj2(2);
}

int main()
{
    CreateAndDestroy obj4(4);

    f1();
    f1();

    return 0;
}
```

代码清单 8-11 的结果如下所示：

构造对象 0

构造对象 4

函数 f1:

构造对象 1

构造对象 2

析构对象 2

函数 f1:

构造对象 2

析构对象 2

析构对象 4

析构对象 1

析构对象 0

例 8.6 设计并实现一个复数类型，支持的运算有复数的加法、减法和乘法。

首先考虑如何保存一个复数。一个复数是由实部和虚部两部分组成，保存一个复数就是分别保存这两个部分，即两个实型数。由题意可知，这个类至少有 3 个公有的成员函数：加法、减法和乘法。因为这 3 个运算都是二元运算，所以这 3 个函数都有两个参数，计算结果保存在当前对象中。要执行这些运算，运算数必须有值。如何给运算数赋值？可以设计一个为复数赋值的函数，也可以在定义时赋值，即用构造函数赋值。我们采用构造函数的方式。如何检验运算结果？必须有一个函数可以输出复数的值。如前所述，一个类除了构造函数之外还应该有复制构造函数和析构函数。复制构造函数将正在定义的对象值设置成参数对象的值，即实部和虚部的值与参数对象的实部和虚部相同。缺省的复制构造函数正好能完成这个功能，因此不需要自己定义复制构造函数。对象生命周期结束时也没有什么特殊的工作要做，因而也不需要定义析构函数。总结一下，复数类有两个 double 类型的数据成员，有 5 个公有的成员函数。它的定义如代码清单 8 - 12 所示。由于复数操作的函数都相当简单,都直接定义在类定义中。

代码清单 8 - 12　复数类的定义

```cpp
//文件名:complex.h
//复数类的定义
#include <iostream>
using namespace std;

class Complex{
private:
  double real;
  double imag;

public:
  Complex(double r = 0,double i = 0){
    real = r; imag = i;
  }

  void add(const Complex &c1,const Complex &c2){
    real = c1.real + c2.real;
    imag = c1.imag + c2.imag;
  }

  void sub(const Complex &c1,const Complex &c2){
    real = c1.real - c2.real;
    imag = c1.imag - c2.imag;
  }

  void multi(const Complex &c1,const Complex &c2){
    real = c1.real * c2.real - c1.imag * c2.imag;
    imag = c1.real * c2.imag + c2.real * c1.imag;
  }

  void display(){
    if(imag > 0)cout << real << '+' << imag << 'i' << endl;
    else cout << real << imag << 'i' << endl;            //虚部是负数
  }
};
```

注意代码清单 8 – 12 的复数类中的 add、sub 和 multi 函数的参数都采用 const 的引用传递。事实上,一般对象传递都采用引用传递,因为对象往往包含很多数据成员,占用的空间比较多,用值传递既浪费时间又浪费空间。在 add,sub 和 multi 函数中,运算数都不应该被修改,所以在传递时加了 const 限定,以防函数中误修改这些参数值。

复数类的应用如代码清单 8 – 13 所示。

代码清单 8 – 13　复数类的应用

```cpp
//文件名:8-13.cpp
//复数类的应用
#include "complex.h"

int main()
{
    Complex c1(2,2), c2(1,3), c3;

    c1.display();
    c2.display();

    c3.add(c1, c2);
    c3.display();
    c3.sub(c1, c2);
    c3.display();
    c3.multi(c1, c2);
    c1.display();

    return 0;
}
```

代码清单 8 – 13 的运行结果如下:

```
2+2i
1+3i
3+5i
1-1i
2+2i
```

例 8.7　第 5 章和第 7 章分别介绍了一个统计某次考试成绩的均值和方差的程序。在编写这类程序时,程序员首先必须学习如何统计均值与方差。如果多个程序员都要用到此类功能,他们都必须做同样的工作。如果能够有一个统计均值和方差的工具,即一个类,那么程序中要做这类统计的时候,只要定义这个类的一个对象,将参与统计的数据传给这个对象,然后调用相应的成员函数获得均值和方差。这样可以节约很多程序员的时间。试设计并实现这个类。

如果把这个类命名为 statistic。statistic 类的数据成员应该是保存所有学生考试成绩的数组。但在设计类的时候,类的设计者无法确定数组的规模是多少,数组的规模要在某一次统计时,即定义对象时才能确定,为此可设置成动态数组。在构造对象时给出数组的规模。保存一个动态数组需要 2 个变量:指向动态数组起始地址的指针和数组大小,即 statistic 类有两个数据成员。

statistic 类的功能主要有计算均值、计算方差。但在计算均值和方差之前必须输入所有学生的成绩。输入学生成绩有两种方法。一种是在 statistic 类中定义一个输入函数;另一种是在主程序中将所有成绩输入到一个数组,在构造对象时将这组数据传给对象。如果采用第二种方法,被统计的数据在程序中存储了两遍。在主函数中存储了一遍,在 statistic 对象中又存储了一遍,浪费了存储空间。有同学可能会说,在 statistic 类中不需要申请动态对象,直接用实际参数的数组,反正数组参数传递的是起始地址。这样做也可以,但不太安全,每个变量应该有自己的空间。所以我们选择第一种方法,即定义一个输入函数。由于 statistic 类的数据成员是动态数组,所以必须有析构函数去释放动态数组的空间。综上所述,statistic 类有 5 个成员函数:构造函数、析构函数、输入函数、计算均值函数和计算方差函数。它的定义如代码清单 8-14 所示。

代码清单 8-14 statistic 类的定义

```
//文件名:statistic.h
//statistic 类的定义

class statistic{
    int size;
    int *data;

public:
    statistic(int s);
    ~statistic(){delete [] data;}
    void input();
    double mean();
    double dev();
};
```

其中 input 函数用于输入学生成绩,mean 是计算均值的函数,dev 是计算方差的函数。析构函数比较简单,直接定义在类定义中了。statistic 类的实现文件如代码清单 8-15 所示。

代码清单 8-15 statistic 类的实现文件

```
//文件名:statistic.cpp
//statistic 类的实现文件
#include <cmath>
#include <iostream>
```

```
#include "statistic.h"

statistic::statistic(int s)
{
    size = s;
    data = new int[s];
}

void statistic::input()
{
    for(int i = 0; i < size; ++i){
        cout << "请输入第" << i+1 << "位同学的成绩:";
        cin >> data[i];
    }
}

double statistic::mean()
{
    double sum = 0;

    for(int i = 0; i < size; ++i)
        sum += data[i];

    return sum / size;
}

double statistic::dev()
{
    double sum = 0, meanTmp = mean();

    for(int i = 0; i < size; ++i)
        sum += (data[i] - meanTmp) * (data[i] - meanTmp);

    return sqrt(sum) / size;
}
```

构造函数的参数是参与统计的学生人数。构造函数保存数组规模并根据给出的数组规模申请动态数组。input 函数逐个输入学生的成绩,每位同学的成绩输入前都会给出一个提示信息。mean 和 dev 函数分别根据定义实现均值和方差的计算。

如果用户需要统计某个班级的考试成绩,他可以编写如代码清单 8-16 所示的程序。

代码清单 8-16　应用 statistic 类统计某个班级的考试情况

```cpp
//文件名:8-16.cpp
//statistic 类的实现文件
#include <iostream>
using namespace std;
#include "statistic.h"

int main()
{
    statistic obj(10);

    obj.input();
    cout << obj.mean() << endl;
    cout << obj.dev() << endl;

    return 0;
}
```

　　程序首先定义了一个能够统计 10 位学生成绩的对象 obj。然后对 obj 调用 input 函数输入每位学生成绩。由于有了 statistic 类，程序员不再需要知道如何统计均值和方差，只需要对对象调用 mean 函数和 dev 函数。

　　如果需要统计 2 个班级考试情况，可以定义 2 个对象分别完成每个班级的成绩统计。如果程序需要统计很多班级的成绩，在编程时班级数尚未确定，则可以编写如代码清单 8-17 的程序完成此任务。

代码清单 8-17　利用 statistic 类统计多个班级的考试情况

```cpp
//文件名:8-17.cpp
//statistic 类的实现文件
#include <iostream>
using namespace std;
#include "statistic.h"

int main()
{
    statistic *obj;
    int num;
    char flag;

    do{
        cout << "是否需要统计考试成绩(Y/N):";
```

```
    cin >> flag;
    if(flag == 'n' || flag == 'N')break;
    cout << "请输入班级人数:";
    cin >> num;
    obj = new statistic(num);
    obj ->input();
    cout << obj ->mean() << endl;
    cout << obj ->dev() << endl;
    delete obj;
  } while(true);

  return 0;
}
```

由于编程时并不知道参与统计的班级数,因而无法定义确切数目的对象,也不知道统计工作要重复多少次。于是我们采用了 do...while 的循环,每个循环周期完成一个班级的成绩统计。由于每个班级的人数不同,因而无法重用一个 statistic 类的对象。代码清单 8 - 17 采用动态对象解决这个问题。当需要统计一个班级的成绩时,申请一个动态对象,完成统计后,消亡该对象。

8.5 const 与对象

8.5.1 常量数据成员

类的数据成员可以定义为常量。常量数据成员指的是在某个对象生存期内该数据成员是常量,即在对象生成时给出常量数据成员的值,在此对象生存期内,它的值是不能改变的。而对于整个类而言,不同的对象其常量数据成员的值可以不同。常量数据成员的声明是在该数据成员声明前加保留字 const。例如:

```
class Test{
private:
    const int size;
public:
    Test(int sz);
    void display();
};
```

在类 Test 中,数据成员 size 就是一个常量数据成员。因为一旦对象生成,常量数据成员的值是不能变的,所以,常量数据成员的值只能在构造函数中设定,其他成员函数不能修改。问题是构造函数如何给常量数据成员赋值? 常量只能初始化,即调用构造函数,不能赋值。因此,常量数据成员的初值**不能**在构造函数的函数体中通过赋值语句设定,如

```
Test::Test(int sz){size = sz;}
```

构造函数这个特殊的函数提供了一个称为初始化列表的特殊手段。构造函数初始化列表

位于函数头和函数体之间。它以一个冒号开头，接着是一个以逗号分隔的数据成员列表，每个数据成员的后面跟着一个放在圆括号中的对应于该数据成员的构造函数的实际参数，表示对该数据成员调用它的构造函数为它赋初值。所以，类 Test 的构造函数可以写成

```
Test::Test(int sz):size(sz){}
```

因为 size 是 int 型的，size(sz)表示调用 int 的构造函数用 sz 作为实际参数初始化 size。

8.5.2　常量对象

常量就是在定义时给出初值，在整个程序运行过程中常量的值不能改变。自定义类型和内置类型一样，都可以定义常量对象。例如：

```
const double PI = 3.1415926;
```

表示定义了一个实型常量 PI，它的值为 3.1415926，一旦将 PI 定义为常量，也就意味着在程序中不能再对 PI 赋值。同理，也能够定义一个常量对象。例如：

```
const Rational r1(1,3);
```

表示对象 r1 是一个常量对象。常量对象只能初始化，不能赋值，而且必须要初始化，否则就无法指定常量的值。如果程序中有试图改变 r1 的语句时，编译器会报错。

问题是编译器如何检测程序有没有修改常量。检测系统内置类型的常量有没有被修改是很容易的。编译器只要检查程序中有没有对这个常量执行赋值的操作。但对象的操作通常是对它的成员的操作，很少有对对象的直接赋值。如果程序中有一个赋值 r1＝r2，编译器知道 r1 的值将被改变。如果 r1 定义为常量，编译器就会报错。如果程序中有诸如"对象名. 成员名＝表达式"这样的语句时，编译器也知道该对象被修改了。但是，如果对象是通过成员函数来操作的，那么编译器如何知道哪些成员函数会改变数据成员？它又如何知道哪些成员函数的访问对常量对象是"安全"的呢？答案是使用常量成员函数。

8.5.3　常量成员函数

在 C++中可以把一个成员函数定义为**常量成员函数**，它告诉编译器该成员函数是安全的，不会改变对象的数据成员值，可以被常量对象所调用。一个没有被明确声明为常量成员函数的成员函数被认为是危险的，它可能会修改对象的数据成员值。因此，当把某个对象定义为常量对象后，该对象只能调用常量成员函数。

常量成员函数的定义是在函数头后面加一个保留字 const。要说明一个函数是常量的，必须在类定义中的成员函数声明时声明它为常量，同时在成员函数定义时也要说明它是常量。如果仅在类定义中说明，而在函数定义时没说明，编译器会把这两个函数看成是两个不同的函数，是重载函数。

任何不修改数据成员的函数都应该声明为 const 类型。如果在编写常量成员函数时，不慎修改了数据成员，或者调用了其他非常量成员函数，编译器将指出错误，这无疑会提高程序的健壮性。例如，一个更好的 Rational 类的定义应该写成代码清单 8－18 的形式。

代码清单 8－18　Rational 类更完善的定义

```
class Rational{
private:
    int num;
    int den;
```

```
    void ReductFraction();                          //将有理数化简成最简形式

public:
    Rational(int n = 0, int d = 1){num = n; den = d; ReductFraction();}
    void create(int n, int d){num = n; den = d; ReductFraction();}
    void add(const Rational &r1, const Rational &r2);
                                        //r1+r2,结果存于当前对象
    void multi(const Rational &r1, const Rational &r2);
                                        //r1*r2,结果存于当前对象
    void display()const ;
};
```

其中的 display 函数是不会修改数据成员的值,于是被定义成常量成员函数。一旦将一个 Rational 类的对象定义为常量的,就不能对该对象调用 create,add 和 multi 函数。因为这 3 个函数都会修改对象的数据成员,前一个函数将重新设置数据成员的值,而后两个函数会把运算的结果存入该对象。该对象允许调用的成员函数只有 display 函数。另外,它还可以作为 add 和 multi 函数的实际参数。

8.6 静态成员

8.6.1 静态数据成员

类的对象有时可能需要共享一些信息。例如,在一个银行系统中,最主要的对象是一个个账户,为此需要定义一个账户类。每个账户包含的信息有账号、存入日期、存款金额等。为了计算账户的利息,还需要知道利率。利率是每个账户对象都必须知道的信息,而且对所有账户类的对象,这个值是相同的。因此不必为每个对象设置这样的一个数据成员,只需让所有的对象共享这样一个值就可以了。如果用全局变量来表示这个共享数据,则缺乏对数据的保护。因为全局变量不受类的访问控制的限定,除了类的对象可以访问它以外,其他类的对象以及全局函数往往也能存取这些全局变量。同时也容易与其他的名字相冲突。如果可以把一个数据当作全局变量去存储,但又被隐藏在类中,并且清楚地表示与这个类的联系,那当然是最理想的。

这个需求可以用类的静态数据成员来实现。静态数据成员逻辑上是对象的一部分,但事实上每个对象的空间中并不包含这个静态成员。类的静态数据成员拥有一块单独的存储区,不管创建了多少个该类的对象。所有这些对象的静态数据成员都共享这一块空间。这就为这些对象提供了一种互相通信的机制,某个对象修改了它的静态成员,其他对象的这个成员值也改变了。

静态数据成员是属于类的,它的名字只在类的范围内有效,并且可以是公有的或私有的,这又使它免受其他全局函数的干扰。

说明数据成员是静态的,只需要在此数据成员前加一个保留字 static。例如,银行账户类可定义为

```
class SavingAccount{
```

```
private:
    char AccountNumber[20];    //账号
    char SavingDate[8];          //存款日期,格式为 YYYYMMDD
    double balance;              //存款额
    static double rate;          //利率,为静态数据成员
    ...
};
```

类定义只是给出了对象构成的说明,真正的存储空间在对象定义时分配。但由于静态数据成员属于类而不属于对象,因此系统为对象分配空间时并不包括静态数据成员的空间。所以,静态数据成员的空间必须单独分配,而且必须只分配一次。为静态数据成员分配空间称为静态数据成员的定义。静态数据成员的定义一般出现在类的实现文件中。例如,在 SavingAccount 类的实现文件中,必须有如下定义:

```
double SavingAccount::rate = 0.05;
```

该定义为 rate 分配了空间,并给它赋了一个初值 0.05。如果没有这个定义,链接器会报告一个错误。

静态数据成员是属于类的,因此可以通过作用域运算符用类名直接调用。如"类名∷静态数据成员名"。但从每个对象的角度来看,它似乎又是对象的一部分,因此又可以和普通的成员一样用对象引用它。如果是公有的,可以用"对象名.成员名"或"对象指针->成员名"访问它。但不管用哪一个对象去访问它,访问的都是同一块空间。

8.6.2 静态成员函数

像静态数据成员一样,成员函数也可以是静态的。静态成员函数是专用于且仅能操作静态数据成员的函数。静态成员函数所做的操作将影响类的所有对象,而不是某一特定对象。

静态成员函数的声明只需要在类定义中的函数原型前加上保留字 static。静态成员函数的定义可以写在类定义中,也可以写在类定义的外面。在类外定义时,函数定义中不用加 static。

静态成员函数可以用对象来调用。然而,更典型的方法是通过类名来调用,即"类名∷静态成员函数名()"的形式。

由于静态的数据成员逻辑上是对象的一部分,所以所有的成员函数都可以操作静态数据成员。那为什么还需要静态成员函数? 静态成员函数是专用于操作静态数据成员而不能操作非静态数据成员,它的最大特点就是没有隐含的 this 指针。这样就保证了静态成员函数不能访问一般的数据成员,而只能访问静态数据成员或其他静态成员函数。

静态成员函数只能访问静态数据成员,因此它可以在任何对象建立之前处理静态数据成员,如初始化静态数据成员的值。这是普通成员函数不能实现的功能。例如,在 8.6.1 节中提到的 SavingAccount 类中有一个静态数据成员 rate,它用来保存银行的利率,当利率发生变化时,必须修改这个静态数据成员的值,为此可以设置一个静态的成员函数

```
static void SetRate(double newRate)
{    rate = newRate;    }
```

当利率发生变化时(如利率变成了 5%),不管有没有账户对象存在,都可以通过调用

```
SavingAccount::SetRate(0.05)
```

将利率修改成 5%。

例 8.8 实现对某类对象的计数。

在程序执行的某个时刻,有时需要知道某个类已创建的对象个数以及现在仍存活的对象个数。为了实现这个功能,我们可以在类中定义两个静态数据成员:obj_count 和 obj_living。前者保存程序中一共创建过多少对象,后者保存目前还未消亡的对象个数。要实现计数功能,可以在创建一个对象时,对这两个数据成员各加 1。当消亡一个对象时,obj_living 减 1。通过这两个静态数据成员就可以得到这两个信息。为了知道某一时刻对象个数的信息,可以定义一个静态成员函数完成此任务。这个类的定义如代码清单 8 - 19 所示,它的使用如代码清单 8 - 20 所示。

代码清单 8 - 19　StaticSample 类的定义

```
//文件名:StaticSample.h
//静态数据成员和静态成员函数示例
#ifndef _StaticSample_h
#define _StaticSample_h
#include <iostream>
using namespace std;

class StaticSample{
private:
      static int obj_count;
      static int obj_living;
public:
      StaticSample(){++obj_count; ++obj_living;}
      ~StaticSample(){--obj_living;}
      static void display()   //静态成员函数
        {cout << "总对象数:" << obj_count << "\t 存活对象数:" << obj_
living << endl;}
};

int StaticSample::obj_count = 0;   //静态数据成员的定义及初始化
int StaticSample::obj_living = 0;   //静态数据成员的定义及初始化
```

代码清单 8 - 20　StaticSample 类的使用

```
//文件名:8-16.cpp
//Static Sample 类的使用
#include "StaticSample.h"

int main()
{   StaticSample::display();   //通过类名限定调用静态成员函数
```

```
StaticSample s1, s2;
StaticSample::display();

StaticSample *p1 = new StaticSample, *p2 = new StaticSample;
s1.display();        //通过对象调用静态成员函数

delete p1;
p2->display();       //通过指向对象的指针调用静态成员函数

delete p2;
StaticSample::display();

return 0;
}
```

代码清单 8-20 所示程序的运行结果如下：

总对象数:0 　　　　存活对象数:0

总对象数:2 　　　　存活对象数:2

总对象数:4 　　　　存活对象数:4

总对象数:4 　　　　存活对象数:3

总对象数:4 　　　　存活对象数:2

例8.9 在一个货运系统中,必须保存每件货物的信息。但从全局的角度看,我们还需要知道所有货物的总重量。设计一个类,实现上述功能。

对于每件货物来讲,必须保存货物的重量。因此,必须有一个保存重量的数据成员 weight。由于要保存所有货物的总重量,这个量是整个类共享的值,因此可设置一个静态数据成员 total_weight。当对象生成时,需要将当前定义对象的重量加入到 total_weight,这个工作将由构造函数完成。对象消亡前,必须减去当前对象的重量,这个工作由析构函数完成。这个类的定义及成员函数的实现如代码清单 8-21 所示。

代码清单 8-21 Goods 类的定义

```
//文件名:Goods.h
//货物类的定义
#ifndef _goods_h
#define _goods_h
class Goods{
    int weight;
    static int total_weight;
public:Goods(int w);
    ~Goods();
    int weight() const;
```

```
    static int totalweight() const;
};
#endif

//文件名:Goods.cpp
//货物类的实现
#include "goods.h"

Goods::Goods(int w){weight = w;  total_weight += w;}
Goods::~Goods(){total_weight -= weight;}
int Goods::weight()const  {return weight;}
int Goods::totalweight()const  {return total_weight;}
int Goods::total_weight = 0;
```

8.6.3　静态常量成员

静态数据成员是整个类共享的数据成员。有时整个类的所有对象需要共享一个常量,此时可把这个成员设为静态常量成员。静态常量成员可以用两个保留词:static 和 const 共同限定,而且必须指定初值,如

```
static  const int SIZE = 5;
```

注意,常量数据成员和静态常量数据成员的区别。常量数据成员属于对象,不同对象的常量数据成员的值是不同的。而静态常量数据成员是整个类共享的,不同对象的静态常量数据成员值是相同的。

例如,在某个类中需要用到一个数组,而该数组的大小对所有对象都是相同的,则在类中可指定一个数组规模,并创建一个该规模的数组。数组规模就可作为静态常量数据成员。这个类的定义如下:

```
class Sample{
    static const int SIZE = 10;
    int storage[SIZE];
    ...
};
```

8.7　友元

类的封装使得私有成员只能由类的成员函数访问,而这有时会降低对私有成员的访问效率,因为函数调用会占用系统的时间和空间。在 C++中,可以对某些经常需要访问类的私有成员的函数开一扇"后门",那就是**友元**。友元可以在不放弃私有成员安全性的前提下,使得全局函数或其他类的成员函数能够访问类中的私有成员。

在 C++的类定义中,可以指定允许某些全局函数、某个其他类的所有成员函数或某个其他类的某一成员函数直接访问该类的私有成员,它们分别被称为**友元函数**、**友元类**和**友元成员函数**,统称为**友元**。

要将某个函数或某个类声明为自己的友元，允许它访问自己的私有成员，只需要在类定义中声明此函数或类，并在函数原型或类名前加上关键字 friend。友元函数的声明可以放在公有部分，也可以放在私有部分。例如，如果类 A 声明全局函数 f 是友元，f 函数的原型是

```
void f();
```
则可在类 A 的定义中加入如下形式的一条声明：

```
friend void f();
```
如果要将类 B 的成员函数

```
int func(double);
```
声明为类 A 的友元，可在类 A 的定义中加入语句

```
friend int B::func(double);
```
如果要将整个类 B 作为类 A 的友元，可在类 A 的定义中加入语句

```
friend class B;
```
尽管友元关系可以写在类定义中的任何地方，但一个较好的程序设计习惯是将所有友元关系的声明集中在一起，放在类定义中的最前面或最后面，并且不要在它的前面添加任何访问控制说明。下面是使用友元函数的一个例子。

例 8.10　定义一个存储和操作女孩信息的类 Girl，保存的信息为姓名和年龄。用友元函数实现对象的显示。

Girl 类的定义、友元函数的定义以及 Girl 类的使用如代码清单 8-22 所示。友元函数是一个全局函数，它的定义可以写在类定义的外面，像普通全局函数的定义一样，也可以写在类定义的里面。尽管友元函数可以定义在类里面，但它不是类的一部分，而只是类的朋友！

代码清单 8-22　Girl 类的定义及使用

```cpp
//文件名:8-22.cpp
//Girl 类的定义及使用
#include <iostream>
#include <cstring>
using namespace std;

class Girl{
    friend void disp(Girl &x);                    //友元函数的声明

private:
    char name[10];
    int age;
public:
    Girl(char *n, int d)  {strcpy(name,n); age = d;}
};

void disp(Girl &x)  {cout << x.name << "  " << x.age << endl;}//友元函数的定义
```

```
int main()
{   Girl e("abc",15);
    disp(e);

    return 0;
}
```

由于声明了函数 disp 是 Girl 类的友元,所以在 disp 函数中可以用 x. name、x. age 的形式引用 Girl 类的对象 x 的私有成员。如代码清单 8 - 22 所示程序的运行结果如下:

abc   15

注意,友元关系既不是对称关系,也不是传递关系。也就是说,如果类 A 声明了类 B 是它的友元,并不意味着类 A 也是类 B 的友元(友元关系是不对称的);如果类 A 是类 B 的友元,类 B 是类 C 的友元,并不意味着类 A 是类 C 的友元(友元关系是不传递的)。

友元为全局函数或其他类的成员函数访问类的私有成员函数提供了方便,但它也破坏了类的封装,给程序的维护带来了一定的困难,因此要慎用友元。

例 8.11   设计一个基于单链表的统计某次考试成绩的均值和方差的类。

例 8.7 介绍了一个可以实现成绩统计的类 statistic。statistic 类用动态数组保存学生的成绩,构造 statistic 类的对象时必须给出参加统计的学生人数,这给用户的使用带来了一点麻烦。用户在输入学生成绩前先要数一数这次有多少人参加考试。如果数错了,程序将不能正确运行。如果少数了人数,某些学生信息将无法输入,得到的是错误的结果。如果数多了,程序又不肯结束。下面我们介绍一个能解决这个问题的新方案。这个方案采用单链表存储学生的成绩。

与数组类似,单链表也是存储一组数据的工具。但与数组不同,定义数组时需要确定整个数组的存储空间,而链表不需要事先为所有元素准备好一块空间,甚至也不需要知道一共有多少个元素,而是在需要增加一个元素时,动态地为它申请存储空间,真正做到按需分配。但是这样就无法保证所有的元素是连续存储的,如何从当前的元素找到它的下一个元素呢? 链表提供了一条"链",即每个存储元素的空间中不仅存储了元素本身还保存了后面一个元素的存储地址。存储每个元素的这块空间称为一个结点。程序只要记住第一个结点的地址,从第一个元素可以找到第二个元素,第二个元素找到第三个元素,最后一个元素保存一个空指针,表示它后面没有元素了。图 8 - 1 给出了最简单的链表——单链表的结构。

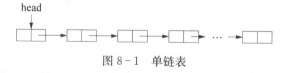

图 8 - 1   单链表

图 8 - 1 中的每个结点存储一个元素。每个结点由两个部分组成:真正存储数据元素的部分和存储下一结点地址的部分。变量 head 中存放着存储第一个元素的结点的地址,从 head 可以找到第一个结点,第一个结点中存放着第二个结点的地址,因此从第一个结点可以找到第二个结点。依次类推,可以找到第三个、第四个结点,一直到最后一个结点。最后一个结点的第二部分存放一个空指针,表示其后没有元素了。因此,链表就像一根链条一样,一环扣一环,

直到最后一环。抓住了链条的第一环,就能找到所有的环。

存储一个单链表需要一个指向结点的指针,保存第一个结点的地址,而C++本身是没有这种结点类型的。如果程序要用单链表就必须自己设计一个结点类型。每个结点由两部分数据组成:数据元素本身和指向下一结点的指针。结点本身并不需要特殊的操作,所以不需要成员函数。但一般类都有构造函数,所以也为结点类定义一个用于对结点赋初值的构造函数。

结点类是被统计成绩的类所用。统计成绩时需要用到每个结点中存储的数据,为方便起见将统计成绩的类声明为结点类的友元类。结点类的定义如代码清单8-23所示。

代码清单8-23　node类的定义

```
//文件名:node.h
//node 类的定义及实现

#ifndef _node
#define _node

class statistic;

class node{
  friend class statistic;          //友元类声明

  int data;
  node *next;

public:
  node(int d,node *n = NULL){
    data = d;
    next = n;
  }
};

#endif
```

注意代码清单8-23中的第一个语句

```
class statistic;
```

这个语句称为类的声明。statistic是统计成绩的类的名字。细心的读者可能注意到这个程序有一个"死结"。statistic类用单链表存储学生成绩,因此必须保存单链表中第一个结点的地址,这个数据成员是指向node的一个指针。在 statistic 类定义时要定义数据成员是 node 类的指针,编译器必须见过 node 类的定义,必须知道 node 是一个类名,所以 statistic 类的头文件中要包含 node 类。但在 node 类定义时,又要说明 statistic 类是 node 类的友元,那么编译器必须知道有 statistic 这个类。也就是说 statistic 类必须定义在 node 类的前面! 我们到底应该是先定义 node 类还是先定义 statistic 类？

解开这个死结的关键是类的声明。我们先定义 node 类，但在 node 类定义前先声明 statistic 类，即告诉编译器 statistic 是一个类的名字，这个类的定义你现在还没见到。有了类声明，在 node 类中声明友元时，编译器就知道这个友元声明是合法的。

有了 node 类，就可以定义 statistic 类。包含 statistic 类定义的头文件如代码清单 8 - 24 所示。

代码清单 8 - 24 statistic 类的定义

```
//文件名:statistic.h
//statistic 类的头文件

#ifndef _statistic
#define _statistic

#include "node.h";

class statistic{
  node *head;
  int size;

public:
  statistic();
  ~statistic();
  void input(int flag);
  double mean()const;
  double dev()const;
};

#endif
```

用单链表保存一组数据只需要第一个结点的地址，即指向 node 的一个指针 head。由于统计均值和方差时都要用到学生人数，所以我们又定义了一个保存学生人数的数据成员 size，这样在计算均值和方差时不用再数一数有多少学生了。除了构造函数外，statistic 类的成员函数与例 8.7 中完全一样。本例中构造函数不再需要参数，也就是说，用户在统计前不用先数有多少学生参加考试。

statistic 类的实现文件如代码清单 8 - 25 所示。构造函数为数据成员赋初值。定义对象时，没有任何学生信息，所以学生人数 size 为 0，单链表中也没有结点，所以 head 是个空指针。

代码清单 8 - 25 statistic 类的实现文件

```
//文件名:statistic.cpp
```

```
//statistic 类实现文件

#include <iostream>
#include <cmath>
#include "statistic.h"
using namespace std;

statistic::statistic()
{
  head1 = NULL;
  size = 0;
}

void statistic::input(int flag)
{
  int score;

  while(true){
    cout << "请输入第" << size+1 << "位同学的成绩:";
    cin >> score;
    if(score == flag)break;
    head = new node(score,head);
    ++size;
  }
}

double statistic::mean()const
{
  double sum = 0;
  node *p = head;

  while(p != NULL){
    sum += p->data;
    p = p->next;
  }

  return sum/size;
}

double statistic::dev()const
```

```
{
    double sum = 0,meanTmp = mean();
    node *p = head;

    while(p != NULL){
        sum += (p->data-meanTmp)*(p->data - meanTmp);
        p = p->next;
    }

    return sqrt(sum)/size;
}

statistic::~statistic()
{
    node *p;

    while(head != NULL){
        p = head->next;
        delete head;
        head = p;
    }
}
```

先看一看 input 函数的实现。因为输入时并不知道有多少个学生,于是我们采用了基于哨兵的循环。input 函数的参数就是这个哨兵值。整个输入过程用一个 while 循环实现,每个循环周期处理一个输入数据。在每个循环周期中,首先请求用户输入一个数据,然后检查输入的数据是否等于哨兵值。如果是哨兵值,则退出循环,输入过程结束。否则将这个数据插入到单链表中。如果输入的数据已经形成了一个单链表,新输入的数据要添加到单链表中。由于单链表是按需分配空间,所以首先必须为新输入的数据申请存储空间,即一个结点,然后把这个结点插入到链表中。因为统计结果和数据的排列次序无关,所以这个结点可以插入在单链表的任何地方。最简单是把新的结点插入为第一个结点,原来表中的第一个结点作为第二个结点。要达到这个目的,我们可以把第一个结点的地址存放在新结点的 next 部分,这样新结点和第一个结点就连起来了,然后标记这个新结点才是单链表的第一个结点,这只需要把新结点的地址存入 head。所有的这些事情都由一个语句实现:

`head = new node(score, head);`

该语句先用 new node 申请一个存放输入信息的结点,然后通过构造函数将输入的数据存放在结点的 data 部分,把原来单链表中第一个结点的地址(存放在 head 中)放入结点的 next 部分,最后把新结点的地址存入 head。循环体的最后一个语句是人数加 1。

第二个函数是计算均值,它需要访问单链表中的每个元素。由于单链表是"单线"联系的,要访问所有元素只能从第一个结点开始。访问了第一个结点后再访问第二个结点,依此类推。

在访问过程中必须有一个变量记住当前正在访问的结点,这个变量就是函数中定义的 p。初始时,p 指向第一个结点,即 head 指向的结点。将第一个结点的值累加到变量 sum,然后让 p 指向第二个结点,将第二个结点的值累加到变量 sum,再让 p 指向第三个结点,直到 p 指向的结点不存在了,即 p 成了空指针。这个过程用一个 while 循环实现。循环条件为 p 不是空指针。每个循环周期将 p 指向的结点中的元素值累加到 sum。访问 p 指向的结点中的元素值可以表示为 p->data,让 p 指向下一个结点可以表示为 p=p->next,因为下一结点的地址是存放在本结点的数据成员 next 中。

计算方差的函数和计算均值类似,不再详述。最后一个函数是析构函数。单链表的析构比较麻烦,要一个个释放结点的空间。释放单链表的空间也必须从第一个结点开始。先释放第一个结点的空间,再释放第二个结点的空间,直到所有结点的空间都被释放。这个过程与计算均值的过程类似,也可以用一个 while 循环实现,每个循环周期释放一个结点的空间。但要注意的是,当一个结点被释放后,它后面一个结点就找不到了,所以在释放一个结点前必须先把它后面结点的地址保存起来,程序中的变量 p 保存的就是这个信息。

statistic 类的使用和例 8.7 中的 statistic 类的使用基本类似,如代码清单 8-26 所示。

代码清单 8-26 statistic 类的使用

```cpp
//文件名:8-26.cpp
//statistic类的使用

#include <iostream>
using namespace std;
#include "statistic.h"

int main()
{
    statistic *obj;
    char flag;

    do{
        cout << "是否需要统计考试成绩(Y/N):";
        cin >> flag;
        if(flag == 'n' || flag == 'N')break;
        obj = new statistic;
        obj->input(-1);
        cout << obj->mean() << endl;
        cout << obj->dev() << endl;
        delete obj;
    } while(true);

    return 0;
```

```
    }
```

该程序可以统计任意多个班级的成绩,每个班级的成绩统计用一个动态对象完成。在输入考试成绩时,程序选择了−1作为输入结束的"哨兵"。

8.8　编程规范及常见错误

类是程序员自己定义的类型。定义一个类包含两个工作:定义类的结构以及成员函数的实现。类的结构指出类包含哪些数据成员和成员函数,哪些是私有的,哪些是公有的。类结构定义存放在一个.h文件中。类的成员函数的实现,写在一个.cpp文件中。这两个文件一般有同样的名字。

类设计中,一般数据成员都被设计成私有的,每个行为对应的函数被设计成公有的成员函数。公有成员函数在实现时可能会用到一些工具函数,这些函数被设计成私有的成员函数。

在类设计中,尽可能自己设计构造函数、复制构造函数和析构函数。这样可以明确表示出自己对构造和析构的要求。特别是类中包含有一些指针的数据成员时,更必须定义复制构造函数,否则可能引起程序执行的异常终止。注意复制构造函数的参数类型,应该是当前类的对象的常量引用。不能将参数设计成值传递,这样会引起无限递归。在设计复制构造函数时尽可能遵循复制构造的本意,即构造一个与参数一样的对象。

在设计参数为对象的函数时,如果函数不会修改形式参数对象的值,最好将此参数设计成常量引用,可以提高时间和空间的效率。在设计成员函数原型时,如果函数不会修改数据成员值,则最好将它设为常量成员函数。

不要把一个类设计得过于复杂。每个类应该有单一的、明确的目的。如果一个类的目的过多,可以把它分解成多个简单的类。

静态的成员函数没有this指针,不能操作非静态的数据成员。

8.9　小结

本章介绍了面向对象程序设计的基本思想。面向对象程序设计的基本思想是在考虑应用的解决方案时,首先根据应用的需求创造合适的类型,用该类型的对象来解决特定的问题。

本章主要介绍了如何设计并实现一个类,如何通过访问控制实现封装,如何定义和使用类的对象,如何实现对象的初始化等。

8.10　习题

简答题

1. 什么是对象?

2. 构造函数和析构函数的作用是什么? 它们各有什么特征?

3. 友元的作用是什么?

4. 静态数据成员有什么特征? 有什么用途?

5. 在定义一个类时,哪些部分应放在头文件(.h文件)中,哪些部分应放在实现文件

（.cpp 文件）中？

6. 什么情况下类必须定义自己的复制构造函数？

7. 什么情况下必须定义析构函数？

8. 什么样的成员函数应被说明为公有的？什么样的成员函数应被设为私有的？

9. 常量数据成员和静态常量数据成员有什么区别？如何初始化常量数据成员？如何初始化静态常量数据成员？

10. 下面的程序在执行时会出现什么致命的错误，并导致程序异常终止？为什么？

```cpp
#include <iostream.h>
#include <cstring>

class sample{
private:
  char *string;

public:
  sample(const char *s)  {
    string = new char[strlen(s)+1];
    strcpy(string,s);
  }
  ~sample(){delete string;}
};

sample f(char *arg)
{
  sample tmp(arg);
  return tmp;
}
int main()
{
  sample local = f("abcd");

  return 0;
}
```

11. 什么是 this 指针？为什么要有 this 指针？

12. 用 struct 定义类型与用 class 定义类型有什么区别？

13. 复制构造函数的参数为什么一定要用引用传递？

14. 下面哪个类必须定义复制构造函数：

（1）包含 3 个 int 类型的数据成员的 point3 类。

（2）处理动态二维数组的 Matrix 类。其中存储二维数组的空间在构造函数中动态分配，在析构函数中释放。

（3）本章定义的有理数类。

（4）处理一段文本的 word 类。所处理的文本存储在一个静态的字符数组中。

15. 假定 AB 为一个类，则执行"AB a(2),b[3],*p[4],d＝a;"语句时调用多少次缺省的构造函数？多少次带一个参数的构造函数？多少次复制构造函数？

16. 代码清单 8-19 中的 staticSample 类的某次应用如下。请写出输出结果。试问会有什么问题？如何解决？

```
int main()
{
    staticSample *p;
    for(int i = 0; i < 10; ++i){
        p = new staticSample;
        f(*p);
        delete p;
    }
    return 0;
}


void f(staticSample obj)
{p.display();   }
```

程序设计题

1. 设计并实现一个处理圆的类。提供的功能有计算圆的面积、计算圆的周长以及获取圆的半径。

2. 设计并实现一个处理抛物线的类。提供的功能有获取某个 x 对应的 y 值、获取顶点坐标、获取与 x 轴的交点以及获取与 y 轴的交点坐标。

3. 模仿本章的 doubleArray 类，设计一个下标范围可指定的安全的整型数组 intArray。

4. 创建一个 LongLongInt 类，用一个动态的字符数组存放任意长度的正整数。数组的每个元素存放整型数的一位。例如，123 被表示为"321"。注意，数字是逆序存放，这样可以使得整型数的操作比较容易实现。提供的成员函数有构造函数（根据一个由数字组成的字符串创建一个 LongLongInt 类的对象）、输出函数、加法函数和把一个 LongLongInt 类的对象赋给另一个对象的赋值函数。为了比较 LongLongInt 对象，提供了等于比较、不等于比较、大于比较、大于等于比较、小于比较和小于等于比较。

5. 用单链表实现程序设计题 4。

6. 试定义一个 string 类，用以处理字符串。它至少具有两个数据成员：字符串的内容和长度。提供的操作有显示字符串、求字符串长度以及在原字符串后添加一个字符串等。

7. 为学校的教师提供一个工具，使教师可以管理自己所教班级的信息。教师所需了解和处理的信息包括课程名、上课时间、上课地点、学生名单、学生人数、期中考试成绩、期末考试成绩和平时的课堂练习成绩。每位教师可自行规定课堂练习次数的上限。考试结束后，该工具可为教师提供成绩分析，按优、良、中、差统计。

8. 设计并实现一个英汉词典类 Dictionary。类的功能有：添加一个词条、删除一个词条、查找某个单词对应的中文含义。

9. 在本章实现的有理数类中增加减法和除法。

10. 有理数是一类特殊的实型数。在有理数类中增加一个将有理数类对象转换成一个 double 类型的数据的功能。

11. 为 doubleArray 类增加 2 个成员函数：input 和 display。input 函数输入数组的所有元素值。display 函数输出数组的所有元素。

9 运算符重载

在第 8 章中我们反复强调类就是类型,对象就是变量。但在实际使用中,读者会觉得对象和变量还是有很多不一样的地方。变量通常都是用运算符实现运算。例如,用"="实现变量的赋值,用"+"实现两个变量相加,用">"比较两个变量的值。但对象的操作都是通过调用成员函数实现的。那么能不能让对象也能和内置类型的变量一样用运算符实现操作?答案是可以的。只要类的设计者"教会"C++如何将这个类的对象相加、如何赋值、如何比较等。教会 C++如何将运算符应用于某个类的对象称为**运算符重载**。有了运算符重载,就可以使程序员自己定义的类更像系统的内置类型,使用更加方便。同时也让我们感到整个 C++的功能增强了。

运算符重载只是解释在特定类中如何实现某个运算符的操作,如有理数的加运算是如何实现的,但不能改变运算符的运算对象数。一元运算符重载后还是一元运算符,二元运算符重载后还是二元运算符。不管运算符的功能和运算符的对象类型如何改变,运算符的优先级和结合性也保持不变。如果在某个类中重载了+运算符和*运算符,则意味着对该类的对象可以直接用这些运算符。例如,如果 r1,r2,r3 是该类的对象,则可以写如下的表达式:

```
r1 + r2*r3
```

在计算上述表达式时,编译器会先计算*,再计算+,类的设计者不用考虑这个问题。这也减轻了类的设计者和使用者的工作。

9.1 运算符重载的方法

"教会"计算机做某件事情就是写一个函数。运算符重载就是写一个函数解释某个运算符在某个类中的含义,这个函数称为**运算符重载函数**。关键问题是 C++如何知道某个运算符规定的操作是由哪个函数完成?例如,对两个 Rational 类的对象执行 r1 + r2,C++如何知道应该调用哪个函数?要使得编译器在遇到这个运算符时能自动找到重载的这个函数,C++规定重载函数名字必须为

```
operator@
```

其中,@为要重载的运算符。例如,要重载+运算符,该重载函数名为 operator+ ;要重载赋值运算符,函数名为 operator= 。因此,对两个 Rational 类的对象执行 r1 + r2 时,C++到有理数类中去找一个名为 operator+ 的函数并执行这个函数。

大多数运算符重载函数都可以定义为全局函数或成员函数。只有少数几个运算符是必须重载为成员函数或全局函数,本书后面会逐个介绍。由于运算实现时一般都要涉及对象的数据成员,而数据成员一般都是私有的,所以当重载为全局函数时一般都把这个函数设为友元函数。当把运算符重载为成员函数时,应该被设计成公有的成员函数,因为运算符重载函数是给

对象的使用者调用的。

　　运算符重载不能改变运算符的参数个数及运行结果的意义。例如,加法有两个运算数,运算结果类型与参数相同。如果在有理数类中重载加法,那么应该有两个有理数类型的运算数,加的结果也是有理数。如果在复数类中重载加法,那么应该有两个复数的运算数,运算结果是复数。如果在有理数类中重载大于运算,那么两个运算数是有理数,运算结果是 bool 类型。

　　当运算符被重载为全局函数时,参数个数和参数类型与运算符的运算对象数及运算对象类型完全相同。返回值类型是运算结果的类型。例如,有理数类的加法重载函数有两个参数,都是有理数类型的对象,返回值是加的结果,也是有理数类型的对象。有理数类重载的比较函数(如大于、小于、等于等)的参数是两个有理数类的对象,返回值是布尔类型的值。由于加法和比较操作都不改变运算数,所以参数通常可以用值传递,也可以用 const 的引用传递。

　　如果运算符被重载为类的成员函数,由于成员函数有一个隐含的参数(this 指针),C++规定把这个隐含参数作为运算符的第一个运算数。因此运算符被重载为成员函数时,它的形式参数个数比运算符的运算对象数少1。当把一个一元运算符重载为成员函数时,该函数没有形式参数,运算符的运算对象就是当前对象。而把一个二元运算符重载为成员函数时,该函数只有一个形式参数,这个形式参数是运算符的第二个运算对象,第一个运算对象是当前对象。

　　例 9.1　为 Rational 类增加＋和＊的重载函数,用以替换现有的 add 和 multi 函数。再为有理数类增加一个小于比较和一个等于比较函数。

　　这四个运算符都可以重载成全局函数或成员函数。当把它们重载成成员函数时,这四个函数都只有一个形式参数,就是运算符的右运算对象。运算符的左运算对象是当前对象。两个 Rational 类的对象相加或相乘的结果还是一个 Rational 类的对象,因此加和乘函数的返回值是一个 Rational 类的对象。比较结果是布尔类型,因此小于和等于函数的返回值是 bool 类型。由于＋、＊和比较操作都不会改变运算对象值,所以这些函数的参数可以是值传递或是 const 的引用传递,这些函数都是 const 的成员函数。添加了重载函数后的 Rational 类的定义、重载函数的实现以及使用如代码清单 9-1 至代码清单 9-3 所示。

代码清单 9-1　Rational 类的定义

```cpp
class Rational{
private:
    int num;
    int den;
    void ReductFraction();
public:
    Rational(int n = 0, int d = 1){num = n; den = d; ReductFraction();}
    Rational operator+(const Rational &r1) const;   // 当前对象 + r1
    Rational operator*(const Rational &r1) const;   // 当前对象 * r1
    bool operator <(const Rational &r1) const;      // 当前对象 < r1
    bool operator ==(const Rational &r1) const;     // 当前对象 == r1
    void display() const;
};
```

代码清单 9-2　Rational 类运算符重载函数的实现

```
Rational Rational::operator+(const Rational &r1) const
                                            //将当前对象和 r1 相加
{
    Rational tmp;

    tmp.num = num * r1.den + r1.num * den;
    tmp.den = den * r1.den;
    tmp.ReductFraction();

    return tmp;
}

Rational Rational::operator*(const Rational &r1) const
                                            //将当前对象与 r1 相乘
{
    Rational tmp;

    tmp.num = num * r1.num;
    tmp.den = den * r1.den;
    tmp.ReductFraction();

    return tmp;
}

bool Rational::operator<(const Rational &r1) const
                                            //判断:当前对象 < r1
{return num * r1.den < den * r1.num;}

bool Rational::operator == (const Rational &r1) const
                                            //判断:当前对象 == r1
{return num == r1.num && den == r1.den;}
```

代码清单 9-3　重载了加和乘运算后的 Rational 类的使用

```
int main()
{
    Rational r1(1,6), r2(1,6), r3;

    r3 = r1 + r2;                           //r3 = r1.operator+(r2)
```

```
    r1.display();cout << " + "; r2.display();
    cout << " = ";r3.display(); cout << endl;

    r3 = r1 * r2;                                    //r3 = r1.operator*(r2)
    r1.display();cout << " * "; r2.display();
    cout << " = ";r3.display(); cout << endl;

    cout << (r1 == r2 ? "true" : "false") << endl;//  r1.operator == (r2)
    cout << (r1 < r3 ? "true" : "false") << endl; //  r1.operator < (r3)

    return 0;
}
```

除了可以用内置运算符进行运算外,运算符重载函数也可以直接用函数的形式调用。例如,r3 = r1 + r2 也可以写成 r3 = r1.operator+(r2)。但一般情况下,都表示成前者。

这 4 个函数也可以重载为全局函数。由于重载函数主要是对对象的数据成员进行操作,而在一般的类定义中,数据成员都被定义为私有的。所以,当运算符被重载为全局函数时,通常把此重载函数设为类的友元函数,便于访问类的私有数据成员。用全局函数重载的 Rational 类的定义和实现如代码清单 9-4 和代码清单 9-5 所示。它的使用和用成员函数实现的重载完全一样。

代码清单 9-4 用友元函数重载的 Rational 类的定义

```
class Rational{
    friend Rational operator+(const Rational &r1, const Rational
&r2);                                                           //r1 + r2
    friend Rational operator*(const Rational &r1, const Rational
&r2);                                                           //r1 * r2
    friend bool operator <(const Rational &r1, const Rational &r2);
                                                                //r1 < r2
    friend bool operator ==(const Rational &r1, const Rational &r2);
                                                                //r1 == r2

private:
    int num;
    int den;

    void ReductFraction();

public:
    Rational(int n = 0,int d = 1){num = n; den = d; ReductFraction();}
```

```
    void display() const;
};
```

代码清单 9-5 用友元函数重载的 Rational 类的加和乘运算

```
Rational operator+(const Rational &r1, const Rational &r2) //r1 + r2
{
    Rational tmp;
    tmp.num = r1.num * r2.den + r2.num * r1.den;
    tmp.den = r1.den * r2.den;
    tmp.ReductFraction();
    return tmp;
}

Rational operator * (const Rational &r1, const Rational &r2)   //r1 * r2
{
    Rational tmp;
    tmp.num = r1.num * r2.num;
    tmp.den = r1.den * r2.den;
    tmp.ReductFraction();
    return tmp;
}

bool operator < (const Rational &r1, const Rational &r2)    //r1 < r2
{   return r1.num * r2.den < r1.den * r2.num;}

bool operator == (const Rational &r1, const Rational &r2) //r1 == r2
{   return r1.num ==r2.num && r1.den == r2.den;}
```

虽然例 9.1 中的几个运算符既可以重载为成员函数也可以重载为友元函数,但重载为友元函数可以使应用更加灵活。如果在 Rational 类中把加运算重载为友元函数,r 是 Rational 类的对象,则 2 + r 是一个合法的表达式。在执行这个表达式时,系统会调用作为友元函数的 operator+ 函数,并进行参数传递。在参数传递时,如果形式参数和实际参数类型不同的话,会进行自动类型转换,系统首先调用 Rational 类的构造函数,将 2 作为参数,生成了一个 num = 2,den 取默认值 1 的临时对象,并把这临时对象作为 operator+ 的第一个参数。对 r 调用复制构造函数构造第二个参数。因此,这是一个合法的函数调用。但当把加运算重载为成员函数时,2+r 等价于调用函数 2.operator + (r),而 2 不是 Rational 类的对象,是整型对象,而整型类中并没有参数为有理数类对象的加法函数。整型类中的加法函数的参数是整型数,而且 C++也不知道如何将有理数转换成整型。这个调用是非法的,编译器会报错。

例 9.2 修改代码清单 8-12 中的复数类,用运算符重载实现加、减和乘操作。

加、减和乘操作可以重载为成员函数，也可以重载为友元函数，而且重载为友元函数更好。所以本例将这 3 个函数重载为友元函数。重载后的类定义如代码清单 9-6 所示，它的使用如代码清单 9-7 所示。

代码清单 9-6　复数类的定义

```cpp
class Complex{
  friend Complex operator + (const Complex &c1, const Complex &c2)
                                                        //c1 + c2
    {return Complex(c1.real + c2.real, c1.imag + c2.imag);}
  friend Complex operator - (const Complex &c1, const Complex &c2)
                                                        //c1 - c2
    {return Complex(c1.real - c2.real, c1.imag - c2.imag);}
  friend Complex operator*(const Complex &c1, const Complex &c2)
                                                        //c1 * c2
    {return Complex(c1.real * c2.real - c1.imag * c2.imag,c1.real *
c2.imag + c2.real * c1.imag);}

private:
  double real;
  double imag;

public:
  Complex(double r = 0,double i = 0){
    real = r; imag = i;
  }

  void display()const{
    if(imag > 0)cout << real << '+' << imag << 'i' << endl;
    else cout << real << imag << 'i' << endl;
  }
};
```

代码清单 9-7　复数类的应用

```cpp
int main()
{
  Complex c1(2,2), c2(1,3), c3;

  c1.display();
  c2.display();
```

```
c3 = c1 + c2;          //c3 = operator+(c1,c2)
c3.display();
c3 = c1 - c2;          //c3 = operator-(c1,c2)
c3.display();
c3 = c1 * c2;          //c3 = operator * (c1,c2)
c1.display();

    return 0;
}
```

9.2　几个特殊运算符的重载

大多数 C++ 的运算符既可以重载为友元函数,也可以重载为成员函数。但赋值运算符、下标运算符和函数调用运算符必须重载为成员函数。而输入输出(>>和<<运算符)必须重载为友元函数。下面我们将对这几个运算符重载函数作详细介绍。

9.2.1　赋值运算符的重载

如 8.3.2 所述,同一个类的对象之间都能直接赋值,这是因为 C++ 会为每个类生成一个默认的赋值运算符重载函数。该函数在对应的数据成员间赋值。一般的类都使用这个默认的赋值运算符重载函数。但是,当类含有类型为指针的数据成员时,可能会带来一些麻烦。回顾第 8 章定义的 DoubleArray。如果有两个 DoubleArray 类的对象 array1 和 array2,我们可以执行 array1 = array2,这在语法上完全正确。但这个赋值会引起下面几个问题。

(1) 会引起内存泄漏。在定义 array1 时,构造函数会根据给出的数组的上下界为 array1 动态申请一块空间,该空间的首地址存储在数据成员 storage 中。当执行 array1 = array2 时,会把 array2 的 storage 赋给 array1 的 storage,而又没有释放原 array1 的 storage 指向的空间,这块存储空间就丢失了。

(2) 执行 array1 = array2 后,array1 的 storage 和 array2 的 storage 指向同一块空间,也就是说,当一个数组修改了它的元素后,另一个数组的元素也被修改了,使得两个对象的操作相互影响。

(3) 当这两个对象析构时,先析构的对象会释放存储数组元素的空间,而当后一个对象析构时,则无法释放存放数组元素的空间。特别是当两个对象的作用域不同时,一个对象的析构将使另一个对象无法正常工作。

在这种情况下,类的设计者必须根据类的具体情况写一个赋值运算符重载函数。这个函数将会替代默认的赋值运算符重载函数。

C++ 的赋值运算是二元运算。第一个运算数是赋值号左边的对象,第二个运算数是赋值号右边的表达式。由于第一个运算数必须是类的对象,C++ 规定赋值运算符必须重载为成员函数,这样可保证当赋值号左边不是对象时,编译器会报错。如果要在类 A 中重载赋值运算符,重载函数的原型为

A &operator = (const A &obj)

由于重载为成员函数,所以赋值运算符重载函数只有一个参数,就是赋值号右边的对象。因为

赋值过程中右边的对象是不会被修改的,因此被设计成 const 的引用传递。赋值运算的结果是被赋值后的左边的对象,所以返回类型是当前类的引用,引用的是左边的对象。

DoubleArray 类的赋值运算符重载函数的设计如代码清单 9-8 所示。

代码清单 9-8 DoubleArray 类的赋值运算符重载函数

```
DoubleArray &DoubleArray::operator = (const DoubleArray &right)
{
    if(this == &right)return *this;        //防止自己复制自己
    delete [] storage;                      //归还空间
    low = right.low;
    high = right.high;
    storage = new double[high - low + 1];  //根据新的数组大小重新申请空间
    for(int i = 0; i <= high - low; ++i)   //复制数组元素
        storage[i] = right.storage[i];
    return *this;
}
```

赋值运算符重载函数一般先检查赋值号两边是否为同一个对象。如果是同一对象,则不用赋值了,直接返回当前对象。如果不是同一个对象,则根据当前类的具体情况做具体的处理。对于 DoubleArray 类,赋值运算符重载函数要解决内存泄漏问题和两个对象共享空间的问题。于是函数首先释放当前对象的 storage 指向的空间,杜绝内存泄漏。然后用 right 的 low 和 high 设置当前对象的 low 和 high,为当前对象申请动态数组,最后将 right 对象的动态数组内容复制到当前对象的动态数组。

一般来讲,需要自定义复制构造函数的类也需要自定义赋值运算符重载函数。复制构造函数和赋值运算符重载函数做的事情非常类似,但是有区别的。主要在于它们的使用场合不同。复制构造函数用于创建一个对象时,用另一个已存在的同类对象对其进行初始化。对于两个已存在的对象,可以通过赋值运算用一个对象的值来改变另一个对象的值。例如,若 r1 是 Rational 类的对象,则

```
Rational r2 = r1;
```

调用的是复制构造函数,尽管用的是一个=号;而对于 Rational 类的对象 r3,执行

```
r1 = r3;
```

调用的是赋值运算符重载函数。

9.2.2 下标运算符的重载

DoubleArray 是一个数组类型,能否使这个类像普通数组那样通过下标运算对数组的元素进行操作呢? 这样可以使 DoubleArray 类像一个功能更强的数组。在 C++中,可以通过重载下标运算符([ ])来实现。下标运算符重载函数实现在一个集合类型中用下标变量形式访问其中的某一元素。

下标运算符是一个二元运算符。第一个运算数是当前对象,第二个运算数是下标值。由于第一个运算数必须是当前对象,C++规定下标运算符必须重载为成员函数。下标运算符重载函数的原型如下:

数组元素类型　&operator[ ](int 下标);

其中,数组元素类型是集合中每个元素的类型。下标运算符重载函数解释了如何表示对象中指定下标的元素。对 DoubleArray 类,我们可以定义下面的下标运算符重载函数来访问 DoubleArray 类对象中的某一个元素,如代码清单 9-9 所示。

代码清单 9-9　DoubleArray 类的下标运算符重载函数

```
double  & DoubleArray::operator[ ](int index)
{
    if(index < low || index > high){cout << "下标越界"; exit(-1);}
    return storage[index - low];
}
```

这个函数有一个参数,就是数组的下标,返回的是该下标对应的数据元素的引用。DoubleArray 类对象中的第 index 个元素是存放在数组 storage 的第 index-low 个元素中,于是函数返回 storage[index-low]。由于该函数采用的是引用返回,也就是说,如果 a 是 DoubleArray 类的对象,a[i]与 a.storage[index-i]是同一变量,所以该函数调用既可以作为左值又可以作为右值。有了这个重载函数,就可以把 DoubleArray 类的对象当作普通数组一样使用。如果有定义

```
DoubleArray array(20,30);
```

则 array 是一个 11 个元素的数组,它的下标从 20 到 30。要给这个数组赋值,可以像普通数组一样用一个 for 循环实现:

```
for(i = 20; i <= 30; ++i){
    cout << "请输入第" << i << "个元素:";
    cin >> array[i];
}
```

要输出这个数组的所有元素,也可以像普通数组一样输出:

```
for(i = 20; i <= 30; ++i)  cout << array[i] << '\t';
```

当遇到 array[i]时,系统执行函数调用 array.operator[ ](i)。该函数返回 array 的 storage[i-low]。所以输入时,输入值存入了 array 的 storage[i-low]。如果是输出,输出的是 array 的 storage[i-low]。

下标变量既可以作为左值也可以作为右值。如果作为左值和作为右值的处理有所不同,则可以专门写一个用于右值的下标运算符重载函数。DoubleArray 类中作为右值的重载函数的原型为

```
const  double operator[ ](i)const;
```

前面一个 const 表示函数的返回值是一个常量,不能被修改。即返回的下标变量不能被修改。后面一个 const 表示该函数调用不会修改对象的值。

9.2.3　++和--运算符的重载

++和--都可被重载为成员函数或友元函数。但因为这两个运算符改变了运算对象的状态,所以更倾向于将它们作为成员函数。所有具有赋值含义的运算符,如+=、-=,都建议重载为成员函数。

　　在考虑重载++和−−运算符时,还必须注意一个问题。作为内置运算符,++和−−有两种用法,它们既可以作为前缀使用,也可以作为后缀使用。而且这两种用法的结果是不一样的:作为前缀使用时,返回的是修改以后的对象值;而作为后缀使用时,返回的是修改以前的对象值。为了与内置类型一致,重载后的++和−−也应具有这个特性。为此,对于++和−−运算,每个运算符必须提供两个重载函数。一个处理前缀运算,一个处理后缀运算。

　　但问题是,处理++的两个重载函数的形式参数个数和类型是完全相同的,处理−−的两个重载函数的形式参数个数和类型也是完全相同的。因为它们都是一元运算符,重载为成员函数时都是没有参数的,重载为友元函数都只有一个参数。如何区分前缀和后缀的重载函数?

　　为了解决这个问题,C++规定后缀运算符重载函数接受一个额外的(即无用的)int 型的形式参数。使用后缀运算符时,编译器用0作为这个参数的值。当编译器收到一个前缀表示的++或−−时,调用正常重载的这个函数;如果收到的是一个后缀表示的++或−−,则调用有一个额外参数的重载函数。这样就把前缀和后缀的重载区分开了。

　　例9.3　在有理数类中增加前缀和后缀的++和−−操作,分别实现对有理数加1和减1。前缀和后缀的含义与内置类型相同。

　　对内置类型的变量,前缀操作表示修改变量值,返回修改后的值。后缀操作是修改变量值,但返回的是修改前的变量值。对有理数类也是如此。如果把++和−−重载为成员函数,这4个函数的实现如代码清单9−10所示。

代码清单9−10　Rational 类中++和−−的重载函数的实现

```cpp
Rational  &Rational::operator++()
{
    num += den;
    return *this;
}


Rational Rational::operator++(int x)
{
    Rational tmp = *this;

    num += den;
    return tmp;
}


Rational &Rational::operator--()
{
    num -= den;
    return *this;
}


Rational Rational::operator--(int x)
```

```
{
    Rational tmp = *this;

    num -= den;
    return tmp;
}
```

前缀++把当前对象加1,然后返回当前对象。后缀++先把当前对象保存在一个局部对象tmp中,然后将当前对象加1,返回的是对象tmp,即加1以前的对象。--操作也是如此。注意这两个函数的返回类型。前缀的++和--是引用返回,后缀的++和--是值返回。前者返回的是当前对象,离开这个函数后,当前对象依然存在,所以可以引用返回。而后者返回的是一个局部对象,离开函数后它就消亡了,所以不能用引用返回。

重载了++和--后的有理数类的使用如代码清单9-11所示。

代码清单9-11　Rational 类的使用

```
int main()
{
    Rational r1(1,6), r2(1,6), r3;

    cout << (r1 == r2++ ? "true" : "false") << endl;
                //r1.operator == (r2++)或 operator == (r1, r2++)
    r2.display();
    cout << endl;
    r3 = ++r1 + r2;
            //r3 = (++r1).operator+(r2)或 r3 = operator+(++r1, r2)
    r3.display();
    cout << endl;

    return 0;
}
```

代码清单9-11的第一个输出是判断 r1 == r2++,这个表达式将 r2 加1,但参加比较的是加1以前的 r2,所以比较结果是 true。执行这个语句后,r2 的值是 7/6。接着执行 r3 = ++r1 + r2,即把 r1 加1后与 r2 相加,结果赋给 r3,所以 r3 的值是 7/6+7/6=7/3。整个程序的执行结果是

```
true
7/6
7/3
```

9.2.4　函数调用运算符重载

C++将函数调用也看成是一个运算。函数调用运算符()是一个二元运算符。它的第一

个运算对象是函数名,第二个运算对象是一个表达式表,对应于函数的形式参数表。运算的结果是函数的返回值。如果需要把某个类的对象当作函数来使用,可以在这个类中重载函数调用运算符。

因为是把当前类的对象当作函数使用,所以()运算的第一个运算数是当前类的对象,C++规定函数调用运算符必须重载为成员函数。函数调用运算符重载函数的原型为

函数的返回值　operator()(形式参数表);

下面以一个例子说明函数调用运算符的使用。

例9.4　在第8章中定义的DoubleArray类增加一个功能:取数组中的一部分元素形成一个新的数组。例如,在一个下标范围为10到20的数组arr中取出下标为第12到15的元素,形成一个下标范围为2到5的数组存放在数组arr1中。这个任务可以通过调用arr1 = arr(12,15,2)实现。

在调用实例中,我们将对象arr当作函数使用,这显然是通过重载函数调用运算符实现的。根据题意,可在DoubleArray类中增加一个函数调用运算符重载函数。它的实现如代码清单9-12所示。

代码清单9-12　DoubleArray类中函数调用运算符重载函数的实现

```
DoubleArray operator()(int start, int end, int lh)
{
    if(start > end || start < low || end > high)    //检查下标范围的合法性
     {cout << "下标越界";exit(-1);}

    DoubleArray tmp(lh, lh + end - start);          //存放取出的数组元素

    for(int i = 0; i < end - start + 1;++i)
     tmp.storage[i] = storage[start + i - low];

    return tmp;
}
```

函数的第一、第二个参数是取出的下标范围,第三个参数是所生成的数组的下标的起始值。函数首先检查取出的下标范围是否越界。如果没有越界,则定义一个数组tmp存放取出的元素。把当前数组的这一段数据复制到tmp中。最后返回tmp。

9.2.5　输入/输出运算符的重载

到目前为止,用户自己定义类的对象已经和内置类型的变量非常类似了。对DoubleArray类的对象,我们可以用下标变量的形式访问它的元素。对有理数类和复数类,可以直接用"+"号将两个有理数类的对象相加,用"-"号将两个复数类对象相减。但是我们不能像内置类型的变量一样,直接用cin>>输入对象,也不能用cout<<输出对象。但是如果我们能够"教会"C++某个类的对象如何输入输出,那么对象就能和内置类型的变量一样输入输出了。"教会"C++输入输出某个类的对象称为**输入输出重载**。输入输出重载就是重载流提取运算符(>>)和流插入运算符(<<),也称为输入运算符重载和输出运算符重载。

1) 流插入运算符<<的重载

流插入运算符<<被看成是一个二元运算符，它的第一个运算对象是C++标准的输出流类ostream的对象，第二个运算对象是某个要输出的对象。例如，x是一个整型变量，表达式cout << x的两个运算符分别是cout和x。C++编译器会到整型类中找<<重载函数。如果要用<<输出某个类的对象，这个类一定要重载<<运算符，以告诉C++如何输出这个类的对象。<<运算符的执行结果是左边的输出流对象的引用，即对象cout。正因为<<运算的结果是左边的对象的引用，所以允许执行cout << x << y之类的操作。因为<<是左结合的，所以上述表达式先执行cout << x，执行的结果是对象cout，然后执行cout << y。

由于<<运算的第一个运算对象一定是输出流类的对象，不可能是所要输出的对象，所以C++规定输出运算符只能重载成全局函数。根据<<操作的特性，输出运算符重载函数有两个参数：第一个参数是ostream类对象的引用，第二个参数是对当前类对象的常量引用。它的返回类型是ostream类的一个引用，引用的是第一个参数。输出运算符重载函数的框架如下：

```
ostream  &operator << (ostream &os, const ClassType &obj)
{
    os << 要输出的内容;
    return os;
}
```

这个函数将对象产生的输出写入输出流对象os，然后返回os对象。

例如，对于Rational类，我们可以为它写一个输出运算符重载函数，这个函数必须声明为Rational类的友元：

```
ostream &operator << (ostream &os, const Rational &obj)//输出重载函数
{
    if(obj.den == 1)os << obj.num;
    else if(obj.num == 0)os << 0;
    else  os << obj.num << "/" << obj.den;
  return os;
  }
```

有了输出运算符重载函数，就可以将Rational类的对象直接用cout输出。例如，定义

```
Rational r1(2,6), r2;
```

执行cout << r1 << ' ' << r2;的结果是

```
1/3  0
```

在执行cout << r1时，cout和r1被作为参数传入operator<<函数。在函数中，将r1的num和den写入形式参数os。由于第一个形式参数是引用传递，os就是cout，所以r被输出到了cout。

如果需要用cout<<输出一个复数类的对象，可以在复数类中增加一个如下所示的友元函数：

```
ostream &operator << (ostream &os, const Complex &obj)//输出重载函数
{
    os << '('<< obj.real << ',' << obj.imag << "i)";
    return os;
```

```
        }
```

2）流提取运算符>>的重载

与输出运算符类似，输入运算符也被看成是一个二元运算符。它的第一个运算对象是 C++标准的输入流类 istream 的对象，第二个运算对象是存放输入信息的对象。对于 cin >> x，两个运算对象分别是 cin 和 x，运算结果是左边对象的引用。因此，>>运算符也可以连用。例如，cin >> x >> y >> z。

由于>>运算的第一个运算对象一定是输入流类的对象，所以 C++规定输入运算符只能重载成全局函数。当重载>>时，重载函数的第一个参数是一个输入流类的对象引用，返回的也是对同一个流的引用；第二个形式参数是对要读入的对象的非常量引用，该形参必须是**非常量**的，因为输入运算符重载函数的目的是要将数据读入此对象。输入运算符重载函数的框架如下：

```
istream  &operator >> (istream &is, ClassType &obj)
{
    is >> 对象的数据成员;
    return is;
}
```

例如，对于 Rational 类，我们可以为它写一个输入运算符重载函数，与<<重载同理，这个函数必须声明为 Rational 类的友元：

```
istream  &operator >> (istream &in, Rational &obj)//输入重载函数
{
    in >> obj.num >> obj.den;
    obj.ReductFraction();
    return in;
}
```

有了输入运算符重载函数就可以将 Rational 类的对象直接用 cin 输入。例如，定义

```
Rational r;
```

可以用 cin >> r 从键盘输入 r 的数据。例如，输入

```
1 3
```

执行 cout << r;的结果是 1/3。

当执行 cin >> r 时，cin 作为参数传入函数 operator>>。由于是引用传递，函数中的 in 就是 cin。函数从对象 cin 读入数据，存入 obj 的数据成员 num 和 den。由于 obj 也是引用传递，obj 就是对象 r，从 cin 读入的数据被存入了对象 r。

我们也可以为复数类写一个输入运算符重载函数，它的实现如下所示：

```
istream&  operator >> (istream &in, Complex &obj)//输入重载函数
{
    in >> obj.real >> obj.imag;
    return in;
}
```

9.3 自定义类型转换函数

到目前为止,我们自己定义类的对象可以和内置类型变量一样用运算符进行操作,也可以用 cin 和 cout 输入输出。但是还有一个欠缺,就是不能和其他类型一起运算。对内置类型,表达式

```
3 + 'a' - 4.3
```

是合法的,可以计算的。但如果 r 是有理数类的对象,则表达式

```
r - 3.4
```

是非法的。

由于 C++规定不同类型的数据一起运算时,先把它们转换成同种类型,C++也规定了转换的规则(见 2.4.1 节),也已经写好了类型之间如何转换的程序。在计算表达式 3 + 'a' - 4.3 时,系统会将 3 和 'a' 转换成 double 类型,然后执行 double 类型的运算。而对于表达式 r - 3.4,由于 C++没有规定过有理数和 double 类型运算时是应该统一成 double 类型还是统一成有理数类型,C++会两个都尝试一下。C++不知道有理数如何转成 double,但可以尝试把 double 转成有理数。double 可以转换成 int,而一个整型值又可以构造一个有理数,因为有理数的构造函数可以只取一个整型值。但是有理数类没有重载减法,无法执行两个有理数相减。所以最终 C++无法执行这个运算。如果 C++能够知道如何把一个有理数转换成实数,就可以执行这个运算了,因为实数可以相减。

如果能够让 C++学会如何将内置类型的值转换成某个用户自定义类型的值,或者学会把用户自定义类型的对象转换成某个其他类型的对象,自定义类型的对象就能和内置类型的变量以及其他自定义类型的对象出现在同一个表达式中,使对象应用更加灵活。

9.3.1 内置类型到类类型的转换

内置类型到某个自定义类型的转换是通过类的构造函数实现的。例如,对于 Rational 类的对象 r,可以执行 r = 2。此时,编译器隐式地调用 Rational 类的构造函数,传给它一个参数 2。构造函数将构造出一个 num = 2,den = 1 的 Rational 类的对象,并将它赋给 r。同理,如果有理数类将加法重载成友元函数,还允许执行 r1 = 2 + r2 之类的运算。在调用函数 operator+ 时,会调用构造函数将 2 作为参数构造一个有理数类的对象传给 operator+ 的第一个参数。**只要某个类 A 有一个单个参数的构造函数,C++就会执行参数类型到 A 类型对象的隐式转换。**

9.3.2 自定义类型到其他类型的转换

那么当自定义类型的对象要转换为其他类型时,该如何做呢? 这可以通过定义类型转换函数来实现。

类型转换函数是一类特殊的类成员函数,它定义了如何将自定义类型的对象转换成某一其他类型。类型转换函数的格式如下:

```
operator 目标类型名 ()const
{   ...
    return (结果为目标类型的表达式);
}
```

其中,目标类型名可以是系统的内置类型名,如 int, double,也可以是其他自定义类型的名称。类型转换函数不指定返回类型,因为返回类型就是目标类型名。类型转换函数也没有形式参

数,它的参数就是当前对象。这个函数也不会修改当前对象值,因此是一个常量成员函数。例如,我们可以为 Rational 类增加一个类型转换函数,使 Rational 类的对象可以转换成一个 double 类型的对象。函数如下:

```
operator double()const {return(double(num)/den);}
```

有了这个函数,我们可以将一个 Rational 类的对象 r 赋给一个 double 类型的变量 x。例如,r 的值为(1, 3),经过赋值 x＝r 后,x 的值为 0.333333。如果希望 Rational 类的对象也能转换成其他类型,那么可以再定义相应的转换函数。

利用类型转换函数实现隐式转换可以减少其他运算符的重载,从而减少代码。例如,我们对有理数类没有重载减法运算,但可以执行 5.5 - r1(见代码清单 9 - 13),这是因为有理数类有到 double 的类型转换函数,编译器自动把 r1 转换成 double 类型,执行两个 double 的减法。

代码清单 9 - 13 Rational 类的使用

```cpp
//文件名:9-13.cpp
//Rational 类的使用
#include <iostream.h>
#include "Rational.h"

int main()
{
  Rational r1, r2, r3, r4;
   double x;

   cout << "输入 r1:";  cin >> r1;               //直接用 cin 输入有理数
   cout << "输入 r2:";  cin >> r2;

   r3 = r1 + r2;                          //调用 operator+ 实现加运算
   cout << r1 << '+' << r2 << "=" << r3 << endl;
                                          //直接用 cout 输出有理数

   r3 = r1 * r2;                          //调用 operator*实现乘运算
   cout << r1 << '*' << r2 << "=" << r3 << endl;

   r4 = (r1 + r2) * r3;                      //复杂表达式的计算
   cout << "(r1 + r2) * r3 的值为:" << r4 << endl;

   x = 5.5 - r1;                        //自动类型转换,将 r1 转换成 double
   cout << "5.5 - r1 的值为:" << x << endl;

   cout << (r1 < r2 ? r1 : r2) << endl;
```

```
    return 0;
}
```

代码清单 9 - 13 所示的程序的某次运行结果如下：

输入 r1: 1 3

输入 r2: 2 6

1 / 3 + 1 / 3 = 2 / 3

1 / 3 * 1 / 3 = 1 / 9

(r1 + r2) * r3 的值为 2 / 27

5.5 - r1 的值为::5.16667

1 / 3

这个有理数类的使用和内置类型几乎完全一样。

9.4 编程规范与常见错误

尽管在运算符重载时可以按类设计者的要求任意规定相应运算符的功能，但重载的运算符的功能应该模仿内置类型的功能。例如，在有理数类中重载＋运算符应该执行两个有理数相加而非相减。

同类对象之间可以相互赋值，这是因为 C++对每个类会自动设置一个缺省的赋值运算符重载函数。该函数将对象的数据成员相互赋值。但如果类包含有指针类型的数据成员时，则不能用这个缺省的赋值运算符重载函数。类的设计者必须按照类的实际情况设计一个符合赋值意义的赋值运算符重载函数。

每个运算符有自己的重载函数，复合的赋值运算符也是如此。例如，要在有理数类中执行+=操作，必须重载+=运算符，而不是重载+和=就可以执行+=操作了。

在写输入输出重载函数时，要注意参数类型。输入重载函数的第二个参数是当前类对象的引用。而输出重载时，第二个参数是当前类对象的 const 引用。初学者经常会忽略第二个参数的区别，将这两个参数都设计成当前对象的引用或当前对象的常量引用。

类型转换函数可以提供隐式转换。隐式转换可以减少其他运算符的重载。例如，有理数类并没有重载减法运算，但我们却可以执行5.5 - r1，甚至可以执行r1 - r2。这是因为有理数类有一个有理数到 double 型的转换函数。当执行5.5 - r1 时，C++会去找一个第一个参数是 double、第二个参数是有理数类对象的 operator 函数。但这个函数不存在。C++就退而求其次，寻找一个两个参数都为 double 或都为有理数类对象的 operator 函数。由于有理数类没有重载减法运算，但两个 double 型的变量是可以相减的。于是 C++将 r1 转换成 double，再对两个 double 型的值相减。r1 - r2 的操作过程也是如此。C++找不到两个参数都是有理数的 operator- 函数，但发现有理数可以转换成 double 型。于是将两个参数转换成 double 型，再执行减运算。计算的结果是 double 型的数值。

凡事都有两面性。类型转换函数可以减少重载函数，但也可能导致程序出现二义性。例如，对有理数类的对象 r1 执行5.5 + r1，就会出现编译错误。因为5.5 可以隐式转换成整型，而一个整型数又能构造一个有理数类的对象，所以这个加法可以用有理数类重载的加法函数。同时，有理数类又定义了一个有理数类到 double 类的转换函数，所以 r1 能隐式转换成

double,而两个 double 型的数据也能相加。编译器无所适从,不知道该执行哪一个 operator+ 函数,只能报错。

运算符的各类操作都是通过操作它的数据成员实现的。当把运算符重载成全局函数时,应该将此函数声明为友元函数。

9.5 小结

在本章中,我们学习了如何通过定义运算符重载函数构建功能更加强大的类。运算符重载可以使类的用户将类的对象当作 C++的内置类型的变量一样操作。我们介绍了运算符重载的基本概念以及 C++对运算符重载的一些限制。让读者了解什么时候该重载成成员函数,什么时候该重载成全局函数,并讨论了这两种函数重载的不同之处。通过运算符重载还能实现自定义类型和内置类型及其他类型之间的转换。

9.6 习题

简答题

1. 重载后的运算符的优先级和结合性与用于内置类型时有何区别?

2. 为什么输入输出必须重载为友元函数,而不能重载为成员函数?

3. 如何区分++和--的前缀用法和后缀用法的重载函数?

4. 为什么要使用运算符重载?

5. 如果类的设计者在定义一个类时没有定义任何成员函数,那么这个类有几个成员函数?

6. 如何实现自定义类型对象到内置类型对象的转换?如何实现内置类型到自定义类型的转换?

7. 重载函数调用运算符有什么意义?

8. 下标运算符为什么一定要重载为成员函数?下标运算符重载为什么要用引用返回?

9. 对于 Rational 类的对象 r1 和 r2,执行 r1 / r2,结果是什么类型?

10. 写出下列程序的运行结果:

```cpp
class  model{
  private:
    int data;
  public:
    model(int n):data(n){}
    int operator()(int n)const{return data % n;}
    operator int()const{return data;}
};

int main()
{
    model s1(135), s2(246);
```

```
    cout << s1 << '+' << s2 << '=' << s1 + s2 << endl;
    cout << s1(100) << '-' << s2(10) << '=' << s1(100)-s2(10) << endl;

    return 0;
}
```

11. 写出下列程序的运行结果：

```
class model{
  private:
    int data;
  public:
    model(int n = 0):data(n){}
    model(const model &obj){data = 2*obj.data;}
    model &operator=(const model &obj){data = 4*obj.data;return *this;}
  };

int main()
{
    model s1(10), s2 = s1, s3;

    cout << s1 << ' ' << s2 << ' ' << s3 << endl;
    cout << (s3 = s1) << endl;

    return 0;
}
```

程序设计题

1. 在本章的 Rational 类中增加+=运算符的重载函数。设计两种不同的实现算法，并实现这两个函数。把+=重载为成员函数。

2. 在 DoubleArray 类中重载==运算符。所谓的两个 DoubleArray 类对象相同指的是下标范围一样，元素值也一样。

3. 在本章的 Complex 类中重载除法运算。

4. 定义一个时间类 Time,通过运算符重载实现时间的比较（关系运算）、时间增加/减少若干秒（+=和-=）、时间增加/减少 1 秒（++和--）、计算两个时间相差的秒数（-）以及输出时间对象的值（时—分—秒）。

5. 用运算符重载完善第 8 章程序设计题的第 4 题中的 LongLongInt 类,并增加++操作。

6. 定义一个保存和处理十维向量空间中的向量的类型,能实现向量的输入/输出、两个向量的加以及求两个向量点积的操作。用运算符重载实现。

7. 实现一个处理字符串的类 String。它用一个动态的字符数组保存一个字符串。实现的功能有:字符串连接(+),字符串赋值(=),字符串的比较(>,>=,<,<=,!=,==),取字符串的一个子串,访问字符串中的某一个字符,字符串的输入输出(>>和<<)。

8. 设计一个动态的、安全的二维 double 型的数组 Matrix。可以通过

Matrix table(3,8);

定义一个 3 行 8 列的二维数组,通过 table(i,j)访问 table 的第 i 行第 j 列的元素。例如:table(i, j)=5;或 table(i, j)=table(i, j+1)+3;行号和列号从 0 开始。

9. C++中布尔类型的变量有一个缺点:在输入输出时,true 为 1,false 为 0。试设计一个布尔类型 bool,它拥有布尔类型的所有功能,但输出 bool 类型的对象时能直接输出 true 或 false。

10. 设计一个处理日期的类 date。如果 d1 和 d2 是 date 类的对象,则可以通过 d1<d2 比较大小,可以通过 d1-d2 得到两个日期相差的天数(d1 肯定大于 d2),可以通过 cout << d1 输出 d1 的值,输出格式为:yyyy-mm-dd。

11. 复数可表示成二维平面上的一个点。试设计一个点类型,包含的功能有获取点的 x 坐标、获取点的 y 坐标、获取点到原点的距离、输入一个点、输出一个点。并在代码清单 9-6 的复数类中增加一个复数到点类型的转换函数。

12. 设计一个解一元二次方程的函数,能同时处理实根和虚根。

10 组合与继承

面向对象的重要特征之一是代码重用。代码重用不仅是指将一段代码复制到程序的另一个地方或另一个程序中，或调用别人写好的函数，还可以是指利用别人已经创建好的类构建出功能更强大的类。

C++中有两种方法可以完成这个任务。第一种方法是用已有类的对象作为新定义类的数据成员。因为新的类是已有类的对象组合而成，所以这种方法被称为**组合**。第二种方法是在一个已存在类的基础上，对它进行扩展，形成一个新类。这种方法称为**继承**。继承是面向对象程序设计的重要思想，也是运行时多态性的实现基础。

10.1 组合

创建类的基础工作就是将不同类型的数据组合成一个更复杂的类型。到目前为止，我们都是将一组C++的内置类型组合成一个新类型。例如，将两个整数组合成一个有理数类型或将两个实型数组合成一个复数类型。所谓的组合方法是指把用户定义类的对象作为新类的数据成员。如果一个类的某个数据成员是另一个类的对象，则该数据成员被称为**对象成员**。

组合表示一种聚集关系，是一种部分和整体的关系。例如，每架飞机都必须有一个发动机，因此，飞机类将包含一个发动机类的对象。

对于含有对象成员的类，它的构造函数有一些限制。因为大多数对象成员不能像内置类型一样直接赋值，所以不能在构造函数体中通过赋值对其初始化。对象成员的初始化通常是在构造函数的初始化列表中调用对象的构造函数去初始化对象成员。

例 10.1 定义一个复数类，而复数的虚部和实部都用有理数表示。

由于第 9 章已经定义了一个有理数类，则复数类的数据成员可以直接用有理数类的对象。所以复数类是一个用组合方法构建的类。它的定义如代码清单 10 - 1 所示。

代码清单 10 - 1 Complex 类的定义

```
class Complex
{
    friend Complex operator+(const Complex &x, const Complex &y);
    friend istream &operator >>(istream &is, Complex &obj);
    friend ostream &operator <<(ostream &os, const Complex &obj);

    Rational real;  //实部
    Rational imag;  //虚部
```

```
public:
    Complex(int r1, int r2, int i1, int i2):real(r1, r2), imag(i1, i2){}
    Complex(){}
};
```

Complex 类有两个数据成员 real 和 imag,都是 Rational 类型的,分别表示复数的实部和虚部。有两个公有的成员函数,都是构造函数。这个类提供的其他运算有加法和输入/输出,都采用运算符重载的方法来实现。这 3 个运算符都重载为友元函数。

注意 Complex 类的构造函数。由于 real 和 imag 都是 Rational 类型,无法直接赋值,因此这两个数据成员都必须在初始化列表中用它们的构造函数设置初值,构造函数所需的参数来自于 Complex 类的构造函数的参数表。除了这两个数据成员外,Complex 类没有其他的数据成员要被置初值,所以构造函数的函数体为空。如果对象成员是用默认的构造函数初始化,则可以不必出现在初始化列表中,如代码清单 10 - 1 所示的第二个构造函数。这个构造函数没有明确指出调用有理数类的构造函数,但事实上还是执行了有理数类的构造函数,分别用有理数类默认的构造函数构造实部和虚部,构造出的实部和虚部都为 0。

复数的加法是实部和虚部对应相加。由于对 Rational 类重载了加法,因此可直接将实部与虚部对应相加。输入/输出一个复数就是分别输入/输出它的实部和虚部,由于 Rational 类重载过输入/输出,因此可直接输入/输出它的实部和虚部。总而言之,由于 Rational 类重载了这些运算符,我们在设计 Complex 类时只需要考虑如何处理复数,而不用考虑它的实部和虚部本身该如何处理。在 Complex 类中,有理数类的这些代码得到了重用。这 3 个重载函数的实现如代码清单 10 - 2 所示。

代码清单 10 - 2　Complex 类的重载函数的实现

```
Complex operator+(const Complex &x, const Complex &y)//加法运算符重载
{    Complex tmp;
    tmp.real = x.real + y.real;
                        //利用 Rational 类的加法重载函数完成两个实部的相加
    tmp.imag = x.imag + y.imag;
                        //利用 Rational 类的加法重载函数完成两个虚部的相加
    return tmp;
}

istream &operator >> (istream &is,Complex &obj)    //输入运算符重载
{    cout << "请输入实部:";
    is >> obj.real;                //利用 Rational 类的输入重载实现实部的输入
    cout << "请输入虚部:";
    vis >> obj.imag;               //利用 Rational 类的输入重载实现虚部的输入
    return is;
}
```

```
ostream &operator << (ostream &os, const Complex &obj)    //输出运算符重载
{
    //利用 Rational 类的输出重载实现实部和虚部的输出
    os << '(' << obj.real << "+" << obj.imag << "i" << ')';
    return os;
}
```

有了这样的一个 Complex 类,就可以将复数对象像内置类型一样使用,如代码清单 10-3 所示。

代码清单 10-3　Complex 类的使用

```
//文件名:10-3.cpp
//Complex 类的使用
int main()
{
    Complex x1(1,2,3,4),x2,x3;

    cout << x1 << " " << x2 << " " << x3 << endl;    //利用输出重载输出复数

    cout << "请输入 x2:\n";cin >> x2;                   //利用输入重载输入复数 x2
    x3 = x1 + x2;                                      //利用加运算符重载完成加法
    cout << x1 << " + " << x2 << " = " << x3 << endl;//利用输出重载输出复数

    return 0;
}
```

代码清单 10-3 所示的程序首先定义了 3 个复数类的对象。x1 的实部为 1/2,虚部为 3/4。x2 和 x3 都是用默认的构造函数构造的,默认的构造函数调用了有理数类的默认构造函数构造实部和虚部。所以实部和虚部都为 0。该程序的某次运行结果如下:

```
(1/2 + 3/4i)(0 + 0i)(0 + 0i)
请输入 x2:
请输入实部:1 2
请输入虚部:1 2
(1/2 + 3/4i)+(1/2 + 1/2i) = (1 + 5/4i)
```

例 10.2　定义一个二维平面上的点类型,可以设置点的位置和获取点的位置。在此基础上,定义一个二维平面上的线段类型。可以获取线段的起点和终点以及中点,也可以获取线段的长度。

保存一个二维平面上的点需要保存 x 和 y 两个坐标值,因此需要两个数据成员。该类提供 3 个公有的成员函数,分别完成以下功能:构造函数、获取 x 坐标和获取 y 坐标。另外,我们还为点类型重载了输入输出。完整的点类型的定义如代码清单 10-4 所示。

代码清单 10 - 4 Point 类的定义及成员函数的实现

```cpp
class Point{
 friend istream &operator >> (istream &is,Point &obj)
 {   is >> obj.x >> obj.y;return is;}
 friend ostream  &operator << (ostream &os,const Point &obj)
 {   os << "(" << obj.x << "," << obj.y << ")";return os;}

private:
    double x, y;
public:
    Point(double a = 0,double b = 0){x = a; y = b;}
    double getx()const{return x;}
    double gety()const{return y;}
};
```

在点类型的基础上,继续定义线段类型。一个线段由两个点组成,所以有两个点类型的数据成员。我们为线段类型定义了两个构造函数。一个是直接从 4 个坐标值构建一条线段,另一个是通过两个点构建一条线段。根据题目要求还设计了另外 4 个获取线段各种信息的函数。最后为线段类重载了输入输出。线段类的实现如代码清单 10 - 5 所示。

代码清单 10 - 5 Segment 类的定义及成员函数的实现

```cpp
class Segment{
    friend istream  &operator >> (istream &is,Segment &obj);
    friend ostream  &operator << (ostream &os,const Segment &obj);
private:
    Point start;
    Point end;
public:
    Segment(double x1 = 0, double y1 = 0, double x2 = 0, double y2 = 0):
start(x1, y1),end(x2, y2){}
    Segment(Point p1, Point p2)   {start = p1; end=p2;}
    double getLength()const;
    Point getMid()const;
    Point getStart()const{return start;}
    Point getEnd()const{return end;}
    };

istream &operator >> (istream &is, Segment &obj)
{
    cout << "请输入起点坐标:";
```

```
        is >> obj.start;
        cout << "请输入终点坐标:";
        is >> obj.end;
        return is;
}


ostream &operator << (ostream &os, const Segment &obj)
{    os << obj.start << "-" << obj.end; return os;}

double Segment::getLength()const
{
        double x1 = start.getx(), x2 = end.getx(), y1 = start.gety(), y2 =
end.gety();
        return sqrt((x2 - x1) * (x2 - x1) + (y2 - y1)*(y2-y1));
}


Point Segment::getMid()const
{    return Point((start.getx()+end.getx())/2, (start.gety()+end.
gety())/2);}
```

从代码清单 10-5 可以看出,因为有了 Point 类,Segment 类的很多实现都简单了。线段的输入是输入起点和终点。由于已有了点类型,我们就不用考虑起点和终点如何输入。输出也是如此。点类型的代码在线段类中得到了重用。Segment 类的应用如代码清单 10-6 所示。

代码清单 10-6 Segment 类的使用

```
int main()
{
        Point p1(1,1), p2(3,3);
        Segment s1, s2(p1,p2);

        cout << s1 << '\n' << s2 << endl;

        cin >> s1;
        cout << s1.getStart() << s1.getEnd() << s1.getMid() << endl;

        return 0;
}
```

代码清单 10-6 中用了两种方法定义了两条线段。s1 用默认的构造函数构造,即起点和终点都是(0,0)。s2 是用两个点构造,构造了一条起点在(1,1)、终点在(3,3)的线段。接着又测试了线段类的输入输出重载。该程序的某次执行结果如下:

(0,0)-(0,0)

(1,1)-(3,3)

请输入起点坐标:2 2

请输入终点坐标:6 6

(2,2)(6,6)(4,4)

例 10.3 在 Point 和 Segment 类的基础上设计一个三角形类,需要实现的功能有:求三角形的面积、周长和 3 条边的长度。

一个三角形可以用三个顶点的坐标表示,所以三角形类有 3 个 Point 类的数据成员,即用组合方法定义的。除了构造函数之外,还有 3 个公有的成员函数,分别实现求面积、周长和 3 条边长度的功能。三角形类的定义和实现以及使用如代码清单 10-7 所示。我们为 triangle 类对象设计了两种构造方法。一个是用 6 个 double 参数,表示 3 个点的坐标。另一个是直接用 3 个 Point 对象。

代码清单 10-7 triangle 类的定义及使用

```
class triangle{
    Point p1;
    Point p2;
    Point p3;
public:
    triangle(double x1 = 0,double y1 = 0,double x2 = 0,double y2 = 0,
double x3 = 0,double y3 = 0)
            :p1(x1,y1), p2(x2,y2), p3(x3,y3){}
    triangle(Point pt1, Point pt2, Point pt3):p1(pt1), p2(pt2), p3(pt3){}
    double area() const;
    double circum() const;
    void sideLen(double &len1, double &len2, double &len3) const;
};
void triangle::sideLen(double &len1,double &len2,double &len3) const
{
    len1 = Segment(p1,p2).getLength();
    len2 = Segment(p1,p3).getLength();
    len3 = Segment(p3,p2).getLength();
}

double triangle::circum() const
{
    double s1, s2, s3;
    sideLen(s1, s2, s3);
```

```
        return s1 + s2 + s3;
    }

double triangle::area()const
{
    double len1, len2, len3, p;

    sideLen(len1, len2, len3);
    p = (len1 + len2 + len3)/2;

    return sqrt(p * (p - len1) * (p - len2) * (p - len3));
}

int main()
{
    Point p1(1,1), p2(3,1), p3(2,2);
    triangle t1(0,0,0,1,1,0), t2(p1,p2,p3);

    cout << t1.area() << " " << t1.circum() << '\n' << t2.area() << " "
<< t2.circum() << endl;

    return 0;
}
```

sideLen 函数返回 3 条边的长度。由于有 3 个返回值,所以将这 3 个返回值用输出参数的形式实现。由于有了 Segment 类,计算线段长度的任务就由它完成了。sideLen 函数用 3 个点构造 3 条线段,用 Segment 类的 getLength 函数获取线段的长度。circum 函数计算三角形的周长。该函数首先通过调用 sideLen 获取 3 条边的长度,返回它们的和值。area 函数计算三角形的面积。计算三角形面积最常用的方法是底乘高除 2,但当用 3 个点保存三角形时,要计算底和高的长度比较困难,但可以很容易获取 3 条边的长度。于是我们选用海伦公式计算面积。

在 main 函数中,我们用两种方法定义了 2 个 triangle 类的对象。t1 的 3 个顶点坐标是 $(0,0)$, $(0,1)$和$(1,0)$,t2 的 3 个顶点坐标是$(1,1)$, $(3,1)$和$(2,2)$。接着输出了这两个三角形的面积和周长。程序运行结果如下:

```
0.5  3.41421
1    4.82843
```

由此可见,组合可以简化创建新类的工作,让创建新类的程序员可以在更高的抽象层次上考虑问题,有利于创建功能更强的类。

10.2 继承

继承是软件重用的另一种方式。通过继承，程序员可以在某个已有类的基础上通过增加新的属性和行为来创建功能更强的类。已有类的代码在新的类中得到了重用。

用继承的方法创建新类时，需要指明这个新类是在哪个已有类的基础上扩展的。已有的类称为**基类**，继承实现的新类称为**派生类**。派生类本身也可能会成为未来派生类的基类。如果派生类只有一个基类，则称为**单继承**。如果派生类是从多个基类派生出来的，这些基类之间可能毫无关系，则称为**多继承**。但多继承用得比较少，本书就不再介绍了。

派生类通常在基类的基础上添加一些数据成员和成员函数，因而通常比基类大得多。派生类比基类更具体，它代表了一组外延较小的对象。基类和派生类之间是普遍和特殊的关系。例如，如果"人"是一个类，在"人"的基础上增加一些属性，如学生类别、所在学校等，就变成了"学生"类型。这里"人"是基类，"学生"是派生类。"学生"是一类特殊的"人"。

继承的第二个特点是支持软件的增量开发。软件的开发往往不是一次完成的，而是随着软件功能的逐步理解和改进而不断完善的。继承关系可以用来实现这个完善的过程。当需要扩充功能时，可以通过扩充类的功能来实现，而使整个系统程序的修改量达到最少。

10.2.1 定义派生类

定义派生类需要指出它从哪个基类派生、它在基类的基础上增加了什么内容。C++的派生类定义格式如下：

class 派生类名:继承方式 基类名

{新增加的成员声明;}

派生类名是正在定义的类的名字。基类名表示派生类是在这个类的基础上扩展的。继承方式可以是 public、private 和 protected，它说明了基类的成员在派生类中的访问特性。继承方式可以省略，默认为 private。新增加的成员声明是派生类在基类基础上的扩充。例如：

```cpp
class Base
{
    int x;
 public:
    void setx(int k);
}


class Derived1:public Base
{
    int y;
 public:
    void sety(int k);
}
```

类 Derived1 在类 Base 的基础上增加了一个数据成员 y 和一个成员函数 sety。因此 Derived1 有两个数据成员 x 和 y，有两个成员函数 setx 和 sety。

类的每个成员都有访问特性。公有成员能够被程序中所有函数访问，私有成员只能被自己的成员函数和友元访问。有了继承以后,我们引入第三种访问特性 protected。protected 访问特性介于 public 访问和 private 访问之间。protected 成员是一类特殊的私有成员,它不可以被全局函数或其他类的成员函数访问,但能被派生类的成员函数和友元函数访问。

派生类包含了基类的所有成员,这些成员到了派生类后的访问特性是什么?派生类的成员函数不能直接访问基类的私有成员。使用派生类对象的程序当然更不能使用基类的私有成员。其他成员的访问特性取决于它在基类中的访问特性和继承方式。继承方式和访问特性一样有 3 种:public,protected 和 private。从基类 public 派生某个类时,基类的 public 成员会成为派生类的 public 成员,基类的 protected 成员会成为派生类的 protected 成员。从基类 protected 派生一个类时,基类的 public 成员和 protected 成员都成为派生类的 protected 成员。从基类 private 派生一个类时,基类的 public 成员和 protected 成员成为派生类的 private 成员。

派生类中基类成员的访问特性如表 10-1 所示。

表 10-1　派生类中基类成员的访问特性

基类成员的访问特性	继承类型		
	public 继承	protected 继承	private 继承
public	public	protected	private
protected	protected	protected	private
private	不可访问	不可访问	不可访问

根据表 10-1,可以看出 Derived1 类的组成及访问特性如表 10-2 所示。

表 10-2　Derived1 类的访问特性

访问特性	Derived1
不可直接访问	x
private	y
public	setx( )
	sety( )

通常继承时采用的继承方法都是 public。它可以在派生类中保持基类的访问特性。另外两种派生方法很少使用。

派生类对象中包含了一个基类对象以及自己新增加的部分。初始化派生类对象需要同时初始化这两个部分。因为基类的数据成员往往都是私有的,派生的成员函数没有权利访问这些私有成员,构造函数也不例外。C++规定,派生类对象的初始化由基类和派生类共同完成。派生类的构造函数体只负责初始化新增加的数据成员,派生类在初始化列表中调用基类的构造函数初始化基类的数据成员。派生类构造函数的一般形式如下:

派生类构造函数名 (参数表):基类构造函数名 (参数表)

{...}

其中,基类构造函数中的参数值通常来源于派生类构造函数的参数表,也可以用常量值。

构造派生类对象时,先执行基类的构造函数,再执行派生类的构造函数。如果派生类新增的数据成员中含有对象成员，则在创建对象时，先执行基类的构造函数，再执行对象成员的构造函数，最后执行自己的构造函数体。

析构的情况也是如此。派生类的析构函数体只负责新增加的数据成员的析构，派生类中的基类部分由基类的析构函数析构。派生类的析构函数会自动调用基类的析构函数。当派生类的对象销毁时，C++会自动调用对象的析构函数。先执行派生类的析构函数，再执行基类的析构函数。

例 10.4 某个应用系统经常要用到汽车和出租车这两类对象，试设计并实现一个汽车类和一个出租车类。

出租车是一类特殊的汽车。在设计这两个类时就可以考虑应用继承。汽车是基类，出租车类可以在汽车类的基础上派生。汽车类有 3 个数据成员：车牌号、车主和车辆型号。设计的功能有：修改车牌号、修改车主、获取车牌号和车主以及型号信息。出租车在汽车的基础上扩展。因为汽车类已经包含了一辆汽车的基本信息，出租车类只要增加出租车的特殊信息。我们选取两个最主要的信息：座位数和单价。增加的功能有获取座位数、单价信息以及计算费用的函数。我们将计算费用的函数用函数调用运算符实现。它的两个参数是起始里程数和终点里程数。这两个类的定义及使用如代码清单 10-8 所示。

代码清单 10-8　派生类定义实例

```cpp
class car{
    char no[10];
    char owner[10];
    char type[20];
public:
    car(char *s1,char *s2,char *s3){
        strcpy(no, s1);
        strcpy(owner, s2);
        strcpy(type, s3);
    }

    void modifyNo(char *s) {strcpy(no, s);}
    void modifyOwner(char *s) {strcpy(owner, s);}
    const char *getNo() const {return no;}
    const char *getOwner() const {return owner;}
    const char *getType() const {return type;}
};

class taxi:public car{
    int seat;
    double price;
public:
    taxi(char *s1, char *s2, char *s3, int s, double p):car(s1, s2, s3)
```

```
    {   seat = s; price = p;}
    double operator() (int start, int end){return price*(end-start);}
    int getSeat() const {return seat;}
    double getPrice() const {return price;}
};


int main()
{
    car car1("沪 A01100","张三","法拉利");
    taxi taxi1("沪 B01100","李四","桑塔纳",5,2.5);

    cout << car1.getNo() << " " << car1.getOwner() << " " << car1.
getType() << endl;
    cout << taxi1.getNo() << " " << taxi1.getOwner() << " " << taxi1.
getType() << endl;
    cout << taxi1(1000,1005) << endl;

    return 0;

}
```

从上述程序可以看出,由于出租车类是从汽车类派生的,所以在出租车类中就不用考虑对汽车的基本操作。这些操作在出租车类中得到了重用。

主程序定义了一个汽车类对象 car1,并在定义时赋了初值,还定义了一个出租车类的对象 taxi1,也在定义时赋了初值。程序显示了两辆车的信息,并输出了出租车从 1 000 公里跑到 1 005 公里应该付的车费。程序执行结果如下:

沪 A01100　　张三　　法拉利

沪 B01100　　李四　　桑塔纳

12.5

car 类中 3 个获取信息的函数的返回类型都是 const char*,想一想为什么要加 const?

如果派生类对象构造时对包含的基类对象是用基类默认的构造函数初始化,那么在派生类构造函数的初始化列表中可以不出现基类构造函数调用。**注意虽然没有显式地调用基类的构造函数,但基类的构造函数还是被调用了,而且调用的是默认的构造函数。**

例 10.5　游泳池、养鱼的鱼塘、养虾的虾塘都是一个水塘,都有一些共性。如果某个应用要用到鱼塘、虾塘和游泳池,可以把他们的共性抽取出来形成一个基类,这 3 个类都可以从基类扩充。

首先考虑池塘类的设计。如果一个池塘要保存的信息有面积和深度,那么池塘类有两个数据成员。需要的功能有初始化和返回这两个信息。游泳池在池塘的基础上扩充开放时间、票价信息。鱼塘在池塘的基础上增加鱼的种类、数量等信息。这 3 个类的定义和实现如代码清单 10 - 9 所示。

代码清单 10-9　派生类定义实例

```cpp
class pool{
    double area;
    double depth;
public:
    pool(double a = 200,double d = 2):area(a), depth(d){}
    double getArea() const {return area;}
    double getDepth() const {return depth;}
};

class swimmingPool:public pool{
    char time[15];
    double price;
public:
    swimmingPool(double a, double d, char *t, double p):pool(a, d)
    {   strcpy(time,t); price = p;}
    swimmingPool(){time[0] = '\0'; price = 0;}
    void setTime(char *t){strcpy(time, t);}
    void setPrice(double p){price = p;}
    const char *getTime()const{return time;}
    double getPrice() const {return price;}
};

class fishPond:public pool{
    char type[15];
    double quantity;
public:
    fishPond(double a, double d, char *t, double p):pool(a, d)
    {   strcpy(type,t); quantity = p;}
    fishPond(){type[0] = '\0'; quantity=0;}
    void setType(char *t){strcpy(type,t);}
    void setQuantity(double p){quantity = p;}
    const char *getType() const {return type;}
    double getQuantity() const {return quantity;}
};
```

　　注意 swimmingPool 和 fishPond 类的第二个构造函数，从表面看它们都没有调用 pool 类的构造函数，但实际上在执行第二个构造函数时调用了 pool 类默认的构造函数，构造出对象的面积是 200 m²，深度是 2 m 的池塘。

10.2.2　重定义基类的函数

派生类是基类的扩展,可以是保存的数据内容的扩展,也可以是功能的扩展。当派生类对基类的某个功能进行扩展时,它定义的成员函数名可能会和基类的成员函数名重复。如果只是函数名相同而原型不同,系统认为派生类中有两个重载函数,如果原型完全相同,则派生类会有两个原型一模一样的函数。此时,派生类的函数会"覆盖"基类的函数。虽然派生类有两个一模一样的函数,但派生类对象只看得见派生类定义的那个函数。这称为重定义基类的成员函数。

例 10.6　定义一个圆类型,用于保存圆以及输出圆的面积和周长。在此类型的基础上派生出一个球类型,可以给出球的表面积和体积。

保存一个圆,只需要保存它的半径。因此,圆类 Circle 只有一个数据成员。由于需要提供圆的面积和周长,需要提供两个公有的成员函数。除了这些之外,还需要一个构造函数。Circle 类的设计如代码清单 10 - 10 所示。

代码清单 10 - 10　Circle 类的定义

```cpp
class Circle{
protected:
    double radius;
public:
    Circle(double r = 0){radius = r;}
    double getr() const {return radius;}
    double area() const {return 3.14 * radius * radius;}
    double circum() const {return 2 * 3.14 * radius;}
};
```

细心的读者可能已经注意到,在 Circle 类的定义中数据成员 radius 被声明成 protected。这是因为我们将在 Circle 类的基础上扩展出一个表示"球"的类 Ball,而 Ball 类的操作都需要用到 radius。如果这个数据成员被声明成 private,则派生类每次用到它时,必须调用 getr 函数获取它的值。这会大大降低运行的效率,而把它声明成 protected,则派生类可直接引用这个数据成员,而其他类的成员函数或全局函数则不可以直接用这个数据成员。

Ball 类的定义如代码清单 10 - 11 所示。

代码清单 10 - 11　Ball 类的定义

```cpp
class Ball:public Circle{
public:
    Ball(double r = 0):Circle(r){}
    double area() const {return 4 * 3.14 * radius * radius;}
    double volum() const {return 4 * 3.14 * radius * radius * radius / 3;}
};
```

Ball 类定义了一个求球体表面积的函数 area,这个函数的原型与 Circle 类中的 area 完全相同,因此它会覆盖 Circle 类的 area 函数。当对 Ball 类的对象调用 area 函数时,将执行 Ball 类的 area 函数,不会引起二义性。

10.2.3　派生类作为基类

基类本身可以是一个派生类,例如:

```
class Base{...}
class D1:public Base{...}
class D2:public D1{...}
```

每个派生类继承它的直接基类的所有成员,而不用去管它的基类是完全自行定义还是从某一个类继承。也就是说,类 D1 包含了 Base 的所有成员以及 D1 增加的所有成员。类 D2 包括了 D1 的所有成员及自己新增的成员。对于代码清单 10-12 中的类,Base 包含一个数据成员 x, Derive1 从 Base 继承,又增加了一个数据成员 y,因此它包含两个数据成员 x 和 y。Derive2 从 Derive1 继承,又增加了一个数据成员 z,因此它包含 3 个数据成员 x、y 和 z。在定义 Derive2 的时候,不用去管 Derive1 是如何生成的,只需要知道 Derive1 有两个数据成员以及这两个数据成员的访问特性。

代码清单 10-12　派生类作为基类

```cpp
class Base{
    int x;
public:
    Base(int xx){x = xx; cout << "constructing base\n";}
    ~Base(){cout << "destructint base\n";}
};
class Derive1:public Base{
    int y;
public:
    Derive1(int xx, int yy):Base(xx)
        {y = yy; cout << "constructing derive1\n";}
    ~Derive1(){cout << "destructing derive1\n";}
};
class Derive2:public Derive1{
    int z;
public:
    Derive2(int xx, int yy, int zz):Derive1(xx, yy)
        {z = zz; cout << "constructing derive2\n";}
    ~Derive2(){cout << "destructing derive2\n";}
};
```

当构造派生类对象时,同样不需要知道基类的对象是如何构造的,只需知道调用基类的构造函数就能构造基类的对象。如果基类是从某一个其他类继承的派生类,在构造基类对象时,又会调用它的基类的构造函数,依次上溯。例如,D2 的构造函数的初始化列表只要指出调用

D1 的构造函数就可以了,D1 的构造函数的初始化列表要指出调用 Base 的构造函数。当构造 D2 类的对象时,会先调用 D1 的构造函数,而 D1 的构造函数执行时又会先调用 Base 的构造函数,但这个过程对 D2 是透明的。因此,构造 D2 类的对象时,最先初始化的是 Base 的数据成员,再初始化 D1 新增的成员,最后初始化 D2 新增的成员。析构的过程正好相反。如果定义了一个代码清单 10-12 中的类 Derive2 的对象 op,将会输出

```
constructing Base
constructing Derive1
constructing Derive2
```

从中可以看出 op 的构造过程;而该对象析构时,将会输出

```
destructing Derive2
destructing Derive1
destructing Base
```

10.3 运行时的多态性

在现实生活中,当向不同的人发出同样的一个命令时,不同的人可能有不同的反应。例如,我们给每个学生寝室的寝室长一个任务,让他每天早上督促同一寝室的同学去上课。由于每个同学都知道自己该去哪里上课,所以寝室长无须一一关照,而只需要对所有同学说一句“该上课去了”,每位同学都会去自己该去的教室。这就是多态性。

在程序设计中也是如此。如果我们对两个整型数和两个实型数发出同样的一个加法指令,由于整型数和实型数在机器内的表示方法是不一样的,所以将两个整型数相加和将两个实型数相加的过程是不一样的,机器会调用不同的函数完成相应的功能。

有了多态性,相当于对象有了主观能动性。对对象的使用者而言,使用起来就方便了。特别是当被管理的对象类型增加时,管理者的工作量不增加。例如,对上例中的寝室长而言,一个寝室有 4 个同学和一个寝室有 10 个同学时的工作量是一样的,他都只说一句话“该上课去了”。寝室长的工作相当于 main 函数的工作。也就是说,只要增加对象类型,main 函数不变,但系统的功能得到了扩展。

在面向对象的程序设计中,多态性有两种实现方式:**编译时的多态性**(或称静态绑定)和**运行时的多态性**(或称动态绑定)。第 9 章介绍的运算符重载就是属于编译时的多态性。在运算符重载时,尽管程序中使用的是同样的指令,如对整型变量 x, y 执行 x+y 和对有理数类的对象 r1, r2 执行 r1+r2,但在编译时编译器会对这两个表达式调用不同的函数。前者调用两个参数是整型的 operator+ 函数,后者调用的是两个参数都是有理数类对象的 operator+ 函数。本节将介绍运行时多态性的实现,即同样的一条指令到底要调用哪一个函数要到执行到这一条指令时才能决定。运行时的多态性是通过“继承”机制实现的。

10.3.1 派生类对象到基类对象的隐式转换

在 C++中,如果要使程序中的类 A 的对象隐式转换成类 B 的对象,必须在类 A 中定义一个向类 B 转换的类型转换函数。但有一个例外,派生类对象到基类对象的转换不需要定义类型转换函数。C++默认派生类对象到基类对象的转换是保留派生类中的基类部分。派生类到基类的隐式转换可能出现在 3 种场合:把派生类对象赋给基类;把派生类对象地址赋给基类指针;定义一个基类的引用类型对象,引用的是派生类对象。

1）将派生类对象赋给基类对象

由于派生类中包含了一个基类的对象，当把一个派生类对象赋给一个基类对象时，就是把派生类中的基类部分赋给此基类对象。派生类新增加的成员就舍弃了。赋值后，基类对象和派生类对象再无任何关系。

2）基类指针指向派生类对象

当让一个基类指针指向派生类对象时，尽管该指针指向的对象是一个派生类对象，但由于它本身是一个基类的指针，它只能解释基类的成员，而不能解释派生类新增的成员。因此，从指向派生类的基类指针出发，只能访问派生类中的基类部分。例如，对代码清单 10 - 13 中的两个类，派生类有两个数据成员 x 和 y，除了构造函数以外，有两个原型相同的公有的成员函数 display。当定义一个派生类的对象，并对此对象调用 display 函数时，由于派生类的 display 函数重定义了基类的 display 函数，该函数覆盖了基类的 display 函数，因此派生类对象调用到的是派生类定义的 display 函数。但事实上，基类的 display 函数是存在的，只是派生类的对象看不见而已。当用一个基类的指针去指向派生类的对象时，尽管这块空间中有两个数据成员，但基类指针只看得见一个成员 x。尽管这个类有两个 display 函数，但基类指针只看得见基类的 display 函数。因此对此基类指针调用 display 函数，调用到的是基类的 display 函数。

如果试图通过基类指针引用那些只在派生类中才有的成员，编译器会报告语法错误。

代码清单 10 - 13　重定义派生类函数

```
class Base{
    int x;
public:
    Base(int x1 = 0){x = x1;}
    void display() const {cout << x << endl;}
};

class Derived:public Base{
    int y;
public:
    Derived(int x1 = 0, int y1 = 0):Base(x1){y = y1;}
    void display()const{Base::display(); cout << y << endl;}
};
```

3）基类的对象引用派生类的对象

引用事实上是一种隐式的指针。当定义一个基类的引用类型对象，引用的是一个派生类对象时，相当于给派生类中的基类部分取了一个别名，从该基类对象看到的是派生类对象中的基类部分。例如，对代码清单 10 - 13 中的类，如果定义

```
Derived d(1,2);
Base &br = d;
```

则 br 引用的是 d 中的基类部分。对 br 的访问就是对 d 中的基类部分的访问，对 br 的修改就是对 d 中基类部分的修改。

派生类的对象可以隐式地转换成基类的对象,这是因为派生类对象中包含了一个基类的对象。但基类对象无法隐式转换成派生类对象,因为它无法解释派生类新增加的成员。除非在基类中定义了一个向派生类转换的类型转换函数,才能将基类对象转换成派生类对象。同样,也不能将基类对象的地址赋给派生类的指针,即使某个基类指针指向的就是一个派生类的对象。例如,有定义

```
Derived d, *dp;
Base *bp = &d;
```

当执行 dp＝bp 时,编译器依然会报错。

如果程序员能够确信该基类指针指向的是一个派生类的对象,确实想把这个基类指针赋给派生类的指针,这时可以用强制类型转换

```
dp = reinterpret_cast<Derived *>bp;
```

这等于告诉编译器:我知道这个危险,但我保证不会出问题。reinterpret_cast 是一种相当危险的转换,它让系统按程序员的意思解释内存中的信息。

10.3.2　虚函数与多态性

在 10.3.1 节中提到,基类的指针或引用可以指向派生类的对象。通过基类指针或基类的引用可以访问派生类对象中的基类部分,而不能访问派生类新增的成员。但如果基类中的某个函数被定义为虚函数的话,则会有完全不同的效果,它表明该函数在派生类中可能有不同的实现。当用基类的指针调用该虚函数时,首先会到派生类中去看一看这个函数有没有重新定义。如果派生类重新定义了这个函数,则执行派生类中的函数,否则执行基类的函数。

定义虚函数就是在类定义中的函数原型声明前加一个关键字 virtual。在派生类中重新定义时,它的函数原型(包括返回类型、函数名、参数个数和参数类型)必须与基类中的虚函数完全相同,否则编译器会认为派生类有两个重载函数。

如果从该基类派生出多个派生类时,每个派生类都可以重新定义这个虚函数。当用基类的指针指向不同的派生类的对象时,就会调用不同的函数,这样就实现了多态性。而这个绑定要到运行时根据当时基类指针指向的是哪一个派生类的对象,才能决定调用哪一个函数,因而被称为**运行时的多态性**。

例 10.7　定义一个 Shape 类记录任意形状的位置,并定义一个计算面积的函数和显示形状及位置的函数,这些函数都是虚函数。在 Shape 类的基础上派生出一个 Rectangle 类和一个 Circle 类,这两个类都有可以计算面积和显示形状及位置的函数。

由于矩形和圆计算面积的方法以及显示的方法都是不同的,因此必须重写基类的这两个函数。这 3 个类的定义如代码清单 10 - 14 所示。

代码清单 10 - 14　虚函数定义示例

```
class Shape{
protected:
    double x,y;
public:
    Shape(double xx, double yy){x = xx; y = yy;}
    virtual double area() const {return 0.0;}
    virtual void display() const
```

```
        {cout << "This is a shape. The position is(" << x << "," << y <
< ")\n";}
};

class Rectangle:public Shape{
protected:
    double w, h;
public:
    Rectangle(double xx, double yy, double ww, double hh):Shape(xx,
yy),w(ww), h(hh){}
    double area() const    {return w * h;}//重定义虚函数 area
    void display() const   //重定义虚函数 display
    {   cout << "This is a rectangle. The position is(" << x << "," << y <
< ")\t";
        cout << "The width is " << w << ". The height is " << h << endl;
    }
};

class Circle:public Shape{
protected:
    double r;
public:
    Circle(double xx, double yy, double rr):Shape(xx, yy),r(rr){}
    double area()  const  {return 3.14 * r * r;}
    void display() const
    {   cout << "This is a Circle. The position is(" << x << "," << y <
< ")\t";
        cout << "The radius is " << r << endl;
    }
};
```

如果定义
```
Shape s(1,2), *sr;
```
执行
```
sr = &s;
sr->display();
cout << "The area is " << sr->area() << endl;
```
此时用基类指针指向基类成员,因此调用的是基类自己的函数。输出的结果如下:
```
This is a shape. The position is(1,2)
The area is 0
```

如果定义

```
Rectangle rect(3,4,5,6);
```

并执行

```
sr = &rect;
sr->display();
cout << "The area is " << sr->area() << endl;
```

这时基类指针指向的是一个派生类的对象。由于在基类中 area 和 display 都是虚函数,因此当通过基类指针找到基类中的这两个函数时,它会到派生类中去检查有没有重新定义。在 Rectangle 类中重新定义了这两个函数,因此执行的是 Rectangle 类中的函数。执行的结果如下:

```
This is a rectangle. The position is(3,4)   The width is 5. The height is 6
The area is 30
```

如果定义

```
Circle c(7,8,9);
```

并执行

```
sr = &c;
sr->display();
cout << "The area is" << sr->area() << endl;
```

这时基类指针指向的是 Circle 类的对象,因此执行的也是派生类中的函数。执行结果如下:

```
This is a circle. The position is(7,8)   The radius is 9
The area is 254.34
```

我们甚至可以定义一个指向基类的指针数组,让它的每个元素指向基类或不同的派生类的对象。例如,如果

```
Shape*sp[3] = {&s, &rect, &c};
```

那么对于循环

```
for(int i = 0; i < 3; ++i){
    sp[i]->display();
    cout << "The area is " << sp[i]->area() << endl;}
```

则循环体中的 sp[i]->display()和 sp[i]->area()的 3 次执行,执行的是不同的函数。而每次执行时执行的是哪一个函数,取决于指针指向的是哪一个类的对象。该语句执行的结果如下:

```
This is a shape. The position is(1,2)
The area is 0
This is a rectangle. The position is(3,4)   The width is 5. The height is 6
The area is 30
This is a circle. The position is(7,8)   The radius is 9
The area is 254.34
```

在使用虚函数时,必须注意以下两个问题:

(1) 在派生类中重新定义虚函数时,它的原型必须与基类中的虚函数完全相同,否则编译器会把它认为是重载函数,而不是虚函数的重定义。

(2) 派生类在对基类的虚函数重定义时,关键字 virtual 可以写也可以不写。不管 virtual

写还是不写,该函数都被认为是虚函数。但最好是在重定义时写上 virtual。

10.3.3 虚析构函数

构造函数不能是虚函数,但析构函数可以是虚函数,而且最好是虚函数。

如果派生类新增加的数据成员中含有指针,指向动态申请的内存,那么派生类必须定义析构函数释放这部分空间。如果派生类的对象是通过基类的指针操作的,则 delete 基类指针指向的派生类的对象时,就会造成内存泄漏。当基类指针指向的对象析构时,通过基类指针会找到基类的析构函数,执行基类的析构函数;但此时派生类动态申请的空间没有释放,要释放这块空间必须执行派生类的析构函数。

要做到这一点,可以将基类的析构函数定义为虚函数。当析构基类指针指向的派生类的对象时,会先找到基类的析构函数。由于基类的析构函数是虚函数,又会找到派生类的析构函数,执行派生类的析构函数。派生类的析构函数在执行时会自动调用基类的析构函数,因此基类和派生类的析构函数都被执行,这样就把派生类的对象完全析构,而不是只析构派生类中的基类部分了。

与其他的虚函数一样,析构函数的虚函数性质都将被继承。因此,如果继承层次树中的根类的析构函数是虚函数的话,所有派生类的析构函数都将是虚函数。

10.4 纯虚函数和抽象类

10.4.1 纯虚函数

有时,基类往往只表示一种抽象的意志,而不与具体事物相联系。如例 10.7 中的 Shape 类,它只表示具有封闭图形的东西,但当我们谈起图形时,会讲到圆、三角形、矩形等,但没有一种图形叫"形状"。因此在这个类中定义一个 area 函数显然是没有意义的。之所以在 Shape 类中定义这个函数,是为了实现多态性。为了表示这种函数,C++引入了纯虚函数的概念。

纯虚函数是一个在基类中声明的虚函数。它在基类中没有定义函数体。纯虚函数的声明形式如下:

```
virtual 返回类型 函数名(参数表)=0;
```

有了纯虚函数,就不用为 Shape 类中的 area 函数写一个无用的函数体了,只需要把它声明为纯虚函数:

```
virtual double area()const = 0;
```

10.4.2 抽象类

如果一个类至少含有一个纯虚函数,则称为**抽象类**。Shape 可以被定义成一个抽象类,它的定义如下:

```
class Shape{
  protected:
    double x, y;
  public:
    Shape(double xx, double yy){x = xx; y = yy;}
    virtual double area() const = 0;
    virtual void display() const
      {     cout << "This is a shape. The position is(" << x << "," << y
```

```
        << ")\n";}
    };
```

在应用抽象类时必须注意,因为抽象类中有些函数没有函数体,所以不能定义抽象类的对象。因为一旦对此对象调用纯虚函数,该函数将无法执行。但可以定义指向抽象类的指针,它的作用是指向派生类对象,以实现多态性。

如果抽象类的派生类没有重新定义此纯虚函数,只是继承了基类的纯虚函数,那么,派生类仍然是一个抽象类。

抽象类的作用是保证进入继承层次的每个类都具有纯虚函数所要求的行为,这保证了围绕这个继承层次所建立起来的类具有抽象类规定的行为,保证了软件系统的正常运行,避免了这个继承层次中的用户由于偶尔的失误(比如,忘了为它所建立的派生类提供继承层次所要求的行为)而影响系统正常运行。

10.5 编程规范和常见错误

组合和继承是代码重用的重要手段,它可以支持渐增式的开发,让系统开发和人类的学习过程一样不断地充实,不断地完善。

继承层次的设计是一个复杂的问题,已超出本书的主题。但有一个非常重要的指南。即继承反映的是 is‐a 的关系。即派生类是一类特殊的基类,如游泳池是一类特殊的池塘。组合反映的是 has‐a 的关系,即当前定义的类包含了其他类的对象。例如,代码清单 10‐1 中的复数类包含了两个有理数类的对象。

派生类对象可以隐式地转为基类对象,但基类对象不能隐式转换成派生类对象。

在设计继承层次时,最好把基类的析构函数设为虚函数,以杜绝内存泄漏。

10.6 小结

面向对象程序设计的一个重要目标是代码重用。本章介绍了代码重用的两种方法:组合和继承。组合是将某一个已定义类的对象作为当前类的数据成员,由此对此数据成员操作的代码进行重用。继承是在已有类(基类)的基础上加以扩展,形成一个新类,称为派生类。在派生类定义时,只需要实现扩展功能,而基类的功能得到了重用。

本章还介绍了基于继承的多态性的实现,即运行时的多态性。

10.7 习题

简答题

1. 什么是组合? 什么是继承? is‐a 的关系用哪种方式解决? has‐a 的关系用哪种方法解决?

2. protected 成员有什么作用?

3. 代码清单 10‐11 的 ball 类中有几个公有成员函数?

4. 什么是抽象类? 定义抽象类有什么意义? 抽象类在使用上有什么限制?

5. 为什么要定义虚析构函数?

6. 试说明派生类对象的构造和析构次序。

7. 试说明虚函数和纯虚函数有什么区别。

8. 基类指针可以指向派生类的对象，为什么派生类的指针不能指向基类对象？

9. 多态性是如何实现程序的可扩展性？

10. 写出下面程序的执行结果

```cpp
class A{
    int a;
public:
    A(int x = 0){a = x; cout << "constructing A!" << endl;}
    void show(){cout << "a = " << a << endl;}
    virtual~A(){cout << "deconstructing A!" << endl;}
};

class B:public A{
  private:
    int b;
  public:
    B(int x):A(x+2), b(x){cout << "constructing B!" << endl;}
    void show(){A::show();cout << "b = " << b << endl;}
    ~B(){cout << "deconstructing B!" << endl;}
};

int main()
{
  B obj(5);
  A *p = new B(obj);

  obj.show();
  p->show();
  delete p;

  return 0;
}
```

程序设计题

1. 定义一个 Shape 类记录任意形状的位置，在 Shape 类的基础上派生出一个 Rectangle 类和一个 Circle 类，在 Rectangle 类的基础上派生出一个 Square 类，必须保证每个类都有计算面积和周长的功能。

2. 定义一个安全的动态整型数组。所谓安全，就是在数组操作中会检查下标是否越界。所谓动态，就是定义数组时，数组的规模可以是变量。在这个类的基础上，派生出一个可指定下标范围的安全的动态数组。

3. 定义一个二维平面上的点类型。在此基础上,用组合和继承两种方法实现一个二维平面上的圆类型。二维平面上的圆由圆心和半径组成。要求的最基本功能有:计算圆的面积、计算圆的周长、判断某个点是否在圆的范围内。

4. 在第 3 题的基础上设计一个圆柱体类型。提供功能有:求底面积、求侧面积、求体积、获取高度、获取半径以及获取圆心位置。用组合和继承两种方法实现。

5. 圆是一类特殊的椭圆。试设计一个椭圆类,在椭圆类的基础上派生一个圆类型。需要的功能有计算面积和周长。

6. 在第 8 章程序设计题第 4 题实现的 LongLongInt 类的基础上,创建一个带符号的任意长的整数类型。该类型支持输入输出、比较操作、加法操作、减法操作、++操作和--操作。用组合和继承两种方法实现。

7. 在第 9 章程序设计题第 8 题定义的安全的、动态的二维数组的基础上定义一个可指定下标范围的安全的、动态的二维数组。

11　泛型机制——模板

第 8、第 9 章介绍了一个可指定下标范围的安全的实型数组 DoubleArray。如果在程序中还需要用到一个可指定下标范围的安全的整型数组，则必须另外定义一个类。事实上，这两个数组除了数组元素的类型不同之外，其他部分完全相同，包括数据成员的设计、成员函数的设计和成员函数的实现。如果把数组元素的类型用一个符号表示的话，这两个类是完全一样的。

在面向对象的程序设计中，允许将类或函数中的某些变量的类型设为一个可变的参数，这样可以用一个类表示多个类，用一个函数表示多个函数。这种程序设计的机制称为**泛型程序设计**。这个特殊的类称为**类模板**，这个特殊的函数称为**函数模板**。

11.1　类模板的定义

定义类模板需要给出所定义的类中有哪些可变的类型，每个可变类型就是一个模板的形式参数。类模板的定义格式如下：

template <模板的形式参数表>

class 类名{……};

类模板的定义以关键字 template 开头，后接模板的形式参数表。模板的形式参数之间用逗号分开。除了模板的形式参数声明之外，类模板的定义与其他的类定义相同。类模板可以定义数据成员和成员函数，也可以定义构造函数和析构函数，也可以重载运算符。只是这些数据成员不一定有一个确切的类型，它们的类型可以是模板的形式参数。成员函数的参数类型或返回值类型也可以是模板的形式参数。成员函数中的某些局部变量的类型也可以是模板的形式参数。

绝大多数的模板的形式参数是表示类型的**类型形参**。但模板的形式参数也可以是表示常量表达式的**非类型形参**。类型形参跟在关键字 class 或 typename 之后，非类型形参与函数的形式参数有相同的表示。模板形式参数的命名规则与变量相同。

例 11.1　定义一个泛型的、可指定下标范围的、安全的动态数组。

除了数组元素的类型可变以外，这个类模板与 DoubleArray 类完全相同。因此，可将数组元素的类型定义为模板参数。该类模板的定义如代码清单 11 - 1 所示。

代码清单 11 - 1　可指定下标范围的、安全的动态数组的定义

```
template <class T>                          //模板参数 T 是数组元素的类型
class Array{
    int low;
    int high;
```

```
    T  *storage;
public:
    //根据 low 和 high 为数组分配空间。分配成功,返回值为 true,否则返回值
      为 false
    Array(int lh = 0,int rh = 0):low(lh), high(rh)
    {storage = new T[high - low + 1];}

    //复制构造函数
    Array(const Array  &arr);

    //赋值运算符重载函数
    Array &operator = (const Array  &a);

    //下标运算符重载函数
    T  &operator[](int index);

    //回收数组空间
    ~Array(){delete  []  storage;}
};
```

这个类可以代替所有类型的、下标范围可指定的、安全的数组,包括系统内置类型的数组和用户定义的类的数组。

11.2　函数模板

类模板 Array 中还有 3 个成员函数没有定义。这 3 个函数中也包含不确定的类型。包含不确定类型的函数称为函数模板。函数模板的定义与类模板类似,它的格式如下:

template <模板的形式参数表>
返回类型　函数名(形式参数表)　{……}

例如,求两个任意类型变量的最大值可以用如下函数模板实现,但要注意类型 T 必须支持>操作:

template <class T>
T max(T a, T b)
{return a > b ? a : b;}

要比较 2 个整型数,可以调用 max(3, 5)。要比较 2 个 double 型变量 x 和 y,同样可以用 max(x, y)。有理数类重载了>操作,所以对有理数类的对象 r1 和 r2 同样可以调用 max(r1, r2)。

类模板的成员函数都是模板形式参数与类模板相同的函数模板。类模板的成员函数的定义具有如下形式:

- 成员函数的模板参数与类模板相同。
- 必须用作用域限定符“::”说明它是哪个类的成员函数。

- 类名必须包含其模板形式参数。

根据这些规则，Array 类的成员函数的格式应该是：

```
template <class T>
```
返回类型　Array<T>::函数名 (形式参数表)
{函数体}

类模板 Array 的 3 个成员函数的实现如代码清单 11－2 所示。

代码清单 11－2　类模板成员函数的实现

```
//复制构造函数
template <class T>
Array <T>::Array(const Array<T> &arr)
{    low = arr.low;
     high = arr.high;
     storage = new T [high - low + 1];
     for(int i = 0; i < high - low + 1; ++i)  storage[i] = arr.storage[i];
}


//赋值运算符重载函数
template  <class T>
Array<T> &Array<T>::operator=(const Array<T>  &a)
{    if(this == &a)return *this;//防止自己复制自己
     delete  []  storage;//归还空间
     low = a.low;
     high = a.high;
     storage = new T [high - low + 1];//根据新的数组大小重新申请空间
     for(int i = 0; i <= high - low; ++i)storage[i] = a.storage[i];
                                                       //复制数组元素
     return *this;
}


//下标运算符重载函数
template <class T>
T &Array<T>::operator[](int index)
{    if(index < low || index > high){cout << "下标越界";exit(-1);}
     return storage[index - low];
}
```

11.3　模板的实例化

模板是一个蓝图，它本身不是一个类，因为其中包含了不确定的类型，无法在计算机上直接运行。要运行模板,必须指定模板形式参数的值,使模板成为一个真正可以运行的程序。编译器从模板生成的一个特定类或函数称为类模板或函数模板的一个实例。这个过程称为**模板的实例化**。

函数模板的实例化由编译器自动完成,函数模板的用户无须关心自己调用的是函数还是函数模板,编译器根据函数调用时的实际参数类型推断出模板参数的值,将模板参数的值代入函数模板生成一个真正可执行的模板函数。例如,调用 max(3, 5) 时,因为 max 函数的形式参数是 T 类型的,编译器根据传入的参数可以判断 T 是整型,于是就将函数模板 max 中的 T 全部用 int 替代,形成了一个真正可以运行的函数:

```
int max(int a, int b)
{return  a > b ? a : b;}
```
这个函数称为**模板函数**。

类模板没有这么幸运。编译器无法根据对象定义的过程确定模板参数的类型,因而需要用户明确指出类模板实际参数的值。类模板对象的定义格式如下:

类模板名<模板的实际参数>   对象表;

其中,模板实际参数与形式参数的个数相同,实际参数之间用逗号分开。执行上述定义时,编译器首先将模板的实际参数值代入类模板,生成一个可真正使用的类,然后定义这个类的对象。例如,要定义一个整型的数组 array1,它的下标范围是 20~30,可用以下语句:

```
Array<int>  array1(20,30);
```
编译器首先将 int 代入类模板 Array,将 Array 中的所有的 T 都替换成 int,产生一个**模板类**。然后定义这个类的一个对象 array1。

要定义一个 Rational 型的数组 array2,它的下标范围是变量 m~n,可用以下语句:

```
Array<Rational>  array2(m,n);
```

类模板的每次实例化都会产生一个独立的类类型。用 int 类型实例化的 Array 与用 Rational 类型实例化的 Array 没有任何的关系。

类模板对象的使用与普通的对象完全相同。例如,定义了对象 array1 和 array2 后,可以用下列语句输入 array1 的值:

```
for(i = 20; i <= 30; ++i) array1[i] = 0.1 * i;
```
也可以用下列语句输出 array2 的值:

```
for(i = m; i <= n; ++i)  cout << array2[i] << '\t';
```

11.4 非类型参数

模板参数大多数都是代表某种类型,这些参数称为类型参数。事实上,模板的形式参数不一定都是类型,也可以是非类型参数,如整型值或实型值。

在模板实例化时,类型参数用一个系统内置类型的名字或一个用户已定义类的名字作为实际参数,而非类型参数用一个常量表达式作为实际参数。非类型模板参数的实参必须是编译时的常量。

例 11. 2   例 11.1 中定义了一个下标范围可指定的安全的动态数组类模板 Array,它允许指定数组的下标范围,数组的下标范围可以是运行时的某一对变量的值或某个表达式的计算结果值。如果数组的下标范围在编程时已经能够确定,则可以采用更简单的实现方式,不再需要用动态数组存储数组元素。这可以减少实现 Array 类的工作量,不需要申请动态数组的空间,也不需要释放动态数组。

这个数组可以用带非类型参数的类模板来实现。由于下标范围是编译时的常量,所以可将下标范围设计成类模板的参数。这个类模板有 3 个模板参数:数组元素的类型、数组下标的上下界。前者为类型参数,后两者为非类型参数。这个类模板的定义和实现如代码清单 11-3 所示。

代码清单 11-3 下标范围可指定的、安全数组

```
template <class T, int low, int high>
class Array{
    T storage[high - low + 1];
public:
    //下标运算符重载函数
    T  &operator[](int index);
};

template <class T, int low, int high>
T  & Array <T, low, high >::operator[](int index)
{   if(index < low || index > high){cout << "下标越界"; exit(-1);}
    return storage[index - low];
}
```

由于实例化时必须给出 low 和 high 的值,也就是说实例化后的模板类中数组的大小是确定的,因此不再使用动态数组,也不再需要构造函数和析构函数。由于模板参数已经给出了下标的上下界,因此也不需要记录下标上下界的数据成员。这个实现比例 11.1 中的实现更加简单。但唯一不足的是:例 11.1 中的类模板定义的数组的大小可以在运行时确定,而本例中的类模板定义的数组的大小必须在编译时确定。因为非类型模板实际参数值在编译时必须为常量。该数组的使用除了数组定义和例 11.1 中定义的类不同以外,其他的全部相同。如果要定义一个下标范围为 10~20 的整型数组 array,可以用如下语句:

```
Array <int,10,20> array;
```
可以用 array[i]访问它的元素。

11.5 类模板的友元

类模板和普通类一样也可以声明友元。类模板的友元一般有下面两类:
- 普通友元:声明某个普通的类或全局函数为所定义的类模板的友元。
- 模板的特定实例的友元:声明某个类模板或函数模板的特定实例是所定义类模板的友元。

11.5.1 普通友元

定义普通类或全局函数为所定义类模板的友元的声明格式如下:

```
template <class type>
class A{
    friend class B;
    friend void f();
    ...
};
```

该定义声明了类 B 和全局函数 f 是类模板 A 的友元。这意味着类 B 和函数 f 是类模板 A 所有实例的友元。B 的所有的成员函数和全局函数 f 可以访问类模板 A 的所有实例的私有成员。

11.5.2　模板的特定实例的友元

可以定义某个类模板或函数模板的特定实例为友元。例如 B 是一个类模板，f 是一个函数模板，定义

```
template <class T> class B;           //类模板的声明
template <class T> void f(const T&);  //函数模板的声明
template <class type>
class A{
    friend class B <int>;
    friend void f(const int &);
    ...
};
```

将类模板 B 的一个实例，即模板参数为 int 时的那个实例，作为类模板 A 的所有实例的友元；将函数模板 f 对应于模板参数为 int 的实例作为类模板 A 所有实例的友元。

下面形式的友元声明更为常见：

```
template <class T> class B;           //类模板的声明
template <class T> void f(const T &); //函数模板的声明
template <class type>
class A{
    friend class B <type>;
    friend void f(const type &);
    ...
};
```

这些友元声明说明了使用某一模板实参的类模板 B 和函数模板 f 的实例是使用同一模板实参的类模板 A 的特定实例的友元。例如，类模板 B 的模板参数为 int 的实例是类模板 A 的模板参数为 int 的实例的友元，类模板 B 的模板参数为 double 的实例是类模板 A 的模板参数为 double 的实例的友元，而类模板 B 的模板参数为 int 的实例不是类模板 A 的模板参数为 double 的实例的友元。

例 11.3　为例 11.1 中的类模板 Array 增加一个输出运算符重载函数，可以直接输出数组的所有元素。

要直接输出数组的所有元素，可以为 Array 类重载<<运算符。由于 Array 是一个类模板，可用于不同类型的数组，因此，该输出运算符重载函数也应该是函数模板。这个函数模板

的定义如代码清单11-4所示。

代码清单11-4　类模板 Array 的输出运算符重载函数

```
template <class type>
ostream  &operator << (ostream &os, const Array <type> &obj)
{   os << endl;
    for(int i = 0; i < obj.high - obj.low + 1; ++i)
       os << obj.storage[i] << '\t';
    return os;
}
```

在 Array 的定义中,必须把这个函数模板声明为模板参数相同的实例的友元。增加了该友元的 Array 类模板的定义如代码清单11-5所示。

代码清单11-5　增加了输出运算符重载的 Array 类模板的定义

```
template <class T>  class Array;   //类模板 Array 的声明
template <class T>  ostream  &operator << (ostream &os, const Array<
T>  &obj);                                        //输出重载声明

template <class T>
class Array{
    friend ostream  &operator << (ostream &, const Array<T> &);

private:
    int low;
    int high;
    T *storage;

public:
    //根据 low 和 high 为数组分配空间。分配成功,返回值为 true,否则返回值
为 false
    Array(int lh = 0, int rh = 0):low(lh), high(rh)
      {  storage = new T [high - low + 1];}

    //复制构造函数
    Array(const Array  &arr);

    //赋值运算符重载函数
    Array  &operator = (const Array  &a);
```

```
        //下标运算符重载函数
    T  &operator[](int index){return storage[index-low];}

        //回收数组空间
    ~Array(){delete  []  storage;}
};
```

上述代码中的声明

```
friend ostream  &operator << (ostream &, const Array<T> &);
```

声明了函数模板 operator<<的一个实参为 T 的实例是类模板 Array 的实参为 T 的实例的友元。有了这样一个声明以后,对于 Array 的任何一个实例,例如:

```
Array<int>  array(10,20);
```

我们可以用

```
cout << array;
```

直接输出它的所有元素。

例 11.4 在例 8.11 设计的类中,学生成绩是 int 类型。如果某些老师喜欢保留成绩中的小数部分,则学生信息必须用 double 类型保存,必须设计另一个类来完成学生成绩的统计。有了类模板,可以把这两个类统一成一个类模板。这两个类的区别仅在于链表的结点中保存成绩的数据成员的类型不同,其他完全相同。因此这个类模板的模板参数就是这个类型。修改后的 node 类和 statistic 类的定义如代码清单 11-6 所示。

代码清单 11-6 结点类和单链表类的定义

```
template <class elemType>  class statistic;
template <class elemType>  class node;

template <class elemType>
class node{
    friend class statistic <elemType>;
private:
    elemType  data;
    node <elemType> *next;
public:
    node (const elemType &x, Node <elemType> * N = NULL) {data = x;
next = N;}
    node():next(NULL){}
};

template <class elemType>
class statistic{
    node <elemType> *head;
```

```
    int size;
public:
    statistic();
    ~statistic();
    void input(elemType flag);
    double mean();
    double dev();
};
```

由于所有的统计操作都是通过访问结点元素实现的,因此 statistic 类经常会访问 node 的数据成员。为了便于 statistic 类的访问,以及提高访问的效率,node 类将 statistic 类声明为仅当模板参数相同时的友元。即保存整型分数的 statistic 类是 node 类整型实例的友元,保存实型分数的 statistic 类是 node 类实型实例的友元。statistic 类成员函数的实现与代码清单 8 - 25 相同,除了必须把成员函数定义为函数模板以及 input 函数的参数类型是模板参数。

11.6　类模板的继承

类模板可以作为继承关系中的基类。自然,从该基类派生出来的派生类还是一个类模板,而且是一个功能更强的类模板。

类模板的继承和普通的继承方法基本类似。只是在涉及基类时,都必须带上模板参数。

例 11.5　例 11.1 设计了一个下标范围可指定的安全的动态数组的类模板 Array。本例用另一种方法设计这个类。先设计一个安全的动态数组 BaseArray,即在 C++动态数组的基础上增加了下标合法性检查。在 BaseArray 的基础上派生一个下标范围可指定的动态数组 Array。

首先考虑 BaseArray 类模板的设计。由于数组元素类型不确定,因此有一个类型参数。该类模板有两个数据成员:指向动态数组起始地址的指针以及数组的规模。提供的功能有构造函数、析构函数以及下标运算符重载函数。下标运算符重载函数必须考虑下标是否越界问题。

在 BaseArray 的基础上派生一个 Array。由于最基本的存储和处理问题都已解决,派生类主要解决的是下标范围问题。因此 Array 新增了两个数据成员 low 和 high,表示数组下标的下界和上界。派生类构造函数本身只完成了为下标的上下界赋初值。真正存储数据元素的问题是由基类构造函数完成。Array 类的构造函数在它的初始化列表中调用了 BaseArray 类的构造函数解决存储空间问题。注意 BaseArray 类的构造函数调用时要加上类模板参数。由于存储空间的问题由基类解决,所以 Array 类不需要析构函数。Array 类的下标运算符重载函数首先检查下标范围是否合法,然后调用基类的下标运算符重载函数返回真正存储该下标变量的空间。

这两个类模板的定义、实现及使用如代码清单 11 - 7 所示。

代码清单 11 - 7　BaseArray 和 Array 类模板的定义及使用

```
#include <iostream>
```

```cpp
using namespace std;

template <class T>
class BaseArray{
  T *storage;
   int size;
public:
  BaseArray(int s):size(s){storage = new T[s];}
  ~BaseArray(){delete [] storage;}
  T &operator[](int idx){
   if(idx < 0 || idx > size - 1){
     cout << "下标越界" << endl;
     exit(-1);
   }
   else return storage[idx];
  }
};

template <class T>
class Array:public BaseArray<T>{
   int low;
  int high;
public:
  Array(int l, int h):BaseArray<T>(h-l+1){low = l; high = h;}
  T &operator[](int idx){
   if(idx <low || idx > high){
     cout << "下标越界" << endl;
     exit(-1);
   }
   else return BaseArray<T>::operator[](idx - low);
  }
};

int main()
{
  BaseArray<int>  arr1(10);
  Array<int>  arr2(10,20);

  for(int i = 0; i < 10; ++i)arr1[i] = i;
  for(i = 0; i < 10; ++i)
```

```
        cout << arr1[i] << '\t';
    cout << endl;
    for(i = 10; i <= 20; ++i)arr2[i] = i;
    for(i = 10; i <= 20; ++i)
      cout << arr2[i] << '\t';
    cout << endl;

    cout << arr1[12] << endl;
    cout << arr2[12] << endl;

    return 0;
}
```

main 函数定义了一个 BaseArray 类对象 arr1 和一个 Array 类的对象 arr2,然后对它们赋值及输出数组元素值,最后输出 arr1[12] 和 arr2[12] 的值。从输出结果可以看出输出 arr1[12]时,由于超出了下标范围,程序输出一个错误,然后终止了,arr2[12] 的值没有输出。程序的运行结果如下:

```
0   1   2   3   4   5   6   7   8   9
10  11  12  13  14  15  16  17  18  19  20
下标越界
```

11.7 编程规范及常见错误

继承与组合提供了一种重用对象代码的方法,而模板提供了重用源代码的方法。模板通过将类型作为参数,使多个类或函数共享了代码。模板可以进一步减轻程序员的工作量,达到代码重用的目的。另一方面,模板也给我们提供了一种泛型编程的手段,可以让我们在变量类型不确定的情况下也能编出程序。

在调试含有模板的程序时,不要以为编译没有报错模板的语法就是正确的。在模板没有使用时,模板没有完全编译。只有定义了类模板的对象并在程序中调用了所有的成员函数后,模板才完全编译。

11.8 小结

本章介绍了 C++中的泛型程序设计的工具——模板。模板是独立于类型的蓝图,编译器可以根据模板产生多种特定类型的实例。我们只需要编写一个模板,编译器会根据模板的使用情况产生不同的实例。模板分为函数模板和类模板。

在本章中,我们学习了如何写一个类模板和函数模板,如何实例化类模板使之成为一个模板类,如何定义及使用模板的友元,如何将类模板作为基类。

11.9 习题

简答题

1. 什么是类模板？

2. 什么是函数模板？

3. 模板为什么要实例化？

4. 为什么要定义模板？定义类模板有什么好处？

5. 同样是模板，为什么函数模板的使用与普通的函数完全一样，而类模板在使用时还必须被实例化？

6. 什么时候需要用到类模板的声明？为什么？

程序设计题

1. 在代码清单 11-6 的 statistic 类中增加 3 个成员函数：找最高分、找最低分以及统计某个分数段的人数。

2. 设计一个计算 x^n 的函数模板。x 可以是任意支持乘法操作的类型，如 int、double 和本书定义的 Rational 或 Complex 类型。n 为整型。

3. 设计并实现一个适用于支持等于比较的类型的二分查找函数模板。试用递归和非递归两种方法实现。

4. 设计并实现一个直接选择排序的函数模板。排序元素可以是 C++的内置类型或重载了比较运算的类类型。

5. 设计一个处理集合的类模板，集合元素的初值在构造函数中指定。要求该类模板能实现集合的并、交、差以及输出运算。要求用运算符重载实现。并操作重载为＋，交操作重载为＊，差操作重载为－，输出重载为<<。

6. 在代码清单 11-1 的 Array 类中，当生成一个对象时，用户程序员必须提供数组的规模，构造函数根据程序员给出的数组规模申请一个动态数组。在析构函数中释放动态数组的空间。如果用户程序员定义了一个对象后一直没有访问这个对象，动态数组占用的空间就被浪费了。一种称为"懒惰初始化"的技术可以解决这个问题。所谓懒惰初始化就是在定义对象时并不给它申请动态数组的空间，而是到第一次访问对象时才申请。修改类模板 Array，完成懒惰初始化。

7. 设计并实现一个有序表的类模板，表中的元素是任意支持比较操作的类型的对象。提供的功能有：插入一个元素、删除一个元素、输出表中第 n 大的元素、输出表中所有的元素。用两种方法实现：一种是用数组存放有序表的元素，另一种是用单链表存放有序表的元素。

8. 在程序设计题 7 的基础上派生一个统计考试成绩的类模板 statistic。提供的功能与例 11.4 相同。

12 异常处理

在程序设计中,通常会设计出这样一些程序:在一般情况下,它不会出错,但在一些特殊的情况下,就不能正确运行。例如,一个完成两个数除法的程序。用户从键盘输入两个数 a 和 b,输出 a/b 的结果。一般情况下,该程序执行是正确的,但当输入的 b 是 0 时,该程序就会出错。为了保证程序的健壮性,需要对程序中可能出现的异常情况进行考虑,并给出相应的处理。例如,在除法程序中,当输入了 a 和 b 后,应该对 b 进行检查:如果 b 等于 0,则报错;否则给出除法的结果。

检查并处理异常情况提高了程序的可靠性,但也使程序变得复杂,使解决问题的算法过程淹没在许多错误处理中。另外在面向对象的程序设计中,程序在遇到异常情况时往往不知道应该如何处理这个异常。在面向对象的程序设计中,程序可分成两类。一类是工具程序,如类或库;另一类是利用这些工具解决某一问题的程序。在工具程序中可能检测出一些异常,但是该怎么处理应该由应用工具的程序来决定。因此需要一种机制能够将异常信息从工具程序传递到应用工具的程序。这就是 C++ 的异常处理机制。

C++ 的异常处理机制由两部分组成:异常抛出、异常捕获和处理。异常抛出是工具程序将异常信息传递出来;异常捕获和处理是应用工具的程序接受并处理工具函数抛出的异常。

12.1 异常抛出

如果程序发生了异常情况,而在当前的环境中获取不到异常处理的足够信息,我们可以创建一个包含出错信息的对象并将该对象抛出当前环境,将错误信息发送到更大的环境中,这称为**异常抛出**。异常抛出语句的一般形式如下:

throw 对象;

throw 的对象可以是任何类型,可以是系统内置类型,也可以是类类型。通常都是类类型的对象。这些类是为某个异常量身定做的,类名反映了异常的情况。

例 12.1　设计一个除法函数,当除数为 0 时,抛出一个用户定义的异常类对象。

按照题意,首先定义一个异常类。这个类一般只需要告诉用户出现了什么异常,因此需要为这个类取一个有意义的类名。一般这个类既不需要数据成员也没有什么特殊的行为。如果想做得完善一点,可以设计一个数据成员,记录出现的异常,一个成员函数,告诉用户出现了什么异常。这个异常类的定义如代码清单 12-1 所示。

代码清单 12-1　异常类的定义

```
//类 DivideByZeroException 是用户定义的类,用于表示除 0 错
class DivideByZeroException{
```

```
public:
    DivideByZeroException():message("attempted to divide by zero"){ }
    const char *what()const{return message;}
private:
    const char *message;
};
```

当设计一个除法函数时,一旦检测到除数为 0,则抛出这个异常类的对象,如代码清单 12-2 所示。

代码清单 12-2 异常对象抛出的实例

```
double div(int x, int y)
{
    if(y == 0)  throw  DivideByZeroException();

    return static_cast<double> (x) / y;
}
```

在代码清单 12-2 所示的函数中,如果 y 不等于 0,函数返回 x/y 的值。如果 y 等于 0,则执行

```
throw  DivideByZeroException();
```

这条语句用默认构造函数生成了一个 DivideByZeroException 类的对象,由于函数中没有捕获和处理异常的语句,因此这个对象被返回给了调用它的函数,div 函数执行结束。

12.2 异常捕获

一旦抛出异常,它必须假定该异常能被程序捕获和处理。异常捕获机制使 C++可以把问题集中在一处解决。

如果某段程序可能会抛出异常,而且需要处理这些异常,则必须通知 C++启动异常处理机制。这是通过 try 语句块实现的。C++中,异常捕获的格式如下:

```
try{
    可能抛出异常的代码;
}
catch(类型 1  对象 1){处理该异常的代码}
catch(类型 2  对象 2){处理该异常的代码}
...
```

try 块中包含了一段可能抛出异常的代码。如果 try 块没有抛出异常,则执行完 try 块的最后一个语句后,跳过所有的 catch 处理器,执行所有 catch 后的语句。一旦 try 块中的某个语句抛出了异常,则跳出 try 块,进入 try 后面的异常捕获和处理。异常处理器放在 catch 块中,它的形式如下:

```
catch(捕获的异常类型  对象){
```

      异常处理代码；

    }

catch 处理器定义了自己处理的异常范围，即某个异常类型。catch 在括号中指定要捕获的异常类型以及该类型的对象名。catch 处理器中的对象是可选的。如果给出了对象，则可以在异常处理代码中引用这个对象。如果异常处理代码中不需要用到这个异常类的对象，则可省略。

    如果 try 块中的某个语句抛出了异常，则跳出 try 块，开始异常捕获。先将抛出的异常类型与第一个异常处理器相比较，如果可以匹配，则执行异常处理代码，然后转到所有 catch 后的语句继续执行。如果不匹配，则与下一异常处理器比较，直到找到一个匹配的异常处理器。如果找遍了所有的异常处理器，都不匹配，则函数执行结束，并将该异常抛给调用它的函数，由调用它的函数来处理该异常。如果调用该函数的函数也没有对应于这个异常的异常处理器，则会将此异常再抛给调用它的函数。这样层层"踢皮球"，最终会将这个异常抛给 main 函数。如果 main 函数也没有对应的异常处理器，则会调用系统的 terminate 函数。该函数终止整个程序的执行，使这个程序的执行异常终止。

    例如，有了 DivideByZeroException 这个异常类，我们可以写一个带有异常检测的执行多次除法的程序，如代码清单 12-3 所示。

代码清单 12-3　带有异常检测的除法程序

```
//文件名:12-3.cpp
//带有异常检测的除法程序
int main()
{
    int number1, number2;
    double result;

    cout << "Enter two integers(end-of-file to end):";
    while(cin >> number1 >> number2){          //输入 EOF 将终止循环
        try{
            if(number2 == 0)  throw DivideByZeroException();
            result =  static_cast< double >(number1)/number2;
            cout << "The quotient is:" << result << endl;
        }
        catch(DivideByZeroException ex){
            cout << "Exception occurred:" << ex.what() << '\n';}
        cout << "\nEnter two integers(end-of-file to end):";
    }
    cout << endl;

    return 0;
}
```

代码清单 12-3 所示的程序重复下列过程:提示用户输入两个数,执行两个数的除法,输出结果。由于在执行除法时,可能会遇到除数为 0 的情况,因此把执行除法的那段程序放入了一个 try 块。当 number2 不等于 0 时,执行除法,并输出除的结果,退出 try 块。由于该 try 块没有抛出异常,因此跳过所有的 catch,执行 catch 后的语句,即显示提示信息,重新开始一次除法。如果遇到 number2 为 0 的情况,程序立即跳出 try 块,开始了异常捕获,计算和显示除法结果的语句都不执行了。第一个异常处理器就是一个匹配的处理器,于是执行该处理器的处理代码,即显示出错的内容,然后执行所有 catch 后的语句,即显示提示信息。由于该异常捕获时设置了对象的名字,因此在异常处理语句中可以用这个对象。这个程序的某次运行结果如下:

```
Enter two integers(end-of-file to end);100 7
The quotient is:14.2857
Enter two integers(end-of-file to end);100  0
Exception occurred:attempted to divide by zero
Enter two integers(end-of-file to end);33 9
The quotient is:3.66667
Enter two integers{end-of-file to end}:^Z
```

这个程序将异常情况集中处理,但还是由函数自己处理了所有异常。也可以把除法写成一个函数,如代码清单 12-2 所示。该函数只有抛出异常的语句,而没有异常捕获。当函数抛出异常时,将会回到调用它的函数,由调用它的函数来处理异常。它的使用如代码清单 12-4 所示。

代码清单 12-4 抛出异常的函数的应用

```cpp
//文件名:12-4.cpp
//抛出异常的函数的应用
int main()
{
    int number1, number2;
    double result;

    cout << "Enter two integers(end-of-file to end):";
    while(cin >> number1 >> number2){
        try{result = div(number1, number2);
            cout << "The quotient is:" << result << endl;
        }
        catch(DivideByZeroException ex){
            cout << "Exception occurred:" << ex.what() << '\n';}
        cout << "\nEnter two integers(end-of-file to end):";
    }
    cout << endl;
```

```
        return 0;
    }
```

由于 div 函数可能抛出一个异常,因此 main 函数将它放在了一个 try 块中。一旦 div 抛出了异常,则会返回到 main 函数,而 main 函数会跳出 try 块,执行异常处理。这个程序的执行过程与代码清单 12-3 所示的程序的执行过程完全一样。

异常处理机制可以将处理问题的主流程放在 try 块中,将主流程中出现的所有的异常情况集中在一起处理,使程序的主线条更加明确。代码清单 3-1 给出了一个可靠性较高的解一元二次方程的程序,该程序考虑了各种异常情况,但使得解一元二次方程的算法"淹没"在很多错误检测中。代码清单 12-5 给出了一个采用异常处理机制解一元二次方程的程序。

代码清单 12-5　采用异常处理机制解一元二次方程的程序

```cpp
//文件名:12-5.cpp
//采用异常处理机制解一元二次方程的程序
#include <iostream>
#include <cmath>
using namespace std;

//  异常类定义
class noRoot{};
class divByZero{};

double Sqrt(double x)
{  if(x < 0)throw noRoot();
   return sqrt(x);
}

double div(double x, double y)
{  if(y == 0)throw divByZero();
   return x/y;
}

int main()
{
    double a, b, c, x1, x2, dlt;

    cout << "请输入 3 个参数:" << endl;
    cin >> a >> b >> c;

    try{
```

```
        dlt = Sqrt(b*b - 4*a*c);
        x1 = div(-b + dlt, 2*a);
        x2 = div(-b - dlt, 2*a);
        cout << "x1 = " << x1 << "x2 = " << x2 << endl;
    }
    catch(noRoot){cout << "无根" << endl;}
    catch(divByZero){cout << "不是一元二次方程" << endl;}

    return 0;
}
```

代码清单 12-5 的程序中解决问题的过程集中在一个 try 块中,所有异常处理都在 try 块外,使算法主线条非常清晰。

要使程序在任何情况下都能按照程序员设计的执行过程一步步走到程序的出口,必须考虑到所有异常,并对每个异常进行处理。但有时程序员只需要对其中的某几个异常进行特殊处理,其他异常统一处理,此时可对所有统一处理的异常用一个特殊的异常捕获器 catch (...)。catch(...)会捕获任意类型的异常。

12.3　异常规格说明

如代码清单 12-5 所示,调用 div 函数可能会收到一个 divByZero 的异常,调用 Sqrt 函数可能会收到一个 noRoot 的异常。调用一个函数时,如何知道是否会收到异常呢？ 收到的是什么样的异常？ 这可以通过异常规格说明来实现。

当一个程序用到某一函数时,先要声明该函数。函数声明的形式如下:

返回类型　函数名(形式参数表);

当这样声明一个函数时,表示这个函数可能抛出任何异常。通常我们希望在调用函数时,知道该函数会抛出什么样的异常,我们可以对每个抛出的异常做相应的处理。C++允许在函数原型声明中指出函数可能抛出的异常。例如:

```
double Sqrt(double x)throw(noRoot);
double div(double x, double y)throw(divByZero);
```

表示函数 Sqrt 会抛出一个异常类 noRoot 的对象,函数 div 会抛出一个 divByZero 的对象。函数也可能会抛出多个异常。如:

```
void f()throw(toobig, toosmall, equal);
```

表示函数 f 可能会抛出三类对象:toobig, toosmall, equal 类的对象。调用 f 函数的程序必须处理这三类对象,否则程序可能异常终止。

如果一个函数把所有的问题都自己解决了,不需要抛出异常,则可以在函数声明中用 throw()表示不抛出异常。例如:

```
void f()throw();
```

说明函数 f 不会抛出异常。

异常规格说明只是说明了这个函数可能会抛出哪些异常,但也有可能抛出指定异常以外的异常。因为该函数可能调用了一个没有说明会抛什么异常的函数。

12.4 编程规范和常见错误

为了保证程序的正确性,程序中必须时刻检测可能出现的错误。在传统的程序设计中,在检测到错误时马上解决错误。这使得解决问题的主逻辑和处理错误的逻辑混在一起,这将会降低程序的效率。特别是对于那些发生概率很小的错误。对于这种情况,建议用异常处理。当没有异常发生时,异常处理代码只会造成很小、甚至没有性能的损失。

在系统设计时就必须考虑可能会出现哪些异常。在系统实现后再加入异常处理是很困难的。

每个异常处理器由两部分组成:异常捕获和异常处理。异常捕获是由 catch 实现,每个 catch 捕获一个异常类的对象。对应的异常处理就是处理这类异常。在编写异常处理代码时比较常见的一个错误是在 catch 中指定多个异常类,例如,catch(A a,B b)。要捕获多个异常,只能用 catch(...)。catch(...)必须作为最后一个异常捕获器。

异常规格说明只能指出该函数可能抛出的异常,而并不一定是所有会抛出的异常。

12.5 小结

为了提高程序的健壮性,程序需要对各种可能的异常进行处理,某些错误可能需要异常处理,为此,C++提出了一种新的异常处理机制。C++的异常机制由 try、throw 和 catch 构成。异常的抛出用 throw 语句实现。try 块把可能抛出异常的代码括在其中,try 块后面是一组异常处理器。如果 try 块中出现了某个异常,则忽略 try 块中后面的语句,跳出 try 块,将抛出的异常与异常处理器逐个比较,直到找到一个匹配的异常处理器,执行该异常处理器的语句。如果没有可供匹配的异常处理器,则函数终止,把该异常继续抛向其调用函数。

12.6 习题

简答题

1. 采用异常处理机制有什么优点?

2. 如何让函数的使用者知道函数可能会抛出哪些异常?

3. 如果某个语句抛出了整数 5,那么捕获这个异常应该用什么语句?

4. 抛出一个异常一定会使函数终止吗?

5. 在哪种情况下,异常捕获时可以不指定异常类的对象名?

6. 为什么 catch(...)必须作为最后一个异常捕获器? 放在前面会出现什么问题?

7. 如果函数 f 说明了它会抛出 A,B,C 三类异常,它会不会抛出第 4 类异常 D? 为什么?

程序设计题

1. 修改代码清单 6-7 中的 average 函数,当遇到学生成绩大于 100 分时,抛出一个异常。并修改相应的 main 函数。

2. 设计一个计算 n! 的函数,当实际参数是负数时抛出异常。

3. 修改代码清单 7-6 中的取子串函数。当出现所取的子串范围不合法时抛出一个异常。

4. 修改 DoubleArray 类的下标运算符重载函数,当下标越界时抛出一个异常。

13　输入/输出与文件

输入/输出是程序的一个重要部分。输入/输出是指程序与外围设备之间的数据传输。程序运行所需要的数据往往是从外围设备(如键盘或磁盘文件)获得。程序运行的结果通常也是输出到外围设备,如显示器或磁盘文件。

在 C++中,输入/输出不包括在语言所定义的部分,而是由标准库提供。虽然它不属于 C++语言定义的范畴,但大多数 C++编译器都实现了这个方案,并且也被 C++国际标准所接纳。

13.1　输入输出概述

C++的输入/输出分为基于控制台的输入/输出、基于文件的输入/输出和基于字符串的输入/输出。基于控制台的输入/输出是指从标准的输入设备(如键盘)获得数据,以及把程序的执行结果输出到标准的输出设备(如显示器)。基于文件的输入/输出是指从外存储器上的文件获取数据,或把数据存于外存储器上的文件。基于字符串的输入/输出是指从程序中的某一字符串变量获取数据,或把数据存于某一字符串变量。本书将介绍前两种输入输出。

C++的输入/输出是以一连串字节流的方式进行的。在输入操作中,字节从设备(如键盘、磁盘)流向内存,称为**输入流**。在输出操作中,字节从内存流向设备(如显示器、打印机、磁盘等),称为**输出流**。

C++的输入/输出是以面向对象的方法实现的。每个输入流或输出流都是一个对应的对象。例如,cin 是代表键盘的对象,cout 是代表显示器的对象。输入输出由两个阶段组成:外围设备与对应对象的数据交互以及对象与 C++程序之间的数据交互。外围设备与对象之间的数据交互是由系统完成,对 C++程序是透明的。C++程序与输入输出对象之间的数据交互是通过输入/输出类库来实现的。

每个输入输出对象都有一块存储空间,称为缓冲区。例如,cin 对象和 cout 对象都有自己的缓冲区。当用户在键盘上输入数据时,在按了回车键后,输入的数据及回车键被传送到 cin 对象的缓冲区中,当遇到程序中的>>操作时,从 cin 对象的缓冲区中读取数据存入变量。如果缓冲区中无数据,程序暂停,等待外围设备传送数据到 cin 缓冲区。<<操作是将数据放入输出缓冲区。例如,下列语句

```
cout << "please enter the value:";
```
是将字符串写入 cout 对象的缓冲区。注意,不是写到显示器上,是写入到 cout 的缓冲区! 将缓冲区的内容真正写入输出设备或文件有几种方法:

(1) 程序正常结束时,作为 main 函数返回工作的一部分,将所有的输出对象的缓冲区内容写入对应的输出设备。

（2）当缓冲区已满时，在程序输出下一个值之前，系统会将缓冲区内容写入对应的输出设备并清空缓冲区。

（3）用标准库的操纵符，如行结束符 endl，命令系统将缓冲区内容写入对应的输出设备并清空缓冲区。

（4）可将某个输出流与某个输入流关联起来。在这种情况下，在读输入流时，将关联的输出缓冲区内容写入对应的输出设备。在标准库中，将 cout 和 cin 关联在一起，因此每个输入操作都将 cout 关联的缓冲区内容显示在显示器上并清空缓冲区。

输入/输出类库提供的输入/输出操作是由一些输入/输出的类来实现的。这些类主要包含在 3 个头文件中：iostream 定义了基于控制台的输入/输出类型，本书前面的所有程序中几乎都用到了这个头文件；fstream 定义了基于文件的输入/输出类型；sstream 定义了基于字符串的输入/输出类型。每个头文件及定义的类型如表 13-1 所示。

表 13-1　输入/输出标准库类型及头文件

头文件	类　　型
iostream	istream：输入流类，它的对象代表一个输入设备 ostream：输出流类，它的对象代表一个输出设备 iostream：输入输出流类，它的对象代表一个输入输出设备。这个类是由 istream 和 ostream 共同派生
fstream	ifstream：输入文件流类，它的对象代表一个输入文件。它是由 istream 派生而来 ofstream：输出文件流类，它的对象代表一个输出文件。它是由 ostream 派生而来 fstream：输入输出文件流类，它的对象代表一个输入输出文件。它是由 iostream 派生而来
sstream	istringstream：输入字符串类。它是由 istream 派生而来 ostringstream：输出字符串类。它是由 ostream 派生而来 stringstream：输入输出字符串类。它是由 iostream 派生而来

所有输入/输出的类都是从一个公共的基类 ios 派生的。ios 派生出 istream 和 ostream 类。istream 派生出了 ifstream 和 istringstream 类，ostream 则派生出 ofstream 和 ostringstream。istream 和 ostream 又共同派生出 iostream。iostream 又派生出 fstream 和 stringstream。这些类之间的继承关系如图 13-1 所示。

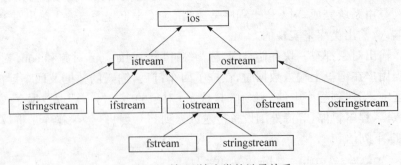

图 13-1　输入/输出类的继承关系

从这个继承关系可以看出，C++中的控制台输入/输出操作和文件操作以及字符串操作的方式是相同的。

13.2 基于控制台的输入/输出

基于控制台的输入/输出我们已经不陌生了。我们用 cin 和 cout 对象输入和输出系统内置类型的数据,通过对>>和<<的重载,也可以对程序员自己定义的类用 cin 和 cout 对象输入和输出。

基于控制台的输入/输出的支持主要包含在两个头文件中:iostream 和 iomanip。头文件 iostream 声明了所有输入/输出流操作所需要的基础服务,定义了 cin、cout、cerr 和 clog 这 4 个标准对象,分别对应于标准输入流、标准输出流、无缓冲的标准错误流以及有缓冲的标准错误流。cin 是 istream 类的对象,与标准输入设备(通常是键盘)相关联。cout 是 ostream 类的对象,与标准的输出设备(通常是显示器)相关联。cerr 是 ostream 类的对象,与标准的错误设备相关联。cerr 是无缓冲的输出,这意味着每个针对 cerr 的流插入必须立刻送到显示器。clog 是 ostream 类的对象,与标准的错误设备相关联。clog 是有缓冲的输出。iostream 同时还提供了无格式和格式化的输入/输出服务。格式化的输入/输出通常需要用到一些带参数的流操纵符,头文件 iomanip 声明了带参数的流操纵符。

13.2.1 输出流

ostream 的主要功能包括用流插入运算符(<<)执行标准类型数据的输出,通过 put 成员函数进行字符输出,通过 write 函数进行无格式的输出。

1) 标准类型数据的输出

标准类型的数据可以通过对 cout 对象执行流插入运算<<来实现。流插入运算是一个二元运算符。对于 cout << 123,它的第一个运算对象是输出流对象 cout,第二个运算对象是输出的内容,即整数 123。流插入运算的返回值是第一个参数的引用。所以流插入运算符允许连续使用,如 cout << x << y。<<运算是左结合的。对于这个表达式,C++首先执行 cout << x,将 x 输出到 cout 对应的缓冲区,然后返回对象 cout 的引用。于是表达式变成了 cout << y,C++再将 y 输出到 cout 对象的缓冲区。这个表达式的结果就是将 x 和 y 输出到 cout 的缓冲区。

流插入运算能自动判别数据类型,并根据数据类型解释内存单元的信息,把它转换成可显示的形式显示在显示器上。例如,x 为整型变量,它的值是 123,它在内存中的表示为 3 个字节全 0,最后一个字节为 01111011(如整型数用 4 个字节表示)。当执行 cout << x;时,C++把这 4 个字节中的值解释为整型数 123,然后把它的每一位转换成字符输出到 cout 对应的缓冲区。此时,显示器会显示 123。对于其他类型的输出也是如此。标准输出示例如代码清单 13-1 所示。

代码清单 13-1 标准输出示例程序

```
//文件名:13-1.cpp
//标准输出示例
#include <iostream>
using namespace std;

int main()
```

```
{
    int a = 5, *p = &a;
    double x = 1234.56;
    char ch = 'a';

    cout << "a = " << a << endl;        //输出整型变量 a 的值
    cout << "x = " << x << endl;        //输出双精度变量 x 的值
    cout << "ch = " << ch << endl;       //输出字符型变量 ch 的值
    cout << " *p = " << *p << endl;     //输出整型指针 p 指向的空间中的值
    cout << "p = " << p << endl;         //输出整型指针 p 的值,即一个地址

    return 0;
}
```

代码清单 13-1 所示的程序某次运行的输出如下:

```
a = 5
x = 1234.56
ch = a
*p = 5
p = 0012FF7C
```

C++的标准输出对于指针有一个特例。在代码清单 13-1 所示的程序中,我们看到了一个指针输出的语句,该语句输出指针变量 p 的值。在程序的输出结果中我们看到了一个十六进制的数值 0012FF7C,这就是指针变量 p 中保存的地址值,也就是变量 a 的地址。在 C++中,地址的默认输出方式是十六进制。但如果输出的指针变量是一个指向字符的指针时,C++并不输出该指针中保存的地址,而是输出该指针指向的字符串。如果确实想输出这个指向字符的指针变量中保存的地址值,可以用强制类型转换,将它转换成 void *类型,如代码清单 13-2 所示。事实上,如果程序员想输出地址,最好都把指针转换成 void *类型。

代码清单 13-2　指向字符的指针输出示例程序

```
//文件名:13-2.cpp
//指向字符的指针输出示例
#include <iostream>
using namespace std;

int main()
{
    char *ptr = "abcdef";

    cout << "ptr 指向的内容为:" << ptr << endl;
    cout << "ptr 中保存的地址为:" << (void*)ptr << endl;
```

```
        return 0;
    }
```

代码清单 13-2 中的程序的某次运行的输出如下：

ptr 指向的内容为:abcdef

ptr 中保存的地址为:0046C04C

2) 通过 put 成员函数进行字符输出

字符型数据还可以用成员函数 put 来输出。put 函数有一个字符类型的形式参数,它的返回值是调用 put 的对象的引用。例如：

```
cout.put('A');
```

将字符 A 显示在屏幕上,而

```
cout.put(65);
```

输出 ASCII 码值为 65 的字符,输出也是字符 A。

由于 put 函数的返回值是当前对象的引用,因此可以连续调用 put 函数：

```
cout.put('A').put('\n');
```

点运算符(.)从左向右结合,因此,该语句相当于下面两条语句：

```
cout.put('A');
cout.put('\n');
```

即在输出字符 A 后输出一个换行符。

3) 通过 write 成员函数进行输出

成员函数 write 将一定量的字节从字符数组输出到相应的输出流对象。它有两个参数：第一个参数是一个指向字符的指针,表示一个字符数组;第二个参数是一个整型值,表示输出的字符个数。例如,语句

```
char buffer[] = "HAPPY BIRTHDAY";
cout.write(buffer,10);
```

输出 buffer 中的前 10 个字节,即"HAPPY BIRT",函数调用

```
cout.write("ABCDEFGHIJKLMNOPQRSTUVWXYZ",10);
```

显示了字母表中的前 10 个字母。

write 函数在控制台输入输出中的应用非常有限,它主要被用于文件访问。

13.2.2 输入流

istream 类的功能包括用流提取运算符(>>)执行标准类型数据的输入,通过 get 和 getline 成员函数进行字符和字符串的输入,通过 read 成员函数进行无格式的输入,以及格式化的输入。

1) 标准类型数据的输入

标准类型数据的输入是通过流提取运算符(>>)实现的。流提取运算符是一个二元运算符。例如,cin>>a 的第一个运算数是对象 cin,第二个运算数是对象 a。返回结果是第一个运算数的引用。它的作用是从输入流对象 cin 中提取数据存入变量 a。当遇到 cin>>a 时,编译器首先确定变量 a 的类型,然后从 cin 缓冲区中读入字节,直到遇到与 a 类型不符的字节或空白字符。如 cin 缓冲区的内容是 123bd4,a 是整型变量。当读到 b 时,发现不是一个合法的数字,读入终止。a 得到的输入值是整数 123,整数 123 以补码形式存放在变量 a 中。在每个输

入操作之后,流提取运算符返回一个当前对象的引用。所以流提取运算符也可以连续使用,如:cin >> x >> y。

流提取运算的结果可以被用作判断条件,如 while 语句中的循环判断条件,此时会隐式地将它转换为 bool 类型的值。如果输入操作成功,变量得到了正确的值,则转换成 true。如果输入不成功,如遇到文件结束标记(EOF),变量没有得到所需的值,则转换为 false。

在第 4 章中介绍了一个统计某个班级某次考试成绩的问题。由于事先不知道有多少学生,我们选择了一个特殊的输入标记"−1"表示输入结束。但在某些应用中,输入标记很难选择。例如,统计一组数据的平均值,任何数据都可以是合法的能参与统计的实型数,这样就无法选择输入结束标志。在进一步了解了流提取运算符以后,我们可以利用流提取运算符的返回值,避免了输入标记选择的问题。当所有学生的成绩都输入后,用户可以输入表示成绩输入完毕的文件结束符。程序知道输入已经结束,可以输出这批成绩中的最高分。不同的操作系统有不同的文件结束符的输入方式。在 Windows 系统中,文件结束符是 Ctrl+z。程序的实现如代码清单 13-3 所示。

代码清单 13-3　标准输入示例程序

```cpp
//文件名:13-3.cpp
//标准输入示例
#include <iostream>
using namespace std;

int main()
{
    int grade, highestGrade =- 1;

    cout << "Enter grade(enter end-of-file to end):";
    while(cin >> grade){
        if(grade > highestGrade)highestGrade = grade;
        cout << "Enter grade(enter end-of-file to end):";
    }
    cout << "\n\nHighest grade is:" << highestGrade << endl;

    return 0;
}
```

注意代码清单 13-3 中的 while 循环的控制条件。当用户输入一个数字后,表达式 cin >> grade 返回 true,则执行循环;当用户输入了 EOF 后,该表达式返回 false,则循环结束。

2) 通过 get 和 getline 成员函数进行字符和字符串的输入

用>>操作输入字符或字符串会有一些问题。因为>>操作是以空白字符作为结束符,所以无法输入字符串中的空格。此时可以用成员函数 get 或 getline。

get 函数有 3 种格式:不带参数、带 1 个参数和带 3 个参数。第一、二种格式是输入一个字符,第三种格式用于输入一个字符串。

不带参数的 get 函数从当前的输入流对象读入一个字符,包括空白字符以及表示文件结束的 EOF,并将读入值作为函数的返回值返回。例如,语句

```
while((ch = cin.get()) != EOF) cout << ch;
```

将重复从标准输入流对象 cin 读入一字符,并将输入的字符显在显示器上,直到输入 EOF。

第二种格式的 get 函数带 1 个字符类型的引用参数,它将输入流中的下一个字符(包括空白字符和 EOF)存储在参数中,它的返回值是当前输入流对象的引用。例如,下面的循环语句将输入一个字符串,存入字符数组 ch,直到输入回车:

```
cin.get(ch[0]);
for(i = 0; ch[i] != '\n'; ++i)cin.get(ch[i+1]);
ch[i] = '\0';
```

第三种格式的 get 函数有 3 个参数:字符数组、数组规模和表示输入结束的结束符(结束符的默认值为'\n')。这个函数或者在读取比指定的数组规模少一个字符后结束,或者在遇到结束符时结束。

输入结束时,函数会自动将一个空字符'\0'插入到字符数组中。因此,要输入一行字符,可用语句

```
get(ch, 80, '\n');
```

也可以用

```
get(ch, 80);
```

当输入达到 79 个字符或读到了回车键时输入结束。要输入一个以句号结尾的句子,可用下面的语句:

```
get(ch, 80, '.');
```

当遇到输入结束符“.”或输入字符数达到 79 时,函数执行结束。

在带 3 个参数的 get 函数中,输入结束符不放在字符数组中,而是保留在输入流中,下一个和输入相关的语句会读入这个输入结束符。例如,对应于语句

```
get(ch, 80, '.');
```

用户输入

abcdef.↙

则 ch 中保存的是字符串"abcdef",而“.”仍保留在输入缓冲区中,如果继续调用

```
cin.get(ch1);
```

或

```
cin >> ch1;
```

则字符变量 ch1 读到的是“.”。

成员函数 getline 的功能与第三种形式的 get 函数类似。它也有 3 个参数,3 个参数的类型和作用与第三种形式的 get 函数完全相同。这两个函数的唯一区别在于对输入结束符的处理。get 函数将输入结束符留在输入流中,而 getline 函数将输入结束符从输入流中删除。例如,对应于语句

```
getline(ch, 80, '.');
```

用户输入

abcdef.↙

则 ch 中保存的是字符串"abcdef",而“.”从输入缓冲区中被删除,如果继续调用

```
cin.get(ch1);
```
或
```
cin >> ch1;
```
因为输入缓冲区为空,程序将会等待用户的键盘响应。

3) 通过 read 函数进行输入

read 函数有两个参数:第一个参数是一个指向字符的指针,代表一个字符数组;第二个参数是一个整型值。这个函数把一定量的字节从输入缓冲区读入字符数组,不管这些字节包含的是什么内容。例如:
```
char buffer[80];
```
```
cin.read(buffer,10);
```
不管输入缓冲区中有多少个字节,都只读入 10 个字节,放入 buffer。

如果还没有读到指定的字符数就遇到了 EOF,则读操作结束。read 函数真正读入的字符数可以由成员函数 gcount 得到。read 和 gcount 函数的应用示例如代码清单 13-4 所示。

代码清单 13-4 read 和 gcount 函数的示例程序

```cpp
//文件名:13-4.cpp
//read 和 gcount 函数的应用示例
#include <iostream>
using namespace std;
int main()

{
    char buffer[80];

    cout << "Enter a sentence:\n";
    cin.read(buffer,20);
    cout << "\nThe sentence entered was:\n";
    cout.write(buffer,cin.gcount());
    cout << endl;
    cout << "一共输入了" << cin.gcount() << "个字符\n";

    return 0;
}
```

代码清单 13-4 所示的程序的某次运行结果如下:
```
Enter a sentence:
Using the read, write, and gcount member functions
The sentence entered was:
Using the read, write
一共输入了 20 个字符
```

尽管用户在键盘上输入的字符串很长,但 read 函数只读入了 20 个字符,此时 gcount 函数的返回值为 20。read 和 write 函数主要用于文件访问。

13.2.3 格式化的输入/输出

C++提供了多种流操纵符或成员函数来完成格式化输入/输出的问题。流操纵符是以一个流引用作为参数,并返回同一流引用的函数,因此它可以嵌入到>>和<<操作的链中。endl 就是最常用的流操纵符。流操纵符的功能包括设置整型数的基数、设置浮点数的精度、设置和改变域宽、设置域的填充字符等。

1) 设置整型数的基数

输入/输出流中的整型数默认为十进制表示。为了使流中的整型数不局限于十进制,可以插入 hex 操纵符将基数设为十六进制,插入 oct 操纵符将基数设为八进制,也可以插入 dec 操纵符将基数重新设为十进制。

改变输入/输出流中整型数的基数也可以通过流操纵符 setbase 来实现。该操纵符有一个整型参数,它的值可以是 16、10 或 8,表示将整型数的基数设为十六进制、十进制或八进制。由于 setbase 有一个参数,所以也称为**参数化的流操纵符**。使用任何带参数的流操纵符的程序,都必须包含头文件 iomanip。

流的基数值只有被显式更改时才会变化,否则一直沿用原有的基数。代码清单 13 - 5 中的程序演示了这几个流操纵符的用法。

代码清单 13 - 5　设置整型数的基数的示例程序

```cpp
//文件名:13-5.cpp
//设置整型数的基数的示例
#include <iostream>
#include <iomanip>
using namespace std;

int main()
{
    int n;

    cout << "Enter a octal number:";//读入八进制表示的整型数
    cin >> oct >> n;
    cout << "octal" << oct << n << "in hexdecimal is:" << hex << n << '\n';
    cout << "hexdecimal" << n << "in decimal is:" << dec << n << '\n';
    cout << setbase(8) << "octal" << n << "in octal is:" << n << endl;

    return 0;
}
```

代码清单 13 - 5 中的程序以八进制读入一个整型数,然后以十六进制和十进制输出。程序的某次运行结果如下:

```
Enter a octal number:30
octal 30 in hexdecimal is:18
Hexdecimal 18 in decimal is:24
octal 30 in octal is:30
```

2) 设置浮点数的精度

设置浮点数的精度(即实型数的有效位数)可以用流操纵符 setprecision 或基类 ios 的成员函数 precision 来实现。一旦调用了这两者之中的某一个,将影响所有输出的浮点数的精度,直到下一个设置精度的操作为止。操纵符 setprecision 和成员函数 precision 都有一个参数,表示有效位数的长度。具体示例如代码清单 13-6 所示。

代码清单 13-6   设置精度的示例程序

```cpp
//文件名:13-6.cpp
//设置精度的示例
#include <iostream>
#include <iomanip>
using namespace std;

int main()
{
    double x = 123.456789, y = 9876.54321;

    for(int i = 9; i >0; --i){
        cout.precision(i);
        cout << x << '\t' << y << endl;
    }
    //或写成 for(int i = 9; i > 0; --i)  cout << setprecision(i) << x <<
     '\t' << y << endl;

    return 0;
}
```

代码清单 13-6 中的程序定义了两个双精度数 x 和 y,它们都有 9 位精度,然后以不同的精度输出。程序的输出如下:

```
123.456789    9876.54321
123.45679     9876.5432
123.4568      9876.543
123.457       9876.54
123.46        9876.5
123.5         9877
123           9.88e+003
```

```
1.2e+002    9.8e+003
1e+002      1e+004
```

由这个输出结果可以看出,每次设置了精度后,所有的输出都是按照这个精度。例如,第一次设置精度为 9,则这两个数都输出了 9 位;第二次设置精度为 8,这两个数都输出了 8 位。当数据的位数超出了设置的精度时,C++自动改为科学计数法输出。

3) 设置域宽

域宽是指数据在外围设备中所占的字符个数。设置域宽可以用基类的成员函数 width,也可以用流操纵符 setw。width 和 setw 都包含一个整型的参数,表示域宽。设置域宽可用于输入,也可用于输出。与设置整型数的基数和设置实型数的精度不同,设置域宽只适合于下一次输入或输出,之后操作的域宽将被设置为默认值。当没有设置输出域宽时,C++按实际长度输入/输出。例如,若整型变量 a=123,b=456,则输出

```
cout << a << b;
```

将输出 123456。一旦设置了域宽,该输出必须占满域宽。如果输出值的宽度比域宽小,则插入填充字符填充。默认的填充字符是空格。如果输出的是数字,则填充字符插在前面。如果是字符串,填充字符插在后面。也可以通过流操纵符 left 和 right 改变这种默认的填充方式。例如,语句

```
cout << setw(5) << x << setw(5) << y << endl;
```

的输出为

```
123  456
```

每个数值占 5 个位置,前面用空格填充。如果实际宽度大于指定的域宽,则按实际宽度输出。例如,语句

```
cout << setw(3) << 1234 << setw(2) << 56;
```

的输出为

```
123456
```

设置域宽也可用于输入。当输入是字符串时,如果输入的字符个数大于设置的域宽,C++只读入域宽指定的字符个数。例如,有定义

```
char a[9], b[9];
```

执行语句

```
cin >> setw(5) >> a >> setw(5) >> b;
```

用户在键盘上的响应为

```
abcdefghijklm
```

则字符串 a 的值为"abcd",字符串 b 的值为"efgh"。

4) 其他流操纵符

除了前面介绍的流操纵符以外,C++还提供了其他一些常用的流操纵符,如表 13-2 所示。

表 13-2　其他常用的流操纵符

流操纵符	描　　述
left	输出左对齐,必要时在右边填充字符
right	输出右对齐,必要时在左边填充字符

流操纵符	描　　述
showbase	指明在数字的前面输出基数,以 0 开头表示八进制,0x 或 0X 表示十六进制,使用流操纵符 noshowbase 复位该选项
uppercase	指明当显示十六进制数时使用大写字母,或者在用科学记数法输出时使用大写字母 E,使用流操纵符 nouppercase 复位该选项
showpos	在正数前显示加号(+),使用流操纵符 noshowpos 复位该选项
scientic	以科学记数法输出浮点数
fixed	以定点小数形式输出浮点数
setfill	设置填充字符,它有一个字符型的参数

13.3　基于文件的输入/输出

13.3.1　文件的概念

文件是驻留在外存储器上、具有标识名的一组信息集合,用来永久保存数据。C++的文件是以文件结束符(EOF)作为结束标记的字节序列。这种文件称为**流式文件**。可以将 C++的文件看成一个字符串。只不过这个字符串不是存放在内存中,而是存放在外存中。不是用 '\0' 结束,而是用 EOF 结束。

根据程序对字节序列的解释,C++的文件又被分为 ASCII 文件和二进制文件。**ASCII 文件**也被称为文本文件。ASCII 文件是将字节序列中的每个字节看成是一个字符的 ASCII 值。**二进制文件**是指将每个字节仅看成是一个二进制比特串。二进制文件通常用于将数据在内存中的映像原式原样写入文件。例如,将整型数 65535 写入 ASCII 文件,则在文件中它占据了 5 个字节的位置,其中的值分别是 '6'、'5'、'5'、'3'、'5'。但假如写入一个二进制文件,它只占 4 个字节(假如整型数的长度是 4 个字节),这四个字节是数字 65535 的补码。在内存中,前两个字节的每一位都是 0,后两个字节的每一位都是 1。如何解释二进制文件中的比特串主要由程序自己完成。如果要将 0000 0000 0000 0000 1111 1111 1111 1111 解释成一个整型数,可以将这 4 个字节读入一个整型变量,C++就将这 4 个字节看成是一个整型数 65535。

ASCII 文件可以直接显示在显示器上,而直接显示二进制文件通常是没有意义的。

C++把文件看成是一个数据流。要访问一个文件,必须先创建一个作为文件代表的数据流对象。当应用程序从文件中读取数据时,则将文件与一个输入文件流对象(ifstream)相关联。当应用程序将数据写入一个文件时,则将文件与一个输出文件流对象(ofstream)相关联。如果既要输入又要输出,则与输入/输出文件流对象(fstream)相关联。这 3 个文件流类型定义在头文件 fstream 中。如果一个程序要对文件进行操作,必须在程序头上包含这个头文件。从图 13-1 中得知,ifstream 和 ofstream 分别是从 istream 和 ostream 派生的,fstream 是从 iostream 派生的,因此文件的访问与控制台的输入/输出是一样的,除了所访问的流不同以外。控制台是从系统预先定义的输入流对象 cin 提取数据,将数据写到系统预定义的输出流对象 cout,而文件读写时是读写应用程序定义的数据流对象。

因此,要访问一个文件,首先要有一个文件流对象,并将文件与该文件流对象相关联。这个操作称为**打开文件**。文件访问结束时，要断开文件和文件流对象的联系，这称为**关闭文件**。一旦文件被打开，它的操作与控制台输入/输出是一样的。

总结一下，访问一个文件由 4 个步骤组成：定义一个文件流对象，打开文件，操作文件中的数据，关闭文件。通常可以在定义文件流对象的同时打开文件，因此，第一和第二个步骤可以合二为一。

1）定义文件流对象

C++有 3 个文件流类型：ifstream、ofstream 和 fstream。ifstream 是输入文件流类，当要从文件读数据时，必须定义一个 ifstream 类的对象与之关联。ofstream 是输出文件流类，当要向文件写数据时，必须定义一个 ofstream 类的对象与之关联。fstream 类的对象既可以读也可以写。例如：

```
ifstream infile;
```
定义了一个输入文件流对象 infile。一旦将这个对象与一个文件相关联，就可以将这个对象像 cin 一样使用，如用

```
infile >> x;
```
从文件中读取数据。

2）打开和关闭文件

ifstream，ofstream 和 fstream 类除了从基类继承下来的行为以外，还新定义了两个自己的成员函数 open 和 close，以及一个构造函数。open 用于打开文件。close 用于关闭文件。构造函数允许在定义文件流对象的同时打开文件。

在打开文件时，无论使用成员函数 open 还是通过构造函数，都需要指定打开的文件的文件名和文件打开模式，因此，这两个函数都有两个形式参数：第一个形式参数是一个字符串，指出要打开的文件名；第二个参数是文件打开模式，它指出要对该文件做什么类型的操作。文件打开模式及其含义如表 13-3 所示。文件流构造函数和 open 函数都提供了文件打开模式的默认参数。默认值因流类型的不同而不同。

表 13-3　文件打开模式

文件打开模式	含　义
in	打开文件，执行读操作
out	打开文件，执行写操作
app	在文件尾后面添加内容
ate	打开文件时，将文件操作定位在文件尾
trunc	打开文件时，清空文件
binary	以二进制模式进行输入/输出操作，缺省为 ASCII 文件

out、trunc 和 app 模式只能用于与 ofstream 和 fstream 类的对象相关联的文件。in 模式只能用于与 ifstream 和 fstream 类的对象相关联的文件。所有的文件都可以用 ate 和 binary 模式打开。ate 只在打开时有效，文件打开后将定位在文件尾。以 binary 模式打开的流则将文件以字节序列的形式处理，不解释流中字节的含义。

每个文件流类都有默认的文件打开方式，ifstream 流对象默认以 in 模式打开，该模式只允许对文件执行读操作；与 ofstream 流关联的文件则以 out 模式打开，使文件可写。以 out 模式

打开文件时，如果文件不存在，会自动创建一个空文件，否则将被打开的文件清空，丢弃该文件原有的所有数据。对于 fstream 对象，默认的打开方式是 in|out，表示同时以 in 和 out 的方式打开，使文件既可读也可写。当同时以 in 和 out 方式打开时，文件不会被清空。如果在打开时想要保存原文件中的数据，可以指定 app 模式打开，这样，写入文件的数据将被添加到原文件数据的后面。

如果要从文件 file1 中读取数据，需要定义一个输入流对象，并把它与 file1 相关联。这可以用下面两个语句实现：

```
ifstream infile;//定义一个输入流对象
infile.open("file1");//或 infile.open("file1", ifstream::in);,流对
    象与文件关联
```

也可以利用构造函数直接打开：

```
ifstream infile("file1");
```

或

```
ifstream infile("file1", ifstream::in);
```

同样，如果要向文件 file2 中写数据，需要定义一个输出流对象，并把它与 file2 相关联。这可以用下面两个语句实现：

```
ofstream outfile;//定义一个输出流对象
outfile.open("file2");//或 outfile.open("file2", ofstream::out);,
    流对象与文件关联
```

也可以利用构造函数直接打开：

```
ofstream outfile("file2");
```

或

```
ofstream outfile("file2", ofstream::out);
```

当执行上述语句时，如果 file2 已经存在，则会自动清空该文件。如果 file2 不存在，则会自动创建一个名为 file2 的文件。

有时，我们既需要从一个文件中读数据，又需要把数据写回该文件，此时可以定义一个 fstream 类的对象：

```
fstream iofile("file3");
```

默认情况下，fstream 对象以 in 和 out 方式同时打开。也可以用显式指定文件模式，例如：

```
fstream iofile("file3", fstream::in|fstream::out);
```

当文件同时以 in 和 out 方式打开时，不会清空文件。如果只用 out 模式而不指定 in 模式，文件会被清空。如果打开文件时指定了 trunc 模式，则无论是否指定 in 模式都会清空文件。如果以输入方式打开一个文件，但是该文件并不存在，或者以输出方式打开一个文件，但用户对文件所在的目录并无写的权限，那么将无法打开这个文件。如果文件打开不成功，流对象将会得到值 0。**在打开文件后检查文件打开是否成功是一个良好的程序设计习惯。**

当文件访问结束时，应该断开文件与文件流对象的关联。断开关联可以用成员函数 close。如果不再从输入流对象 file1 读数据，可以调用

```
file1.close();
```

关闭文件。如果是输出文件流对象，关闭时系统会将该对象对应的缓冲区中的内容全部写入文件。关闭文件后，文件流对象和该文件不再有关。此时可以将此文件流对象与其他文件相

关联,访问其他文件。

事实上,当程序执行结束时,系统会自动关闭所有的文件。尽管如此,显式地关闭文件是一个良好的程序设计习惯。特别是在一些大型的程序中,文件访问结束后关闭文件尤为重要。一旦在一个程序模块中没有关闭文件,在另一个模块中,就可能无法正确访问这个文件。

13.3.2 文件的顺序访问

C++的 ASCII 文件的顺序读写和控制台读写一样,可以用流提取运算符>>从文件读数据,也可以用流插入运算符<<将数据写入文件,还可以用输入输出流类的其他成员函数读写文件,如 get 函数、put 函数等。

例 13.1 将整数 1~10 写入 ASCII 文件 file,然后从 file 中读取这些数据,把它们显示在屏幕上。

要将数据写入文件 file,首先需要用输出方式打开文件 file。如果文件 file 不存在,则自动创建一个;否则打开磁盘上名为 file 的文件,并清空。用一个循环依次将 1~10 用流插入运算符插入文件,并关闭文件。然后,再用输入方式打开文件 file,读出所有数据,并输出到屏幕上。具体的程序如代码清单 13-7 所示。

代码清单 13-7 ASCII 文件的顺序读写

```cpp
//文件名:13-7.cpp
//ASCII 文件的顺序读写
#include <iostream>
#include <fstream>              //使用文件操作必须包含 fstream
using namespace std;

int main()
{
    ofstream out("file");   //定义输出流,并与文件 file 关联
    ifstream in;            //定义一个输入流对象
    int i;

    if(!out){cerr << "create file error\n"; return 1;}
                                        //如打开文件不成功,则返回
    for(i = 1; i <= 10; ++i)out << i << ' ';    //将 1~10 写到输出
                                                //流对象
    out.close();

    in.open("file");                    //重新以输入方式打开文件 file
    if(!in){cerr << "open file error\n"; return 1;}
    while(in >> i)cout << i << ' ';     //读文件,直到遇到文
                                        //件结束
    in.close();
```

```
    return 0;
}
```

用流插入运算符输出信息时,会将每一位数字转换成 ASCII 字符输出的。因此,如果在操作系统下直接显示文件 file,可以看到文件 file 的内容如下:

```
1 2 3 4 5 6 7 8 9 10
```

程序运行的结果也是

```
1 2 3 4 5 6 7 8 9 10
```

注意代码清单 13-7 所示的程序中的写入部分。在输出每个 i 后紧接着输出了一个空格,这是为文件的读入做准备,因为在用流提取运算符读数据时是以空白字符作为分隔符的。

例 13.2 将整数 1~10 写入二进制文件 file,然后从 file 中读取这些数据,把它们显示在屏幕上。

将数字 1~10 的内存映像写入文件必须用成员函数 write。write 函数将内存中的一组字节原式原样写入文件。write 函数的第一个参数是一个字符数组名,第二个参数是要写入的字节数。要将一个整型变量的内存映像写入文件可以将该变量的地址看成字符数组的起始地址,用 write 函数从该地址开始向文件写入一个整型数占用的内存字节数。同理,读入一个整数的内存映像可以用 read 函数,从文件读入一定字节到一个整型变量。

顺序读文件时,需要判断文件中的数据是否被读完。如果是 ASCII 文件,使用>>或 get 函数读文件时,可以通过检查>>的返回值是否为 false 或 get 函数读入的字符是否为 EOF 来判断。如果是二进制文件,用 read 函数读文件时,可以通过基类 ios 的成员函数 eof 来实现。eof 函数不需要参数,返回一个整型值。当读操作遇到文件结束时,该函数返回 true;否则返回 false。

例 13.2 的实现如代码清单 13-8 所示。

代码清单 13-8　二进制文件的顺序读写

```cpp
//文件名:13-8.cpp
//二进制文件的顺序读写
#include <iostream>
#include <fstream>      //使用文件操作必须包含 fstream
using namespace std;

int main()
{
    ofstream out("file", ofstream::binary);
                                    //定义输出流,并与文件 file 关联
    ifstream in;                    //定义一个输入流对象
    int i;

    if(!out){cerr << "create file error\n"; return 1;}
                                    //如打开文件不成功,则返回
    for(i = 1; i <= 10; ++i)out.write(reinterpret_cast<char *>(&i),
```

```
sizeof(int));
    out.close();

    in.open("file",ifstream::binary);      //重新以输入方式打开文件 file
    if(!in){cerr << "open file error\n"; return 1;}
    while(true){                                            //顺序读文件直到结束
        in.read(reinterpret_cast<char *>(&i), sizeof(int));
        if(in.eof())break;
        cout << i << ' ';
    }
    in.close();

    return 0;
}
```

13.3.3 文件的随机访问

大型信息系统中的文件都包含大量的数据。很少需要对这些文件进行从头到尾的读写。常见的操作是需要读写文件中的某个数据或修改文件中的某个数据。直接读写文件中的某个数据称为**文件的随机访问**。

在顺序访问中,当以输入方式打开一个文件后,第一次读文件时读入了文件中最前面的数据,如读入 4 个字节,则第二次对此文件发出读操作时,就从第 5 个字节开始读。为什么 C++会知道第二次读应该从第 5 个字节开始读? 这是因为 C++对每个文件流保存一个下一次读写的位置,这个位置称为**文件定位指针**。文件定位指针是一个 long 类型的数据,表示当前读写的是文件的第几个字节。ifstream 和 ofstream 分别提供了成员函数 tellg 和 tellp 返回文件定位指针的当前位置。g 表示 get,p 表示 put。tellg 返回读文件定位指针,tellp 返回写文件定位指针。下列语句将输入文件 in 的读文件定位指针值赋给 long 类型的变量 location:

```
location = in.tellg();
```

当文件用 in 方式打开时,读文件定位指针指向文件头。所以读文件时是从头开始读。随着读操作的进行,读文件指针不断后移。当以 out 方式打开时,写文件定位指针也是定位在文件头,所以新写入的内容覆盖了文件中原有的信息。当文件用 app 方式打开时,写文件定位指针指向文件尾,写入文件的内容就被添加到了原文件的后面。

既然读写文件是依据文件定位指针,那么只要有一种手段可以设置文件定位指针就可以随意读写文件中的某一部分内容。ifstream 和 ofstream 都提供了成员函数来重新设置文件定位指针。在 ifstream 中,这个函数为 seekg,在 ofstream 中,这个函数称为 seekp。seekg 设置读文件的位置,seekp 设置写文件的位置。seekg 和 seekp 都有两个参数:第一个参数为 long 类型的整数,表示偏移量;第二个参数指定指针移动的参考点,ios::beg(默认)相对于流的开头,ios::cur 相对于流当前位置,ios::end 相对于流结尾。例如,in. seekg(0)表示将读文件指针定位到输入流 in 的开始处,in. seekg(10,ios::cur)表示定位到输入流 in 当前位置后面的第 10 个字节。

如果要将代码清单 13-8 生成的文件 file 中的 5 改成 15,可以用代码清单 13-9 所示的程序实现。

代码清单 13-9　文件的随机读写

```cpp
//文件名:13-9.cpp
//文件的随机读写
#include <iostream>
#include <fstream>          //使用文件操作必须包含 fstream
using namespace std;


int main()
{
    fstream out("file");   //定义输入输出流,并与文件 file 关联
    int i;

    if(!out){cerr << "create file error\n"; return 1;}   //如打开文件
不成功,则返回
    out.seekp(4*sizeof(int));              //将写文件指针定位到存储 5 的地方
    i = 15;
    out.write(reinterpret_cast<char *>(&i), sizeof(int));
                                           //将 15 写到原来 5 的位置

    out.seekg(0);                          //将读文件指针定位到文件开始
    while(true){                           //读文件直到结束
      out.read(reinterpret_cast<char *>(&i), sizeof(int));
      if(out.eof())break;
      cout << i << ' ';
    }
    out.close();

    return 0;
}
```

代码清单13-9中,先将文件中原来为5的地方改成15,然后再将文件内容从头到尾显示一遍。因此该文件既要读又要写,为此定义了一个输入输出流对象与 file 关联。程序首先将写文件定位指针定位到存储5的地方。因为5是第5个数,前面有4个整数,为此 seekp 将写文件指针定位到文件开始处后面的第4*sizeof(int)个字节,调用 write 函数写入15。然后将读文件指针定位到文件头,从头开始读文件直到文件结束。该程序的输出为

1 2 3 4 15 6 7 8 9 10

13.4　编程规范及常见错误

在使用格式化输入输出时需要注意,某些流操纵符的作用会一直持续下去直到被修

改,如设置浮点数精度或设置整型数基数,而某些流操纵符只对下一次输入输出有效,如设置域宽。

在使用输入输出操作时,初学者经常迷惑到底什么时候用输入流,什么时候用输出流。记住,当要决定是用输入流还是输出流时,将自己立足于程序。如果数据是流入程序的某个变量,则应该用输入流。如果数据流出程序,流到某个外围设备,则应该用输出流。

打开文件后检查打开是否成功是很有必要的。如果打开文件没有成功,程序后面出现的所有对该文件的操作都会出错,导致程序异常终止。

文件使用结束后关闭文件是一个良好的程序设计习惯。对于输出文件或输入输出文件,文件关闭时系统会将文件对应的缓冲区中的内容真正写入文件。如果没有正常关闭文件,可能会造成文件数据的不完整。

13.5 小结

输入/输出是程序中不可缺少的一部分。在 C++中,输入/输出功能是以标准库的形式提供的。输入/输出操作分为控制台输入/输出、文件输入/输出以及字符串输入/输出。由于文件输入/输出和字符串输入/输出类都是从控制台输入/输出类继承的,因此,这 3 种输入/输出的操作方式是相同的。

本章介绍了如何利用 iostream 库进行格式化的输入/输出,介绍了如何利用文件永久保存信息,介绍了如何实现顺序读写和随机读写。

13.6 习题

简答题

1. 什么是打开文件? 什么是关闭文件? 为什么需要打开和关闭文件?

2. 既然程序执行结束时系统会关闭所有打开的文件,为什么程序中还需要用 close 关闭文件?

3. C++有哪 4 个预定义的流?

4. 什么时候用输入方式打开文件? 什么时候应该用输出方式打开文件? 什么时候该用 app 方式打开文件?

5. 哪些流操纵符只对下一次输入/输出有效? 哪些流操纵符是一直有效直到被改变?

6. 将内存映像写入文件应该如何操作?

7. 为什么 ASCII 文件可以直接显示在显示器上,而直接显示二进制文件得到的是一堆乱码?

8. 用<<操作将一个整型变量写入文件与用 write 函数将整型变量写入文件有什么不同?

9. 不关闭输出文件可能会有什么后果?

10. 各编写一条语句完成下列功能:

(1) 使用流操纵符输出整数 100 的八进制、十进制和十六进制的表示。

(2) 以科学计数法显示实型数 123.4567。

(3) 将整型数 a 输出到一个宽度为 6 的区域,空余部分用'$'填空。

(4) 输出 char*类型的变量 ptr 中保存的地址。

程序设计题

1. 编写一个文件复制程序 copyfile,要求在命令行界面中通过输入

copyfile src_name obj_name

将名为 src_name 的文件复制到名为 obj_name 的文件中。

2. 编写一个文件追加程序 addfile,要求在命令行界面中通过输入

addfile src_name obj_name

将名为 src_name 的文件追加到名为 obj_name 文件的后面。

3. 编写一个程序,打印 1~100 的数字的平方和平方根。要求用格式化的输出,每个数字的域宽为 10,实数用 5 位精度右对齐显示。

4. 编写一个程序,打印所有英文字母(包括大小写)的 ASCII 值。要求对于每个字符,程序都要输出它对应的 ASCII 值的十进制、八进制和十六进制表示。

5. 文件 a 和文件 b 都是二进制文件,其中包含的都是一组按递增次序排列的整型数。编一个程序将文件 a、b 的内容归并到文件 c。在文件 c 中,数据仍按递增次序排列。

6. 编一程序将第 5 题得到的文件 c 中的每个数字值都加 1。

7. 假设文件 txt 中包含一篇英文文章。编一程序统计文件 txt 中有多少行,多少个单词,有多少字符。假定文章中的标点符号只可能出现逗号或句号。

8. 编写一程序输入十个字符串(不包含空格),将其中最长的字符串的长度作为输出域宽,按右对齐输出这组字符串。

9. 编写一程序,用 sizeof 操作来获取计算机上各种数据类型所占空间的大小,将结果写入文件 size.data。直接显示该文件就能看到结果。例如,显示该文件的结果为

```
char        1
int         4
long int    8
……
```

10. 编写一个程序,读入一个由英文单词组成的文件,统计每个单词在文件中的出现频率,并按字母顺序输出这些单词及出现的频率。假设单词与单词之间是用空格分开的。

11. 编写一个程序输入任意多个实型数存入文件。最后将这批数据的均值和方差也存入文件。

附录 ASCII 代码表

Ctrl	Dec	Hex	Char	Code	Dec	Hex	Char	Dec	Hex	Char	Dec	Hex	Char
^@	0	00		NUL	32	20		64	40	@	96	60	*
^A	1	01		SOH	33	21	!	65	41	A	97	61	a
^B	2	02		STX	34	22	••	66	42	B	98	62	b
^C	3	03		ETX	35	23	#	67	43	C	99	63	c
^D	4	04		EOT	36	24	$	68	44	D	100	64	d
^E	5	05		ENQ	37	25	%	69	45	E	101	65	e
^F	6	06		ACK	38	26	&	70	46	F	102	66	f
^G	7	07		BEL	39	27	,	71	47	G	103	67	g
^H	8	08		BS	40	28	(	72	48	H	104	68	h
^I	9	09		HT	41	29	)	73	49	I	105	69	i
^J	10	0A		LF	42	2A	*	74	4A	J	106	6A	j
^K	11	0B		VT	43	2B	+	75	4B	K	107	6B	k
^L	12	0C		FF	44	2C	,	76	4C	L	108	6C	l
^M	13	0D		CR	45	2D	—	77	4D	M	109	6D	m
^N	14	0E		SO	46	2E	.	78	4E	N	110	6E	n
^O	15	0F		SI	47	2F	/	79	4F	O	111	6F	o
^P	16	10		DLE	48	30	0	80	50	P	112	70	p
^Q	17	11		DC1	49	31	1	81	51	Q	113	71	q
^R	18	12		DC2	50	32	2	82	52	R	114	72	r
^S	19	13		DC3	51	33	3	83	53	S	115	73	s
^T	20	14		DC4	52	34	4	84	54	T	116	74	t
^U	21	15		NAK	53	35	5	85	55	U	117	75	u
^V	22	16		SYN	54	36	6	86	56	V	118	76	v
^W	23	17		ETB	55	37	7	87	57	W	119	77	w
^X	24	18		CAN	56	38	8	88	58	X	120	78	x
^Y	25	19		EM	57	39	9	89	59	Y	121	79	y
^Z	26	1A		SUB	58	3A	:	90	5A	Z	122	7A	z
^[	27	1B		ESC	59	3B	;	91	5B	[	123	7B	{
^\	28	1C		FS	60	3C	<	92	5C	\	124	7C	|
^]	29	1D		GS	61	3D	=	93	5D	]	125	7D	}
^^	30	1E	▲	RS	62	3E	>	94	5E	^	126	7E	~
^—	31	1F	▼	US	63	3F	?	95	5F	—	127	7F	⌂

参考文献

[1] Eric S R. The art and science of C [M]. Addison-Wealey Publishing Company，1995.

[2] Eckel B. Thinking in C++[M]. 北京：机械工业出版社，2002.

[3] Stanley B L. C++Primer 中文版. 4 版[M]. 北京：人民邮电出版社，2007.

[4] Deitel H M. C++大学教程. 5 版[M]. 北京：电子工业出版社，2007.

[5] 陈家骏. 程序设计教程[M]. 北京：机械工业出版社，2004.

[6] 吴文虎. 程序设计基础. 2 版[M]. 北京：清华大学出版社，2004.

[7] 谭浩强. C程序设计. 2 版[M]. 北京：清华大学出版社，2000.

[8] 翁惠玉. C++程序设计思想与方法. 2 版[M]. 北京：人民邮电出版社，2012.

[9] 翁惠玉. C++程序设计题解与拓展[M]. 北京：清华大学出版社，2013.